“我国典型金属矿科学基地研究”项目系列丛书

安徽铜陵矽卡岩型铜多金属矿床

——以冬瓜山铜（金）矿床和新桥铜-硫-铁矿床为例

张　宇　邵拥军　刘忠法　刘清泉
吕俊武　何宏杰　王建青　疏志明　等著

地质出版社
· 北　京 ·

内 容 提 要

铜陵矿集区是我国长江中下游铜－铁－金成矿带的重要组成部分，区内在晚侏罗世—早白垩世（145～135 Ma）集中形成了一系列典型的矽卡岩型铜－铁－硫－金矿床，并在时空上相伴有大量的岩浆岩侵位。但是区内冬瓜山和新桥两矿床大规模层状硫化物矿体的存在让人们对本区的成矿作用有了新的思考——是否存在华力西期的海底喷流沉积等同生成矿作用。为了进一步认识铜陵矿集区的成矿作用，选择冬瓜山铜（金）矿床和新桥铜－硫－铁矿床为研究对象，在详细厘定成矿地质背景和矿床地质特征的基础上，利用X荧光、流体包裹体显微测温、EPMA、SEM、SIMS、LA－（MC）－ICP－MS、SHRIMP等测试手段，开展华力西期海底喷流成矿事件论证、层状矿体形成机制等研究。研究结果认为，冬瓜山和新桥两矿床的层状硫化物矿体均为燕山期岩浆热液成因，其对应的成矿作用应属于我国东部燕山期大规模成矿事件的一部分。

本书可供从事矿床学、找矿勘探学的研究人员，以及大中专院校相关专业的师生参考。

图书在版编目（CIP）数据

安徽铜陵矽卡岩型铜多金属矿床：以冬瓜山铜（金）矿床和新桥铜－硫－铁矿床为例/张宇等著. —北京：地质出版社，2016.8

ISBN 978－7－116－09818－3

Ⅰ.①安… Ⅱ.①张… Ⅲ.①铜矿床－多金属矿床－研究－安徽省Ⅳ.①P618.41

中国版本图书馆CIP数据核字（2016）第161925号

Anhui Tongling Xikayan Xing Tong Duojinshu Kuangchuang:
yi Dongguashan tong (Jin) Kuangchuang he Xinqiao Tong-Liu-Tie Kuangchuang Weili

责任编辑：李 莉 李 华
责任校对：王素荣
出版发行：地质出版社
社址邮编：北京海淀区学院路31号，100083
电 话：（01）66554528（邮购部）；（01）66554629（编辑室）
网 址：http://www.gph.com.cn
传 真：（01）66554629
印 刷：北京地大天成印务有限公司
开 本：889 mm×1194 mm 1/16
印 张：10 图版：22面
字 数：300千字
版 次：2016年8月北京第1版
印 次：2016年8月北京第1次印刷
定 价：80.00元
书 号：ISBN 978－7－116－09818－3

总前言

矿产资源是一种不可再生的自然资源，是人类社会赖以生存和发展的物质基础。中国是世界上地质演化历史悠久、成矿作用具有多样性的国家之一，自太古宙以来的各个地质历史时期的构造运动在中国都或多或少地留下了记录并伴随有不同规模的成矿作用。世界上最重要的三大成矿域（古亚洲成矿域、滨太平洋成矿域和特提斯－喜马拉雅成矿域）在空间上交汇于中国。多期复合造山铸就了中国独具特色的成矿体系。对于深化中国特色成矿规律的研究，亟须一套代表中国各类矿床的“字典”和科学研究基地作为矿产地质研究的示范区，并成为创新研究基地以及文化普及的园地。

我国已成为世界上最大矿产品进口国和生产国，而且随着国民经济的高速发展，矿产资源短缺的形势将更加严峻，迫切需要破解矿产资源不足之“瓶颈”。只有加大勘查力度，才能有效保障矿产资源供给。迄今，越来越多的老矿山面临资源枯竭或“硐老山空”的严峻局面。在过去10多年中，我国部署了一系列国家计划项目，例如，“973”计划、科技支撑计划和地质调查专项等，开展区域成矿规律、勘查技术方法以及新区的矿产调查和勘查等。相比之下，对于典型大型矿床，尤其是正在开采的大型老矿山缺乏系统解剖研究，而这些大型矿山揭露出的地质现象极其丰富，往往是成矿新理论和新思维的发源地，对其进行立典性解剖研究，将会大大提升成矿理论。一个大型—超大型矿床从发现—勘查—开采以及开采过程中的多次补充勘查，都拥有一部史诗，包括运用不同勘查技术方法组合开展地质勘查，既有成功的经验，也有失败的教训，对其进行挖掘和总结，不仅能促进对该矿床深部及外围找矿，而且可以运用这些新认识和技术组合在相同景观下有效地开展找矿勘查。

目前，不少大型矿山经过多年的开采资源逐渐枯竭，甚至即将闭坑。一旦关闭和掩埋，许多丰富的地质现象，特别是独一无二的现象将荡然无存。因此，迫切需要在闭坑之前，把每一个重要矿床的地质特征客观地记录下来，以便后人参考。同时，将闭坑老矿山建成博物馆或科普旅游基地向社会开放，必将提高普通民众认识地球、了解资源及其形成过程的认知水平，有益于提升全民保护环境和节约资源的意识。因此，开展大型矿床的立典研究，既是科学技术创新研究和推动找矿勘查的需要，也是保护“历史科学资料”和提高全民科学素质之必须。

典型矿床科学基地有机地融合了创新、科学和科普，在推动全民科学文化素质和科学普及方面越来越发挥着重要作用。典型矿床基地既是科学研究的基地，也是专业教学和科学普及的园地。一些发达国家的矿山在开采阶段乃至闭坑后，都以矿石、岩石和开采历史及其相应的图集和图册为主体建立了一座座矿山博物馆或科技馆。这些博物馆或科技馆逐渐被开发为地球科学技术培训以及古矿业遗迹的参观基地，极大地促进了旅游业的发展和矿业科学技术的普及。

为此，国土资源部于2009年启动公益性行业科研专项经费项目“我国典型金属矿科学基地研究”，对我国重要矿种29个大型—超大型金属矿床开展立典研究，并建立科学基地。具体包括江西德兴斑岩型铜多金属矿、西藏甲马斑岩－矽卡岩型铜钼矿、云南北衙斑岩－矽卡岩型金（铜）矿、安徽铜陵矽卡岩型铜多金属矿、新疆阿舍勒块状硫化物矿床（VMS型）铜锌矿、云南东川砂岩型铜矿、甘肃金川岩浆型铜镍矿、河南南泥湖－三道庄斑岩－矽卡岩型钨钼矿、陕西金堆城斑岩型钼矿、新疆可可托海伟晶岩型锂铍铌钽矿、湖南柿竹园矽卡岩－云英岩钨锡钼铋矿、云南个旧矽卡岩型锡多金属矿、广西大厂锡石硫化物型锡矿、湖南锡矿石中低温热液型锑矿、辽宁弓长岭BIF型铁矿、甘肃镜铁山海底喷流沉积型铁矿、安徽凹山玢岩型铁矿、湖北大冶矽卡岩型铁矿、内蒙古白云鄂博铁稀土建造矿、云南会泽密西西比型（MVT）铅锌矿、甘肃厂坝－代家庄热液型铅锌矿、内蒙古东升庙SEDEX型铅锌矿、云南金顶热液型铅锌矿、海南石碌沉积变质型铁矿、四川攀枝花岩浆型钒钛磁铁矿、福建紫金山浅成低温热液型铜金矿、山东焦家－玲珑石英脉－蚀变岩型金矿、贵州烂泥沟卡林型金矿、江西冷水坑次火山岩热液型银铅锌矿。这些矿床都是储量巨大、成矿类型具有代表性、成矿方式具有特殊性，而且在我国国民经济建设中曾经或正在发挥重要作用。

此次工作对矿床的矿石组合、结构构造、成矿期次和阶段、围岩蚀变、找矿标志、形成时代、成矿物质来源、成矿物理化学条件、同位素地球化学特征、成矿环境等开展了系统研究，同时，针对各种不同类型矿床研究中存在的关键科学问题开展攻关研究：斑岩型铜矿形成期间从岩浆凝固晚期到成矿流体析出转变过程中组分演变特征与相应的物理化学条件；斑岩型铜矿和斑岩钼矿形成环境和物质来源的异同性；古盆地流体来源和运移驱动力，流体汇集的规律性；与A型或高分异性I型花岗岩有关的稀有和钨锡矿床的物质来源，地幔对成矿的贡献及含矿岩体的主要辨别要素；变异古海底喷流型矿床的环境恢复等方面，取得了一系列重要创新成果，在综合研究的基础上，建立了矿床模型。通过收集和整理典型矿床勘查、开采过程中所采用的勘查技术和方法，梳理出不同类型矿床勘查的有效方法组合，提供了矿床成功勘查的范例。

在国土资源部公益性行业科研专项经费的支持下，基于前人找矿勘查和研究成果，结合此次补充研究，编著了“我国典型金属矿科学基地研究”项目系列丛书，即客观地反映这些大型—超大型矿床的基本特点和勘查开发与研究历史，也充分展示了最新的研究水平。

历时5年，项目的顺利执行以及丛书的及时出版，得到了各级主管部门、承担单位和有关矿山企业的大力支持，得益于陈毓川、李廷栋、裴荣富、叶天竺、吴淦国等专家的殷切指导和同行们的热情帮助，值此谨代表项目执行团队200余位同仁深表谢忱。

矿床学的研究是一个不断探索、不断深化的过程，尽管编著者付诸很大努力，可能仍然存在一些不足或错误之处，敬请读者批评指正。

毛景文　张作衡　吕志成
“我国典型金属矿科学基地研究”项目首席科学家
2014年11月

前　言

铜陵矿集区是我国长江中下游铜铁成矿带的重要组成部分，在成矿类型、成矿背景和成矿过程方面具有特殊性和复杂性。区内在“六五”至“十一五”期间，先后开展了国家级、省部级联合攻关项目，全面、系统地总结了区内数十年内区域地质、矿产勘查、物化探、遥感等多学科的工作成果，系统地分析了区内成矿地质条件、成矿规律、深部成矿构造、成矿类型、成矿流体和成矿演化模型，建立了铜陵成矿区“三位一体”或“多层楼”的“铜陵矽卡岩型铜矿模式”。安徽省地质矿产勘查开发局321地质队、安徽省物化探队、原地质矿产部第一物探大队、华东冶金地质矿产勘查开发局803地质队和812地质队，以及铜陵有色地质队等地勘单位在本区多次开展了区域地质调查和矿产勘查工作，发现和探明了一批大中型矿产地。中国地质科学院矿产资源研究所、南京地质矿产研究所、中国科学院贵阳地球化所学研究所、中国地质大学、中南大学、南京大学、合肥工业大学等科研院校先后在本区进行过研究工作，撰写和发表了多篇学术论文和报告（著作）。以上研究为本区矿床理论的研究起到了重大的推动作用。

安徽铜陵地区在晚侏罗世—早白垩世（145～135Ma）集中形成了一系列典型的矽卡岩型铜铁硫金矿床，包括铜官山矿田、狮子山矿田、新桥矿田、凤凰山矿田、沙滩角矿田，并在时空上相伴有大量的岩浆岩侵位。但是区内冬瓜山铜（金）矿床和新桥铜－硫－铁矿床的大规模层状硫化物矿体的存在让人们对本区的成矿作用有了新的思考。随着在大规模层状硫化物矿体的主要赋矿地层（黄龙组）底部发现英安质熔岩和火山碎屑岩，使得一些学者开始认为本区存在过华力西期的海底喷流作用（富士谷等，1977；阎学义等，1977；徐克勤等，1978），加之层状矿体中分布具有沉积矿物结构特征的胶状黄铁矿和层状矿体下盘五通组石英砂岩中发育有类似海底喷流型矿床的网脉状矿化，使得一些学者认为新桥铜硫铁矿床的形成在华力西期经历过海底喷流沉积成矿作用（阎学义等，1977；徐克勤等，1978；杨道斐等，1982；顾连兴等，1986；岳文浙等，1993；刘裕庆，1991；谢华光等，1995；唐永成等，1998；周涛发等，2000，2010；Gu et al.，2000；肖新建等，2000；Xu et al.，2001；徐文艺等，2004）。但是一些学者基于在区域成矿理论研究的基础上，认为该矿床是中国东部燕山期大规模成矿事件的一部分，而且层状矿体底板五通组石英砂岩与赋矿地层黄龙组灰岩之间的层间滑脱破碎带为成矿热液的运移和矿质的沉淀提供了良好的空间，层状矿体应是由燕山期岩浆热液沿层间滑脱破碎带横向迁移发生交代反应所形成的层控型矽卡岩矿体（Manto型矿体）（常印佛等，1983，1991；杨兵等，1985；翟裕生等，1992；Pan Yuanming and Dong Ping，1999；毛景文等，2009；Mao Jingwen et al.，2011；Wang Yue et al.，2011；王跃等，2009，2013）。为了进一步认识铜陵矿集区的成矿作用，本次研究选择铜陵矿集区内规模最大、最具代表性的冬瓜山铜（金）矿床、新桥硫铁矿床开展系统研究，查明层状矿体的成因，探讨矽卡岩型矿体和斑岩型矿体的内在联系和形成过程，论证是否存在石炭纪海底喷流成矿事件，查明制约大规模黄铁矿在有限空间快速聚集的控制因素。在此基础上，揭示典型矿床形成过程和成矿背景，确定矿床成因并建立矿床模型。

本书得到了国土资源部公益性行业科研专项经费项目的资助，主要由邵拥军、刘忠法、张宇和刘清泉分工编写完成。参加研究和编写工作的人员还有：铜陵有色金属股份有限公司的吕俊武、何宏杰、王建青、疏志明、周曙光、汪宏、肖福全，安徽建筑大学的刘珺，中南大学地球科学与信息物理学院的博士研究生陈星霖、郑明泓、隗含涛、熊伊曲及硕士研究生周鑫、姬祥永、张驰、李宏斌、柳永康、全伟、梁静、叶周、罗美艳、汪程、赵睿成、谭华杰、冯雨周、潘磊、张博骞、徐卓彬、周皓迪、蒋梦同。在研究过程中，得到了冬瓜山铜矿的周贵斌及新桥铜－硫－铁矿的陈小力等同仁的无私帮助，还得到了中国地质科学院毛景文研究员、张作衡研究员和中南大学地球科学与信息物理学院彭省临教授、戴塔根教授、谷湘平教授、赖建清教授、吴堑虹教授、王雄军、张建东、彭光雄等的关心和支持，在此深表感谢。另外感谢冬瓜山铜矿的胡小毛提供封面照片。

目　　录

第1篇　研究现状、研究内容及区域地质背景

第1章　相关领域研究现状及关键科学问题

1.1　研究区研究现状

1.1.1　铜陵矿集区研究现状

铜陵矿集区位于长江中下游多金属成矿带中部，大地构造位置属于下扬子坳陷带的隆起区，区内从西至东分布有铜官山、狮子山、新桥、凤凰山和沙滩脚五大矿田，包含铜官山铜矿床、冬瓜山铜（金）矿床、新桥铜硫铁矿床、凤凰山铜矿床等众多大型矿床，矿产资源极其丰富。矿集区内志留系—第四系均有分布，碳酸盐岩地层较为发育，以石炭系—三叠系为主；区内发育一系列北东向的褶皱构造及相伴的北东、北北东、北西、北北西向的断裂构造，其共同组成了有利于成矿作用进行的“立体网络状”构造格架（常印佛等，1991；翟裕生等，1992）；区内岩浆活动强烈，沿铜陵 - 贵池深大断裂广泛分布76个以闪长岩类为主的高钾钙碱性中酸性中小型侵入岩体，多以岩株、岩墙和岩枝状产出（邢凤鸣等，1996，唐永成等；1998；秦新龙，2007；周涛发等，2011）。

1.1.1.1　*成岩成矿构造背景*

180 ~ 90 Ma的燕山期，中国东部发生由活动大陆边缘向陆内过渡的大陆边缘演化，该演化使得地壳在晚侏罗世—早白垩世前处于缩短增厚状态，而晚侏罗世—早白垩世后处于伸展减薄状态（戚建中等，2000）。岩石圈减薄的同时，也出现区域构造体制的转换和古太平洋板块的俯冲（吴福元等，2003；毛景文等，2003），导致长江中下游成矿带主构造格局由近东西向转换为北东—北北东向（周涛发等，2008）的同时，深部也出现复杂的壳幔相互作用，进而引发了强烈的岩浆活动，形成了以中酸性岩体为主的岩浆岩，这类岩浆岩富含Cu、Au等元素，其后期分异出来的岩浆热液在合适的物理化学条件下和合适的地段、空间处冷凝成矿。

1.1.1.2　*成岩成矿时代*

有关铜陵地区侵入体形成时代的研究很早就已经开展，周泰禧等（1987）利用Ar - Ar法和K - Ar法分别对金口岭石英闪长岩和天鹅抱蛋闪长岩中的黑云母进行了年龄测定，获得年龄为137.3 ± 1.4 Ma和136.5 ±0.9 Ma。吴才来等（1996）利用Ar - Ar法对铜陵地区白芒山和舒家店辉石二长闪长岩、冬瓜山石英闪长岩、湖城涧辉长辉绿岩和胡村花岗闪长岩中的黑云母进行测年，获得年龄分别为：136.6 ±1.1 Ma、138.2 ±4.6 Ma、135.8 ±1.1 Ma、133.7 ±0.9 Ma以及139.8 ±0.8 Ma。陈江峰

等（1991）利用 Ar－Ar 法对月山岩体闪长岩中的角闪石进行测年，得其形成年龄为：135.6±1.4 Ma。随着 LA－ICP－MS 和 SHRIMP 技术的广泛应用，高精度锆石 U－Pb 同位素定年近些年在铜陵地区成岩时代的研究方面得到了广泛的开展。铜陵地区各中酸性侵入岩所测得的年龄值详见表 1.1。

表 1.1　铜陵地区中酸性侵入岩形成年龄统计表

岩体名称	岩石类型	测试对象	测试方法	年龄值/Ma	资料来源
朝山	辉石闪长岩	锆石	SHRIMP	142.9±1.1	王彦斌等，2004a
白芒山	辉石二长闪长岩	黑云母	Ar－Ar	136.6±1.1	吴才来等，1996
	辉石二长闪长岩	锆石	SHRIMP	139.1±2.3	徐晓春等，2008
	辉石二长闪长岩	锆石	SHRIMP	139±2	陆三明，2007
	辉石二长闪长岩	锆石	SHRIMP	138.2±0.8	吴才来等，2008
舒家店	辉石二长闪长岩	黑云母	Ar－Ar	138.2±4.6	吴才来等，1996
	辉石闪长岩	锆石	LA－ICPMS	139.2±2.1	王世伟等，2011
湖城涧	辉长辉绿岩	黑云母	Ar－Ar	133.7±0.9	吴才来等，1996
月山	闪长岩	角闪石	Ar－Ar	135.6±1.4	陈江峰等，1991
	闪长岩	锆石	SHRIMP	138.7±0.5	周涛发等，2008
	闪长岩	锆石	SHRIMP	122.6±2.5	许逢明等，2012
天鹅抱蛋	闪长岩	黑云母	K－Ar	136.5±0.9	周泰禧等，1987
	石英闪长岩	锆石	SHRIMP	141.8±1.0	吴才来等，2010
冬瓜山	石英闪长岩	黑云母	Ar－Ar	135.8±1.1	吴才来等，1996
	石英闪长岩	锆石	SHRIMP	135.5±2.2	徐晓春等，2008
	辉石二长岩	锆石	SHRIMP	148.2±3.1	吴淦国等，2008
青山脚	石英闪长岩	锆石	SHRIMP	136±2	陆三明，2007
鸡冠石	石英闪长岩	锆石	SHRIMP	132.7±4.8	徐晓春等，2008
	石英闪长岩	锆石	SHRIMP	134±3	陆三明，2007
	石英闪长岩	锆石	SHRIMP	139.9±1.1	吴才来等，2008
	石英闪长岩	锆石	LA－ICP－MS	136.1±3.0	谢建成等，2008
大团山	石英闪长岩	锆石	SHRIMP	139.3±1.2	吴才来等，2008
金口岭	石英闪长岩	黑云母	Ar－Ar	137.3±1.4	周泰禧等，1987
铜官山	石英闪长岩	锆石	SHRIMP	141.3±1.3	吴才来等，2010
小铜官山	石英闪长岩	锆石	SHRIMP	139±3	王彦斌等，2004b
	石英闪长岩	锆石	SHRIMP	139.5±2.9	杜杨松等，2007
	石英闪长岩	锆石	SHRIMP	142.8±1.8	吴淦国等，2008
新桥	石英闪长岩	锆石	SHRIMP	140.4±2.2	王彦斌等，2004c
	二长岩	锆石	SHRIMP	146.4±4.3	吴淦国等，2008
铜官山	石英闪长岩	锆石	SHRIMP	137.5±1.1	徐夕生等，2004
西狮子山	石英闪长岩	锆石	LA－ICP－MS	135.1±3.3	谢建成等，2008
胡村	花岗闪长岩	黑云母	Ar－Ar	139.8±0.8	吴才来等，1996
	花岗闪长岩	锆石	SHRIMP	140.0±2.6	徐晓春等，2008
	花岗闪长岩	锆石	SHRIMP	140.9±1.2	吴才来等，2008
南洪冲	花岗闪长岩	锆石	LA－ICP－MS	141.2±1.6	杨小男等，2008
	花岗闪长岩	锆石	LA－ICP－MS	141.9±4.5	谢建成等，2008
凤凰山	花岗闪长岩	锆石	SHRIMP	144.2±2.3	张达等，2006
	花岗闪长岩	锆石	SHRIMP	144.2±2.3	吴淦国等，2008
新华山	花岗闪长岩	锆石	LA－ICP－MS	141.0±4.5	谢建成等，2008
沙滩脚	花岗闪长岩	锆石	LA－ICP－MS	141.1±1.1	吴星星等，2011
向阳村	花岗闪长岩	锆石	LA－ICP－MS	141.6±3.7	谢建成等，2008
姚家岭	花岗闪长斑岩	锆石	LA－ICP－MS	141.4±1.7	钟国雄等，2014

从高精度锆石 U－Pb 同位素年龄数据（表 1.1）及锆石年龄频数图（图 1.1）可以看出，铜陵地区中酸性侵入岩的形成年龄主要集中在 135～142 Ma，而侏罗纪与白垩纪的界限为 140～135（137）Ma。因此，岩体主要形成于晚侏罗世—早白垩世，且岩浆持续活动时间为 7～10 Ma。

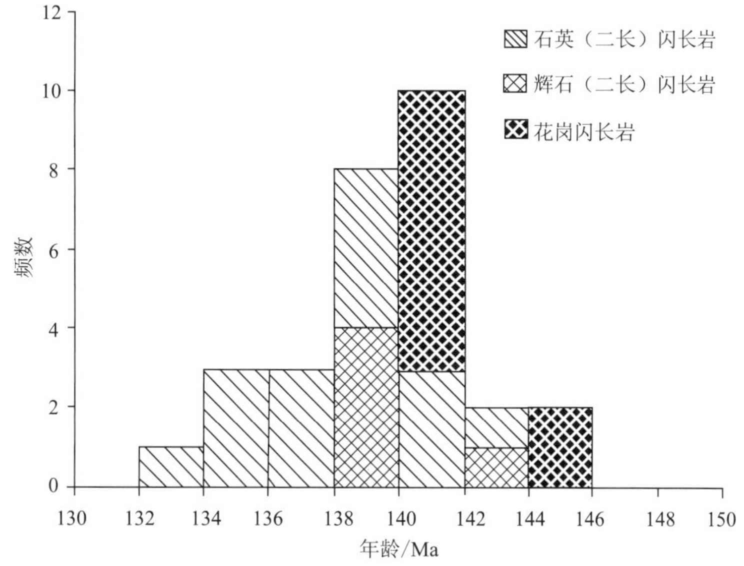

图 1.1　铜陵矿集区侵入岩锆石 U－Pb 年龄频数图

通过统计发现，辉石（二长）闪长岩的形成年龄主要为 138～140 Ma；石英（二长）闪长岩的侵入年龄集中在 135～137.5 Ma 以及 139～142 Ma；花岗闪长岩主要为 140～142 Ma。根据石英（二长）闪长岩的侵入年龄可以发现，区内石英（二长）闪长岩在 137.5～139 Ma 之间出现侵入中断，时间上表现为 135～137.5 Ma 和 139～142 Ma 的两次侵入特点。辉石（二长）闪长岩和花岗闪长岩的侵入时间都很集中，可能都是一期岩浆侵入的产物。从整体时间来看，3 种不同岩性岩体侵入的时间早晚顺序大致为：花岗闪长岩→辉石（二长）闪长岩→石英（二长）闪长岩。因此，在时间上，本区石英（二长）闪长岩具有多期侵入特点，辉石（二长）闪长岩和花岗闪长岩多期侵入不明显，可能均为一期岩浆作用产物；区内不同岩性岩体的成岩序列可能为：花岗闪长岩→辉石（二长）闪长岩→石英（二长）闪长岩。

成矿年龄的确定对矿床成因的研究以及成矿模式的建立有着至关重要的作用。铜陵矿集区矿床众多，矿化样式丰富，但是其成矿年龄的研究一直受到缺乏可以精确定年的矿物的制约。笔者对已有的铜陵矿集区各矿床成矿年龄数据进行了统计（表 1.2，图 1.2）。统计结果显示，铜陵矿集区成矿年龄主要集中于 120～140 Ma 和 290～320 Ma 两个年龄段，前者与矿集区成岩年龄一致，暗示本区成岩与成矿之间存在着明显的亲缘关系，而后者与赋矿的石炭系年龄相近，这正好佐证了一些学者提出的本区存在华力西期海底喷流沉积的观点（徐克勤等，1978；顾连兴等，1990，1999）。但也必须指出，一些学者尝试使用黄铁矿等金属硫化物 Re－Os 法或 Rb－Sr 法确定矿床成矿年龄（谢华光等，1995；王彦斌等，2004d；王建中，2007；谢建成等，2009；郭维民等，2011），虽然得到了等时线年龄，但相互之间差别较大，而且这种测试方法尚不成熟，区域内 290～320 Ma 的成矿年龄数据均为黄铁矿测试获得，其年龄的准确性尚需进一步验证。

1.1.1.3　岩浆成因

多年来的研究表明，铜陵矿集区内众多的铜多金属矿床与区内晚侏罗世—早白垩世之间大规模形成的中酸性侵入岩具有密切的成因联系（毛建仁等，1990；王强等，2003；邓军等，2004；徐兆文等，2005；张达等，2006；邵拥军等，2007；陆建军等，2008；吴淦国等，2008；毛景文等，2009；周涛发等，2011；郭维民等，2011；徐晓春等，2012；吴才来等，2013），而区内晚侏罗世—早白垩世的岩石圈减薄事件则是本区大规模成岩成矿的直接原因（吴福元等，2003；毛景文等，2003）。目前，铜陵地区侵入岩的研究虽然获得了众多成果，但其成因仍然有多种观点，如幔源岩浆混染下地壳物质观点（毛建仁等，1990；邢凤鸣等，1996；唐永成等，1998；陈江峰等，1993；邓晋福等，2001）、扬子下地壳重熔观点（杜杨松，1997；张旗等，2001）、埃达克岩观点（汪洋等，2004；王元龙等，2004）和三端员岩浆混合作用观点（狄永军等，2005）等。

表 1.2 铜陵矿集区主要矿床成矿年龄简表

矿床名称	测试样品	测试方法	年龄/Ma	资料来源
铜官山	矽卡岩矿石中金云母	$^{40}Ar-^{39}Ar$	144.9 ±0.4	曾普胜等，2004
	与黄铜矿共生的铬云母团块	$^{40}Ar-^{39}Ar$	135.5	蒙义峰等，2004
老庙基山	与黄铜矿共生的铬云母	$^{40}Ar-^{39}Ar$	144.9 ±0.4	蒙义峰等，2004
金口岭	矽卡岩化矿石中辉钼矿	Re - Os	137.0 ±0.2	曾普胜等，2004
冬瓜山	硫化物石英脉中辉钼矿	Re - Os	137.4	蒙义峰等，2004
	矿脉中石英包裹体	Rb - Sr	135	Xu et al，2005
大团山	辉钼矿	Re - Os	139.1 ±2.7	梅燕雄等，2005
朝山	磁黄铁矿	Re - Os	141.7 ±9.9	王建中，2007
老鸦岭	辉钼矿	Re - Os	139.0 ±0.3	谢智等，2002
新桥	黄铁矿	Rb - Sr	313.2 ±32.7	谢华光等，1995
	黄铁矿	Pb 等时线	290 ±10	谢华光等，1995
	黄铁矿	Re - Os	319 ±13	郭维民等，2011
	黄铁矿	Rb - Sr	112.6 ±7.8	王彦斌等，2004
	黄铁矿	Re - Os	126 ±11	谢建成等，2009
沙滩脚	辉钼矿	Re - Os	140.3 ±1.8	毛景文等，2004
凤凰山	辉钼矿	Re - Os	141.1 ±1.4	瞿泓滢等，2010
姚家岭	辉钼矿	Re - Os	141.4 ±2.4	钟国雄等，2014

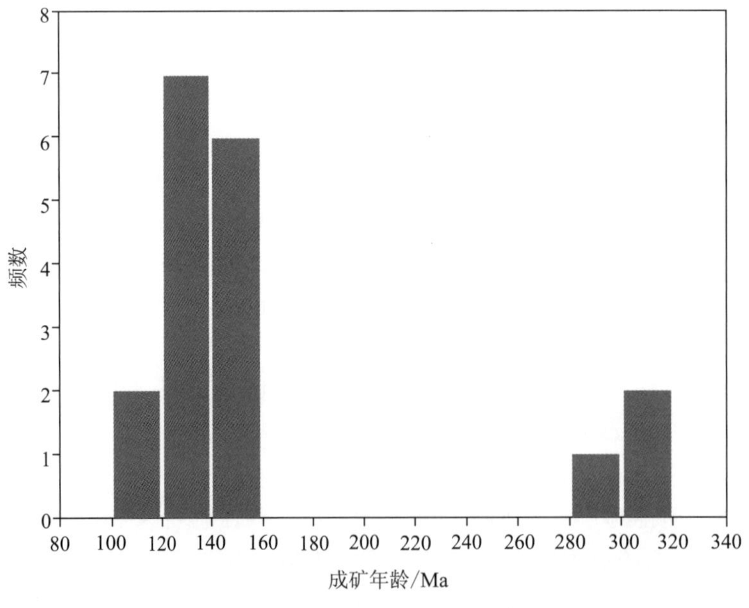

图 1.2 铜陵矿集区成矿年龄频数图

1.1.1.4 关键控矿因素

燕山期岩浆活动是铜陵矿集区成矿的主要控矿因素，对成矿起了主导作用，一方面直接提供了成矿物质、成矿流体和热量；另一方面叠加改造原生沉积矿层（或矿源层）而形成层控矽卡岩型矿床（常印佛等，1991；唐永成等，1998）。区内多数矿体均产于侵入岩与碳酸盐岩接触带上（如铜官山铜矿床、凤凰山铜矿床等），形成典型的矽卡岩型矿床，部分岩体则成为斑岩型铜、金矿的直接容矿围岩，如沙滩脚、冬瓜山深部、舒家店等（唐永成等，1998；毛景文等，2009）。

控矿构造除了岩体与碳酸盐岩地层的接触带外，本区泥盆系五通组与石炭系黄龙组—船山组的层间破碎带也是重要的控矿构造之一，新桥铜－硫－铁矿床和冬瓜山 Cu－（Au）矿床的主矿体均是赋存于该层间破碎带中（张宇，2012；刘忠法，2014）。

1.1.1.5 矿床模型

在矿床描述模型方面，一些地质学者通过对铜陵矿集区各矿床长期的研究提出了不同的矿床描述模型，旨在总结其成矿规律等信息，这其中包括“多层楼”模式（储国正等，1992，1993；黄许陈等，1993）和“铜陵模式”（常印佛等，1991），其对矿床典型特征均可描述为“一圈多层”和“三位一体”，即矿体围绕侵入体平面呈环形，剖面呈多层状或“L”及“Y”形（接触式和层控式复合）。在矿床成因模型方面，众多学者提出了不同的成因观点，主要观点有：华力西期海底喷流沉积成因模型（阎学义等，1977；徐克勤等，1978；顾连兴等，1986；岳文浙等，1993；周涛发等，2000；Gu et al.，2000；肖新建等，2000；Xu et al.，2001；徐文艺等，2004；李红阳等，2005，2008）、燕山期岩浆热液成因模型（常印佛等，1983，1991；杨兵等，1985；翟裕生等，1992；Pan et al.，1999；毛景文等，2009；Mao et al.，2011；Wang et al.，2011；王跃等，2009，2013）和同生沉积－岩浆热液改造成因模型（谢华光等，1995；杨道斐等，1982；刘裕庆，1991；唐永成等，1998；周涛发等，2010）。需要指出的是，Pan 和 Dong（1999）和毛景文等（2009）在燕山期岩浆热液成因模型的基础上，先后提出了铜陵矿集区的斑岩－矽卡岩型矿床模型，该模型否定了本区的海底喷流成矿作用的观点，认为铜陵矿集区各矿床属于燕山期岩浆活动控制的斑岩－矽卡岩型矿床系统，属于同一成矿系列。

1.1.2 冬瓜山铜（金）矿床研究现状

1.1.2.1 成矿流体系统

徐九华等（2004）对冬瓜山华力西期块状硫化物型矿石中石英包裹体的微量元素和稀土元素特征进行了研究，认为华力西期矿石中的石英包裹体与燕山期矽卡岩型矿石中的石英包裹体有很大差别，本区具有海底喷流沉积和岩浆热液这两类不同的热液体系。徐兆文等（2005）对冬瓜山矿床石英闪长斑岩中石英斑晶和矽卡岩矿物中流体包裹体地球化学进行了研究，认为矽卡岩早期成岩流体与林新多（1989）、吴言昌等（1992）和赵斌等（1993）研究过的岩浆性质的流体相似。徐晓春等（2008）通过研究冬瓜山铜金矿床不同成矿阶段的石英包裹体中的微量元素及稀土元素特征，认为本区流体成矿作用与燕山期岩浆侵入活动关系密切，成矿热液为富集成矿物质的岩浆来源，与前人提出成矿流体具有岩浆来源的观点一致（常印佛等，1991；唐永成等，1998；邱士东等，2007；Zhou et al.，2007）。

凌其聪等（2002）通过对本区流体包裹体的研究，认为冬瓜山铜矿床的成矿流体是一种高温（350～400℃）、高盐度（13%～48% $NaCl_{eq}$，下同）、高密度（>1.1 g/cm^3）的流体，成矿流体早期以岩浆源为主，晚期为岩浆水与地层水的混合流体，这与徐兆文等（2005，2007）所得结论一致。冬瓜山矿床主、晚成矿阶段的石英氢、氧、碳同位素特征表明，主成矿阶段的流体来源于岩浆水，晚期有天水的加入，而碳主要来源于被岩浆同化的碳酸盐岩地层（黄顺生等，2003）。陆三明（2007）对石英包裹体的 REE 及成矿流体的 H，O 同位素进行了研究，认为本区成矿流体主要来源于深部岩浆流体，不同于陆建军等（2008）提出的华力西期喷流沉积成矿加燕山期岩浆热液叠加改造的观点。

狮子山矿床不同矿石类型中包裹体的组合、温度和盐度特征表明，本区矿床在隐爆角砾岩形成过程中、矽卡岩化过程中、石英－硫化物和石英－碳酸盐阶段均发生了成矿流体的沸腾作用，其中引爆角砾岩阶段的流体具有高温度（>440℃）和高盐度（52%～58%）的特征（顾连兴等，2002；肖建新等，2002，Xiao et al.，2002）。

1.1.2.2 成矿物质来源

青山脚岩体微量元素分析结果显示，岩体中成矿元素铜较为富集，钾化蚀变越强铜的含量越高，说明冬瓜山铜矿中的铜具有岩浆热液来源的特征，并不仅仅由层状矿床本身提供（姜章平等，2001）。

刘裕庆等（1984）通过稳定同位素地球化学等多方面的综合研究，发现冬瓜山铜矿床内存在同生沉积含铜矿胚层，且矿胚层具有同生沉积的S、C、O同位素组成特征。从岩性上看，含铜滑石、蛇纹石等矿物含F较高；在主矿体中，F含量高的地段，Cu含量也较富，表现出正相关，且F含量从矿体底板到顶板呈规律性的降低，由下而上呈现出扩散趋势（朱家珍，1987）。凌其聪等（2003）在研究冬瓜山层状矽卡岩的稀土元素特征时指出，矽卡岩富集轻稀土元素，具有显著Eu负异常、轻重稀土分异的特征，表明冬瓜山层控矽卡岩型铜（金）矿床的REE主要来自岩体，是在岩浆演化的后期进入岩浆热液体系的。

陆建军等（2008）对典型岩浆热液形成的矽卡岩型矿体和层状矿体中黄铜矿的Cu同位素组成进行了研究，得出冬瓜山矿床两类矿体中黄铜矿的Cu同位素组成分别为0.23‰～0.83‰和0.45‰～0.48‰，两者大致相当，这与Maher和Larson（2007）研究秘鲁Coroccohuayco和Tintaya矽卡岩中浸染状黄铜矿所得出的δ^{65}Cu组成（0.0～0.6‰）相似，而与Zhu等（2000）研究太平洋黑烟囱所得出的δ^{65}Cu值差别较大，与高温岩浆热液形成的黄铁矿的Cu同位素特征类似，说明冬瓜山矿床中的铜可能来自岩浆热液。刘裕庆等（1984）对比研究了冬瓜山矿床的岩体、地层及矿石S、O、H、C和Sr同位素组成，认为岩浆残余气液和地表雨水混合液叠加改造是本区成矿流体的主要来源，成矿物质具有多源性，是典型的多因复成层控铜、铁、硫矿床。

冬瓜山铜（金）矿床H、O同位素组成表明成矿流体与岩浆水类似，胶状黄铁矿和层状矿体中的黄铁矿S同位素组成与幔源S接近；流体填图和数值模拟结果均表明了燕山期岩浆流体活动与Cu－Au成矿的时空关系最为密切（刘经华等，2009）。冬瓜山矿床稀土元素和微量元素地球化学特征及Sm、Nd、Sr、Pb、H、O等同位素组成特征表明，深部受强烈钙质污染的高钾中酸性岩浆为本区提供了成矿物质及流体，但冬瓜山层控矽卡岩型矿体的部分成矿物质来源于沉积地层（袁小明，2003）。

冬瓜山铜矿中硬石膏δ^{34}S均值为+1.669‰，与石炭系海水硫酸盐δ^{34}S值相当（+1.5‰），矿石中黄铁矿的δ^{34}S均值为+0.55‰，石英闪长岩中黄铁矿δ^{34}S为+0.58‰（陈邦国等，2002，转引自安徽省地质矿产勘查开发局），徐文艺等（2004）通过对铜陵地区石炭系中块状硫化物矿床的硫化物硫同位素组成的研究，也认为循环海水中硫酸盐的还原及少量沉积地层中的生物硫是铜陵地区石炭系中块状硫化物矿床硫的主要来源。李红阳等（2006）测得矿层中石膏和黄铁矿的δ^{34}S组成分别为+14.8‰～+20.5‰和+2.7‰～+7.9‰，认为本区具有海底喷流沉积矿床硫同位素的组成特点，这与曾普胜等（2005）通过研究本区硬石膏硫同位素得出冬瓜山矿床的块状硫化物和硬石膏为喷流沉积成因的结论一致。本区层状矿体的铅同位素大量研究结果表明，铅来源于地层，进而得出层状矿体的成矿物质来源于地层的结论（王道华等，1986；刘裕庆等，1987；黄斌，1991）。一些学者在研究过程中也得出了不同的结论，如徐兆文等（2000）通过研究本区硫同位素，认为块状和层状矿石中的硫与石炭系中的硫有很大不同，具有地层和岩浆两种来源。徐晓春等（2010）对冬瓜山矿床受石炭系层位控制的层状矿体硫同位素组成进行了研究，研究结果显示冬瓜山矿床矿石硫同位素并非表现为华力西期沉积成矿的硫同位素特征。刘忠法等（2014）对比研究了层状矿体、脉状矿体、矽卡岩型矿体及斑岩型矿体的硫、铅同位素组成，认为上述4类矿体的硫、铅同位素组成基本一致，为岩浆来源，与燕山期岩浆作用有关。

1.1.2.3 成岩成矿年代

冬瓜山矿区与成矿有成因联系的石英二长闪长岩岩体黑云母 Ar－Ar 年龄为 135.8 Ma 和 135.8±1.1 Ma（吴才来等，1996；唐永成等，1998）；全岩 Rb－Sr 等时线年龄为 137.0 Ma 和 135.6±1.4 Ma（唐永成等，1998；徐兆文等，2004；Xu et al.，2005）；锆石 SHRIMP U－Pb 年龄为 135.5±2.2 Ma、136.0±2.0 Ma 和 138.0±1.7 Ma（徐晓春等，2008；陆三明，2007；郭维民等，2013）。

Xu 等（2005）采用 Rb－Sr 法对冬瓜山层状矿体中的脉状石英包裹体进行了测年分析，测得其成矿时代为 134±11 Ma。毛景文等（2004）对长江中下游地区九瑞矿集区、安庆－贵池矿集区及铜陵矿集区 6 个矿床进行了辉钼矿 Re－Os 定年，其中大团山矿床 5 件样品的模式年龄为 138.0±3.2 Ma～140.8±2.0 Ma，平均值为 139.3±2.6 Ma。梅燕雄等（2005）利用 Re－Os 法测得大团山矿床辉钼矿等时线年龄为 139.1±2.7 Ma，模式年龄与等时线年龄一致，与谢智等（2002）运用辉钼矿 Re－Os 及 Os－Os 法测年结果（139±1 Ma 和 137±2 Ma）一致。狮子山矿田辉钼矿 Re－Os 年龄和冬瓜山铜（金）矿床 Rb－Sr 等时线年龄一致，为 35～140 Ma，与岩浆岩的锆石 U－Pb 年龄、全岩 Rb－Sr 年龄较为相近（刘经华等，2009）。

成岩成矿年代学测试结果表明，冬瓜山矿床的成矿年龄与岩体年龄相接近，亦与整个区域上的成矿作用年龄相符。

1.1.2.4 矿物学标型

郑震等（2012）对冬瓜山矿床石榴子石进行了矿物学研究，认为本区石榴子石分为两期，第一期为岩浆成因；第二期为热液交代成因。前者形成环境为氧化环境；后者为还原环境。杜轶伦（2013）认为该区石榴子石是流体渗滤交代作用形成的。杨爽等（2012）认为冬瓜山矿床磁黄铁矿由黄铁矿变质而来，梁剑锋等（2011）则认为本区粒状黄铁矿和磁黄铁矿均为岩浆热液成因，郭维民等（2010）、杜轶伦（2013）认为本区磁黄铁矿兼有沉积、热液交代和变质成因。

1.1.2.5 矿床成因

冬瓜山铜矿床似层状矿体产于泥盆系与石炭系之间，前人对本矿床进行了大量研究工作，关于矿床的成因存在较大争议，有学者认为该矿床为受层间滑脱构造控制的层控矽卡岩型矿床（常印佛和刘学圭，1983；常印佛等，1991；翟裕生等，1992；黄许陈和储国正，1992，1993；Pan and Dong，1999；凌其聪和刘丛强，2002，2003；毛景文等，2004，2009；Mao et al.，2006，2011；徐晓春等，2010），亦有部分学者认为该矿床存在华力西期喷流沉积和燕山期热液叠加改造两期成矿，矿床成因为同生沉积－热液叠加改造型矿床（徐克勤等，1978，1980；刘裕庆和刘兆廉，1991；谢光华等，1995；王文斌等，1995；李文达等，1997；唐永成等，1998；徐兆文等，2000，2007；陈邦国等，2002；Gu et al.，2000，2007a；Zhou et al.，2000；陆建军等，2003，2008；曾普胜等，2004，2005；徐克勤和朱金初，2009；刘经华等，2009；郭维民等，2010，2011；蒋少涌等，2010，2011；侯增谦等，2011；杜轶伦，2013）。还有一些学者认为本区矿床成因为喷流沉积型矿床（王道华等，1986；王文斌等，1994；何金祥等，1995；徐文艺等，2004；李红阳等，2006；王训诚等，2007）。

1.1.2.6 成矿模式

在长期研究过程中，针对本区矿床特点，前人建立了不同的成矿模式，主要有"多层楼"模式（储国正等，1992，1993；黄许陈等，1993）、广义矽卡岩－斑岩型－热液型模式（唐永成等，1998）以及斑岩－矽卡岩－Manto 模式（Pan and Dong，1999）。刘裕庆等（1984）通过稳定同位素等地球化学的综合研究，认为冬瓜山铜矿床为典型的多来源、多成因、多阶段的沉积－叠加改造的层控铜、铁、硫矿床。凌其聪等（2002）认为冬瓜山矿床成矿过程实质上是成矿物质的输运和化学反应耦合作用的过程。陆建军等（2003，2008）提出了喷流沉积－岩浆热液叠生成因的成矿模式。

1.1.3 新桥铜－硫－铁矿床研究现状

新桥铜－硫－铁矿床是我国长江中下游成矿带铜陵矿集区新桥矿田内一重要矿床，位于华北地台与江南地背斜两大构造之间的交接带——扬子准地台下扬子坳陷带的贵池－马鞍山断褶带中部。区域地层从志留系至三叠系均有分布，印支期出现的挤压造山运动使区域内形成一系列北东走向的以短轴状为主的褶皱及断裂构造，区内岩浆岩主要为矶头复式岩株的石英闪长岩（王恩德，1991；王彦斌等，2004；臧文拴等，2004；徐应龙等，2009）。该矿床在成岩机制、成矿元素分带、成矿流体、成矿地质条件、控矿因素、成矿规律及找矿标志等方面经过大量的研究取得了众多成果（张德贵，1982；王恩德，1991；谢华光等，1995；周涛发等，2000；刘心兵，2002；陈彬，2003；王彦斌等，2004；臧文拴等，2004；李红阳等，2005；徐应龙等，2009）。现对新桥铜－硫－铁矿床在成矿物质来源、岩石地球化学特征及成岩年龄、矿床地球化学特征及成矿年龄、成矿流体特征、控矿因素及成矿规律、矿床成因等方面的研究现状作如下总结：

1.1.3.1 成矿物质来源

新桥矿区成矿物质来源一直存在争论，争论的交点在于地层是否为成矿作用的进行提供了成矿物质（杨道斐等，1982；刘裕庆，1991；谢华光等，1995；李文达等，1997；唐永成等，1998；周涛发等，2010）。

一些学者支持成矿物质是来自地层的观点（谢华光等，1995）；但另外一些学者则始终认为成矿物质来源于岩浆（张德贵，1982；刘心兵，2002；陈彬，2003；臧文拴等，2004，2007；李红阳等，2005）。

谢华光等（1995）、李文达等（1997）通过矿床 Sr 同位素研究指出，矿石与黄龙组碳酸盐岩的 Sr 同位素组成接近，成矿物质应主要来自地层。加之，新桥铜－硫－铁矿床存在的胶状黄铁矿也被认为是同生沉积所形成（杨道斐等，1982；刘裕庆，1991；唐永成等，1998；周涛发等，2010；谢杰，2012），这正好佐证了成矿物质来自于地层的观点。

但一些学者通过对矿床地质特征的研究，结合 S、Pb 同位素测试数据认为矶头复式岩株才是成矿物质的主要提供者（张德贵，1982；刘心兵，2002；陈彬，2003；臧文拴等，2004，2007；李红阳等，2005），这也得到了 Fe 同位素最新研究成果的支持（Wang et al.，2011；王跃等，2009，2013）。

1.1.3.2 岩体地球化学特征及成岩年龄

新桥矿区出露的岩体主要为矶头岩株，岩性以石英闪长岩为主。由于矶头岩株热液蚀变和后期表生风化相对强烈，难于采集完全新鲜的样品，使得对矶头岩株的相关研究较少。周涛发等（2000）利用角闪石 Ar－Ar 法得出矶头岩株的成岩年龄为 137 Ma，王彦斌等（2004c）、吴淦国等（2008）先后利用锆石 SHRIMP U－Pb 法获得矶头复式岩株的成岩年龄分别为 140.4 ± 2.2 Ma 和 146.4 ± 4.3 Ma，但均缺乏对矶头岩株的成岩源区、成岩物理参数和成岩机制的讨论。於崇文等（1998）通过 O 同位素和 Sr 同位素研究得出，矶头岩株具有壳幔混源特征，这与臧文拴等（2007）对矶头岩株的 Pb 同位素研究结论一致。张宇等（2013a）通过 3 块较新鲜样品的主量元素、微量元素和稀土元素特征探讨了矶头岩株的成岩机制，但由于样品较少，不具代表性。

1.1.3.3 成矿年龄

目前，由于该矿床缺乏合适的测年对象，众多学者只尝试过黄铁矿的定年测试。谢华光等（1995）对层状矿体中的黄铁矿开展 Rb－Sr 法和 Pb 等时线法测年，分别获得 313.2 ± 32.7 Ma 和 290 ± 10 Ma 的成矿年龄，但这与王彦斌等（2004d）和谢建成等（2009）分别获得的层状黄铁矿 Rb－Sr 等时线年龄（112.6 ± 7.8 Ma）和 Re－Os 等时线年龄（126 ± 11 Ma）相差悬殊。如果存在华力西海底喷流沉积成矿作用，其层状矿体一定会受到燕山期岩浆热液的改造，加之黄铁矿定年技术尚不成熟，因此对层状矿体的定年并不能说明是否存在华力西期海底喷流沉积成矿作用。郭维民等（2011）对层状矿体下盘网脉状矿化中的黄铁矿开展 Re－Os 同位素定年，获得等时线年龄为 319 ± 13 Ma，下盘网脉状矿化形成于华力西期正好说明下盘网脉状矿化是华力西期海底喷流的通道，但黄铁矿 Re－Os 测年手段目前仍处于尝试之中，其结果仍然值得商榷。目前，在没有合适测年矿物的情况下，可以尝试石英流体包裹体 Rb－Sr 法和石英 Ar－Ar 法等多种方法进行定年，结合前人开展的定年测试，探讨其成矿年龄。

1.1.3.4 胶状黄铁矿成因

新桥铜－硫－铁矿床黄铁矿分布广泛，可以分为粗晶黄铁矿、细晶黄铁矿和胶状黄铁矿。其中，胶状黄铁矿的成因一直处于争议之中，且明显制约矿床成因的研究。王跃等（2009，2013）、Wang等（2011）通过对新桥胶状黄铁矿的Fe同位素开展研究，指出胶状黄铁矿富集铁的轻同位素，结晶黄铁矿富集铁的重同位素，而且这两者的铁同位素变化范围均落入Granham（2004）研究得出的矽卡岩型矿床中黄铁矿铁同位素组成范围内（$\delta^{57}Fe = -2.58‰ \sim 1.62‰$），说明胶状黄铁矿为岩浆热液成因，但谢杰（2012）通过对胶状黄铁矿单矿物进行S同位素测试，指出其$\delta^{34}S_{CDT}$变化范围为3.53‰～4.37‰，明显大于岩浆硫组成范围，胶状黄铁矿为正常沉积成因。但需要指出的是，本区虽然胶状黄铁矿分布较多，但胶状黄铁矿较为疏散，颗粒较小，且显微镜鉴定发现其胶粒均受到热液改造发生局部重结晶，未见有完整的胶粒出现，所以对胶状黄铁矿进行单矿物选取并不能保证纯度，王跃等（2009，2013）、Wang等（2011）和谢杰（2012）所进行的胶状黄铁矿单矿物同位素测试仍需进一步验证。鉴于胶状黄铁矿的特性，张宇等（2013b）对胶状黄铁矿开展了Fe、S、Co、Ni、Se等元素的电子探针原位微区分析，并结合黄铁矿的Fe/S、Co/Ni、S/Se、Zn/（Zn＋Pb）等标型参数判断胶状黄铁矿属于岩浆热液成因，但由于电子探针对微量元素的分析精度有限，该结论仍需进一步验证。周涛发等（2010）利用LA－ICP－MS技术研究本区黄铁矿微量元素特征，但并未对胶状黄铁矿的成因作出详细判断。

1.1.3.5 成矿流体特征

成矿流体来源方面，刘心兵（2002）、王国光等（2009）通过氢、氧同位素测定，指出成矿流体主要为岩浆水。但王彦斌等（2004）对黄铁矿进行的流体包裹体He－Ar同位素研究表明，成矿流体的$n(^{40}Ar)/n(^{36}Ar) \approx 238 \sim 293$，$n(^{3}He)/n(^{4}He) \approx 1.03 \sim 1.23Ra$，接近于大气饱和水的特征值$n(^{3}He)/n(^{4}He) = 1Ra$，$n(^{40}Ar)/n(^{36}Ar) = 9515$，说明成矿流体由大气降水和海水共同组成，这一认识为一些学者提出的“海底热液喷流成因”提供了新的证据。

流体包裹体特征方面，刘心兵（2002）、陈彬（2003）通过包体测温，认为该矿床主要成矿温度为中温或中低温。藏文拴等（2004）将新桥矿床流体包裹体与铜陵其他矿床的流体包裹体进行对比研究，指出新桥矿床成矿流体属于低盐度富CO_2的流体，应为岩浆成因。另外，徐九华等（2004）认为新桥矿床存在华力西期海底喷流成矿热液体系和燕山期岩浆热液体系，并应用ICP－MS技术和热爆提取方法，研究了两种热液体系在微量元素、稀土元素等方面的差异。王国光等（2009）对层状矿体下部的网脉状矿化流体包裹体研究指出，网脉状矿化经历了成矿早期、主成矿期和成矿期后3个期次。

1.1.3.6 矿床成因

新桥矿区在地球化学研究方面虽然已取得巨大的研究成果，但在很多方面还不能解决矿床成因的实际问题，而且在成矿物质来源、主成矿作用、胶状黄铁矿成因等方面仍然存在争议。目前主要的成因观点有3种：第一种观点是华力西期海底喷流沉积成因（阎学义等，1977；徐克勤等，1978；顾连兴等，1986；岳文浙等，1993；周涛发等，2000；Gu et al.，2000；肖新建等，2000；Xu et al.，2001；徐文艺等，2004；李红阳等，2005，2008），该观点目前被较多学者认同，其认为新桥铜－硫－铁矿床的主要成矿作用为华力西期海底喷流沉积成矿作用，但在燕山期也经历了岩浆热液的改造叠加，层状矿体下盘五通组石英砂岩中的网脉状矿化即为海底喷流作用通道的产物，但黄志诚（1999）从铜陵区域构造和海底喷流沉积特点着手研究，认为新桥矿区不存在海底喷流事件；第二种观点是燕山期岩浆热液成因（常印佛等，1983，1991；杨兵等，1985；翟裕生等，1992；Pan et al.，1999；毛景文等，2009；Mao et al.，2011；Wang et al.，2011；王跃等，2009，2013），该观点认为包括下盘网脉状矿化在内的矿体均为燕山期岩浆热液成因，新桥铜－硫－铁矿床的形成是中国东部燕山期大规模成矿事件的一部分，为岩浆热液顺层交代形成的层控矽卡岩型（Manto型）矿床（毛景文等，2009；Mao et al.，2011），Fe同位素示踪技术的应用更是为该观点提供了新的证据（王跃等，2009，2013；Wang et al.，2011）；第三种观点是同生沉积－岩浆热液改造成因（谢华光等，1995；

杨道斐等，1982；刘裕庆，1991；唐永成等，1998；周涛发等，2010），该观点认为新桥铜－硫－铁矿床存在沉积作用形成的胶状黄铁矿，但胶状黄铁矿胶结磁铁矿角砾现象的发现以及对胶状黄铁矿标型特征的研究等均对该观点提出了质疑（张宇等，2013b）。前两种成因观点争论的实质在于新桥铜－硫－铁矿床是否存在华力西期的成矿作用。

1.2 相关矿床类型研究现状

1.2.1 层控型矽卡岩矿床研究现状

根据矽卡岩型矿体的产出形式及其控矿因素，可以将矽卡岩型矿床分为接触式、裂隙充填式、角砾岩（筒）式、层控式和复合式5类，其中层控式矽卡岩矿床是在岩浆热液作用下，与碳酸盐岩地层发生顺层交代接触的同时，通过改造和叠加等作用方式，沿着一定的层位或岩性界面形成层状、似层状、透镜状矿体的矿床（常印佛和刘学圭，1983）。与层控矿床类似，层控矽卡岩矿床重点也在于改造和叠加成矿作用，突出早期地层或岩性界面存在一定的矿化或矿胚层（袁见齐等，1979，Zhou et al.，2000；陆建军等，2003，2008；曾普胜等，2004，2005），在铜陵矿集区，部分学者根据层控矽卡岩矿床层状矿体下盘出现的网脉状矿化特征，认为早期的矿化或矿胚层可能是由海底喷流成矿作用所形成（阎学义等，1977；徐克勤等，1978；顾连兴等，1986；岳文浙等，1993；周涛发等，2000；Gu et al.，2000；肖新建等，2000；Xu et al.，2001；徐文艺等，2004；李红阳等，2005，2008）。近些年来，层控矽卡岩矿床理论及勘查思路在我国得到了广泛的应用，应用在了冬瓜山铜矿床、永平铜矿床等一系列大型矿床的研究中，在矿床地质特征、矿床地球化学特征、成矿流体特征、成矿时代、控矿因素及成矿规律等方面都取得了丰硕的成果（常印佛等，1991；徐兆文等，2005；毛景文等，2006；李全红，2006；Zhou et al.，2011；Cao et al.，2012；Wan et al.，2012；Cheng et al.，2012）。但是，一些学者认为这类矿床主要是通过岩浆热液顺层交代作用形成，并不存在早期的矿化或矿胚层，层状－似层状矿体属于 Manto 型矿体（ Mao et al.，2006；毛景文，2009；Cheng et al.，2012）。

1.2.2 海底喷流沉积型矿床研究现状

海底喷流沉积型矿床（Sedex 型矿床）为以沉积岩容矿的喷流沉积型矿床（韩发等，1999；张艳等，2012；罗俊杰等，2010；王玉奇，2009），硅铝质冒地槽环境是其常见产出环境，具体多为受裂谷控制的克拉通内或其边缘的沉降盆地（池三川，1994；韩发等，1999；肖新建等，2000；张艳等，2012；罗俊杰等，2010；黄玉凤，2011），但是，近年来的研究成果也表明该类矿床成矿构造环境也可以是汇聚板块地球动力学背景之下的大陆拉张盆地（Betts and Giles，2002；Betts et al.，2003）。

矿床地质特征方面，该类矿床矿化元素主要为 Pb 和 Zn，其次为 Ag 和 Ba，几乎不存在 Cu 和 Au 的矿化，矿石矿物均以简单硫化物为主，该类矿床具有鲜明的层控性（产于一定层位中）、时控性（成矿时代主要集中在中元古代及古生代早期和中期）和岩控性（容矿岩石主要为细碎屑岩和碳酸盐岩等）（韩发等，1999；肖新建等，2000；张艳等，2012），具有内生矿床与外生矿床的双重特性（张艳等，2012）。上层下脉的二元结构是该类矿床的典型特征：上部为层状硫化物矿体，具有明显分相特征，与上覆地层呈突变接触，矿石多发育条带状、纹层状等沉积构造；下部为网脉状或脉状矿体，与层状矿体呈不整合接触关系，其中多见角砾状构造（韩发等，1999；肖新建等，2000；张艳等，2012；罗俊杰等，2010）。矿化分带明显：垂直方向上表现为 Cu－Zn－Pb－Ba，水平方向上表现为 Cu－Pb－Zn－Ba（韩发等，1999；张艳等，2012；罗俊杰等，2010）。受其成矿作用的控制，该类矿床的围岩蚀变主要发育在层状矿体的下盘，蚀变类型主要有电气石化、钠长石化、绿泥石化、硅化、绢云母化等（韩发等，1999）。

矿床地球化学方面，Sedex 型矿床硫化物矿石和喷气岩的稀土元素具有明显的特征，一是 $\sum$REE

低；二是轻重稀土元素分馏随地质时代由老到新呈由弱到强的变化规律；三是远源金属沉积物具有明显的负 Eu 异常和富 Ce，但近源硫化物矿石和喷气岩则具有明显的正铕异常（韩发等，1999）。另外，Sangester（1990）指出 Sedex 型矿床与海水硫酸盐在硫同位素组成上的平均差值为 17.4 ‰，而 Hiroshi Ohmoto 和 Martin B Goldhaber（1997）则认为 Sedex 型矿床的硫源为海水硫酸盐。祝朝辉等（2006）对我国多个 Sedex 型矿床开展同位素研究指出，B、Si、He－Ar 同位素应该更适合 Sedex 型矿床矿化流体的示踪研究。

Sedex 型矿床成矿模式目前仍然没有定论，主要观点有盆地压实卤水模式和海底热液对流核模式（Lydon，1983），前者认为形成 Sedex 型矿床的流体和金属都是在盆地沉积物压实过程中，由于地热增温等从厚层沉积岩堆中释放出来的，后者则认为 Sedex 型矿床形成于海底热液对流系统中。这两种成矿模式虽然能在一定程度上解释了 Sedex 型矿床的成矿作用，但也都存在明显缺陷（韩发等，1999）。

1.3 铜陵矽卡岩型铜多金属矿关键科学问题

通过对冬瓜山铜（金）矿床和新桥铜－硫－铁矿床前人资料的梳理，对铜陵矿集区的该类矿床的大型层状矿体目前存在的关键科学问题进行了凝练。其核心问题是层状在华力西期是否经历过海底喷流沉积成矿作用。围绕该核心问题主要存在以下 4 个关键科学问题：

1）胶状黄铁矿成因：胶状黄铁矿是正常海洋沉积、海底喷流沉积还是岩浆热液快速冷却降温形成？

2）成矿物质来源：成矿物质是否为单一的岩浆来源？地层是否为成矿作用的进行提供了部分的成矿物质？

3）成矿作用：是否存在华力西期海底喷流沉积成矿作用？燕山期岩浆热液成矿作用是否为唯一的成矿作用？

4）矿床成因：矿床成因是华力西期海底喷流成因、燕山期岩浆热液成因还是同生沉积－岩浆热液改造成因？

第2章　研究内容及技术路线

2.1　研究内容

铜陵矿集区铜多金属储量大，已探明的铜金属储量达254万t，在我国国民经济建设中发挥着重要作用。前人在该地区开展了较系统的研究工作，但在石炭系是否包括沉积黄铁矿，是否属真正的矿源层以及不同黄铁矿成因问题及大规模聚集内在原因、控制因素、成矿物质真正来源及是否存在海底喷流成矿事件；矽卡岩－斑岩－层控型铜多金属矿床成矿多样性的形成机制、内在联系、成矿过程以及矿床模型完善等方面还有待深入研究。针对上述目标，本书选择铜陵矿集区内最具代表性的矽卡岩－斑岩－层控型铜多金属矿床（冬瓜山、新桥）作为典型矿床，以典型矿床为核心，主要开展以下几方面工作：

2.1.1　已有成果梳理总结

对前人研究成果进行系统的收集、梳理和总结，加强对成矿背景和研究历史的研究，客观保留前人对于矿床成因的不同看法，进一步梳理和凝练关键科学问题，有针对性地开展创新性研究。

2.1.2　矿物学、矿石组构学研究

在扎实野外工作的基础上，开展系统的矿物学、矿石组构学研究，对矿床（点）的岩矿标本进行鉴定，确定矿物组合（矿石矿物组合和蚀变矿物组合等），厘定典型金属矿物和脉石矿物的晶体特征，确定矿石结构、确定矿床中各种不同矿物的生成顺序和共生关系，准确划分成矿期与成矿阶段。

2.1.3　成岩机制研究

采集矶头复式岩株相关样品，进行相关的元素地球化学分析、同位素分析，判断其成岩年龄、成岩环境、成岩物理化学条件和成岩物质来源，并判断成岩与成矿之间的关系。

2.1.4　成矿控制因素研究

在前人研究基础上，开展详细的岩浆演化、矿床地质和成矿条件研究，阐明铜陵矿集区内典型矽卡岩－斑岩－层控型铜多金属矿床的地质特征、成矿条件和控矿因素。

2.1.5　成矿物质及成矿流体来源研究

通过流体包裹体温度、盐度、压力及成分测定，结合H－O－Pb－S等同位素测试结果，研究成矿物质及成矿流体的来源、成分、特征，确定不同矿化类型热液的演化过程及成矿物理化学条件。

2.1.6　成矿时代研究

在矿床地质特征研究的基础上，选择合适的地质样品，采用目前相对可靠的放射性同位素精

确测年方法，确定铜陵矿集区典型矿床的成矿时代和形成期次，阐明不同类型矿床形成及其演化关系。

2.1.7 黄铁矿标型特征研究

系统解剖层控型矿床的典型矿体，查明在有限空间内黄铁矿大量聚集原因，选取针对性样品，采用矿物学、地球化学、同位素手段厘定不同类型的黄铁矿，探讨是否存在海底喷流成矿事件、沉积型黄铁矿、矿源层和真正意义上的层控型矿床。

2.1.8 成矿机制及成矿多样性研究

在矿床地质特征、成矿条件、控矿因素、成矿流体、成矿时代、不同类型黄铁矿研究结果的基础上，准确厘定矿床类型及其成矿期次和阶段，探讨成矿机制、成矿过程和成矿多样性的内在联系和原因。

2.1.9 成矿规律和矿床模型研究

基于典型矿床解剖和成矿地球动力学背景、控矿因素、成矿机制方面研究，系统总结其成矿规律，建立安徽铜陵矿集区典型矽卡岩－斑岩－层控型 Cu－Fe－S－Au 矿床模型。

2.2 技术路线

针对上述研究内容和关键科学技术问题，合理地选择研究对象，采用地质和地球化学相结合的研究技术路线开展工作：

1）在充分收集和掌握前人工作和过去相关研究成果的基础上，进行深入细致的野外地质研究工作，针对本次研究的关键问题（胶状黄铁矿和成矿多样性），重点观察近些年来随着开采深度增加而发现的新现象，掌握第一手资料，选取新鲜样品供测试分析和收集整理。

2）利用矿相显微镜、偏光显微镜、X－射线衍射、电子探针和电镜等多种手段、方法，通过研究矿物共生和矿物组合，定性地确定各种矿物的生成顺序和成因关系，特别是胶状黄铁矿与磁铁矿、结晶黄铁矿等热液矿物的先后生成顺序；利用常规光学显微镜和扫描电镜，研究矿物的微观形貌、溶蚀、交代、重结晶现象、变形情况等，从微观尺度寻找相关的成矿信息。

3）结合岩体的常量元素、微量元素和稀土元素地球化学特征，通过锆石 U－Pb 定年，同时结合锆石的微量元素特征和 Hf 同位素组成特征，判断岩体的成岩温度、成岩氧逸度和成岩物质来源，厘定成岩机制。

4）选择典型矿床中适当矿物，进行流体包裹体显微测温、相态分析和成分测定等，研究成矿热液的组成特征；对矿石矿物、脉石矿物和蚀变矿物开展有针对性的 H－O 等稳定同位素地球化学分析研究，确定成矿流体的来源及成矿过程中发生的各种变化。

5）结合矿床宏观地质特征，选择矿区层状矿体中的典型金属矿物、含矿地层以及岩浆岩样品进行系统的 S、Pb 同位素和微量元素测定，判断矿床的成矿物质来源。

6）基于对成矿地质条件、成矿物质来源、控矿因素、成矿期与成矿阶段、成矿作用分析以及对黄铁矿成矿信息的提取等，综合分析层状矿体的成因，厘定其成矿作用、建立其成矿模型。

2.3 完成的工作量

自 2010 年以来，课题组收集了前人大量的研究成果，并进行了系统的总结、分析。课题组成员先后多次到铜陵进行地质调查及样品采集工作，并进行了系统的室内整理、分析测试及研究等工作。具体工作量见表 2.1。

表 2.1　完成的主要工作量表

项　目	单　位	工作量	项　目	单　位	工作量
搜集资料并二次开发	篇/（本）	338	扫描电镜分析	件	4
典型地质剖面解剖	条	12	电子探针分析	点	356
典型矿体调查	个	4	稳定同位素分析	件	55
典型钻孔编录	个	15	包裹体测温	个	105
标本采集及记录	件	480	包裹体成分测试	件	12
典型现象拍照及编辑	张	573	胶状黄铁矿 SHRIMP S 同位素分析	点	30
图件数字化	幅	63	金属硫化物 LA－ICP－MS 微量元素测试	点	160
单矿物挑选	件	77	锆石 LA－ICP－MS U－Pb 定年	点	30
全岩分析	件	17	锆石 LA－MC－ICP－MS Hf 测试	点	25
稀土及微量元素分析	件	65	Rb－Sr 同位素定年	件	6
磨制光薄片及鉴定	块	218	Re－Os 同位素定年	件	10
X－射线衍射分析	件	12			

第3章 铜陵矿集区成矿地质背景

3.1 大地构造位置及演化

铜陵地区是我国长江中下游铁铜成矿带内一个以铜、铁、金、硫为主的矿化集中区。大地构造位置位于下扬子坳陷之相对隆起区（黄许陈等，1993），唐永成等（1998）认为本区为下扬子台坳贵池－繁昌凹断褶皱束的一部分。其南东以东至－青阳－广德大断裂为界与江南古陆相邻，西侧和北侧均以郯庐断裂带为界与大别山地块、北淮阳构造带及华北地块相邻（图3.1）（瞿泓滢等，2011）。

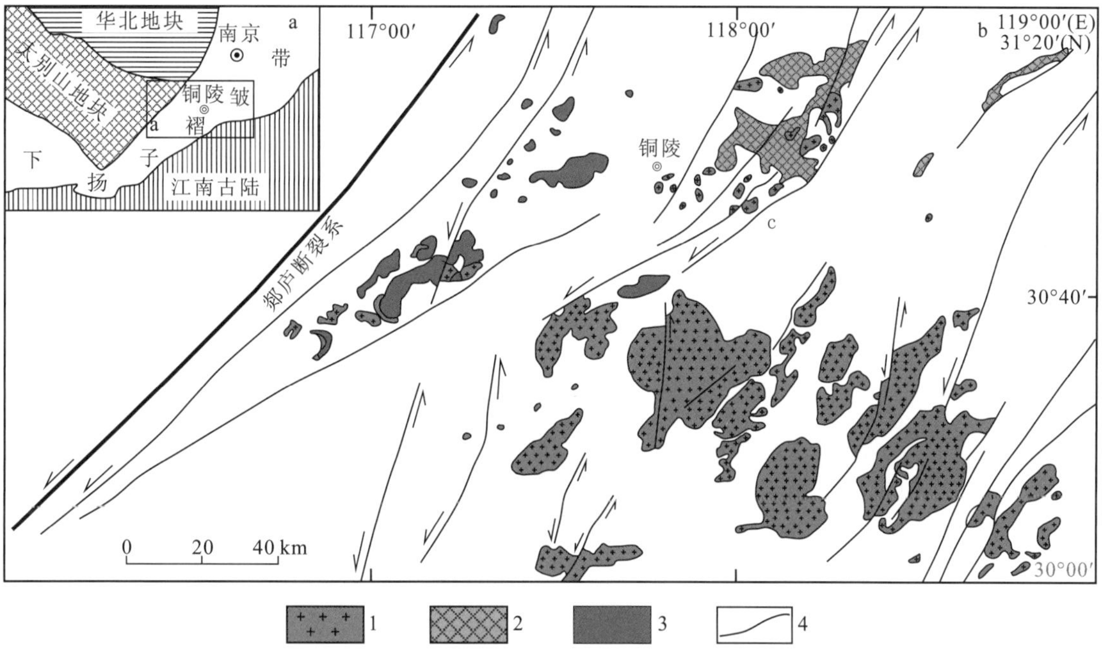

图3.1 下扬子地区位置示意图（a）和下扬子地区大地构造略图（b）
（据吴淦国，2008）
1—中生代石英闪长岩和花岗闪长岩；2—侏罗纪—白垩纪凝灰质砂砾岩、英安质火山岩；3—中生代碱性岩；4—断层

作为长江中下游地区重要的组成部分，铜陵矿集区构造演化与长江中下游地区基本相同。

按照槽台学说观点，本区经历了前震旦纪基底形成阶段、震旦纪—早三叠世的盖层发育阶段以及中三叠世以来的板内变形阶段（常印佛等，1991；翟裕生等，1992，1997；刘文灿等，1996；王鸿祯等，1996；Ma and Ge，1989）。

前震旦纪基底变形阶段：董岭群为区域地层中最古老的岩层，为一套变质岩系，按照岩性可划分为上下两部分：上部为片岩段，由肉红色云母石英片岩构成；下部为浅粒岩、片麻岩段，由浅灰色—肉红色长石片麻岩和角闪岩组成。董岭群与上覆寒武系呈不整合接触，构成本区变质基底，全岩同位素地质年代分析揭示其形成年龄为1895 Ma（邢凤鸣等，1993）和1771 Ma（李文达等，1998），董树文等（1993）测得董岭群变质岩Sm－Nd年龄为1439±56 Ma，形成于元古宙。

震旦纪—早三叠世盖层发育阶段：该阶段区内进入相对稳定的发展阶段，构造运动整体上以地壳升降运动为主，造成了中－下泥盆统的缺失，同时也造成了上志留统茅山组（S_3m）、上泥盆统五通组（D_3w）以及中石炭统之间的假整合接触或不整合接触，主要形成以海相、海陆交互相碳酸盐岩及碎屑岩建造为主，以陆相碎屑岩建造为辅的沉积盖层。志留纪以来的沉积盖层为本区的主要出露地层，尤其是石炭系、二叠系及三叠系是本区的主要赋矿地层。石炭纪扬子板块除中部和西部边缘地带隆升成陆地之外，其他地区均发育较为稳定的浅海相碳酸盐岩沉积（万天丰，2004）。

中三叠世—新生代板内变形阶段：本阶段是中生代以来构造域转换的主要阶段，印支运动导致强烈的褶皱变动，并伴随有褶皱推覆构造发育，形成了本区以北东向“S”型褶皱群及不同层次和规模的层间滑脱构造为主体的基本构造格局；燕山运动（中侏罗世末至晚白垩世）致使区内地层以块断变形为主，并伴随大规模的断裂活动，形成了以东西向为主的宽缓褶皱和以北北东向为主的断裂构造，并对印支期形成的北东向“S”型褶皱构造进行叠加改造。燕山期强烈的断裂活动引发了强烈而广泛的中酸性岩浆热液活动，同时伴随有一系列铜、铁、金、铅、锌等成矿作用（毛景文等，2006）。

按照地洼学说观点（陈国达，1996），本区的大地构造演化可以划分为前地槽阶段（—Pt）、地槽阶段（Pt_2—Z）、地台阶段（€—T_2）和地洼阶段（T_2—）（邵拥军，2002）。

3.2 区域地质特征

3.2.1 区域地层

本区出露地层为志留系—三叠系（图 3.2；表 3.1）。志留系—三叠系的总岩层厚度约 4000 m，其中除志留系为浅海滨海相砂页岩，泥盆系五通组为陆源碎屑岩，孤峰组、大隆组为浅海相硅质岩，

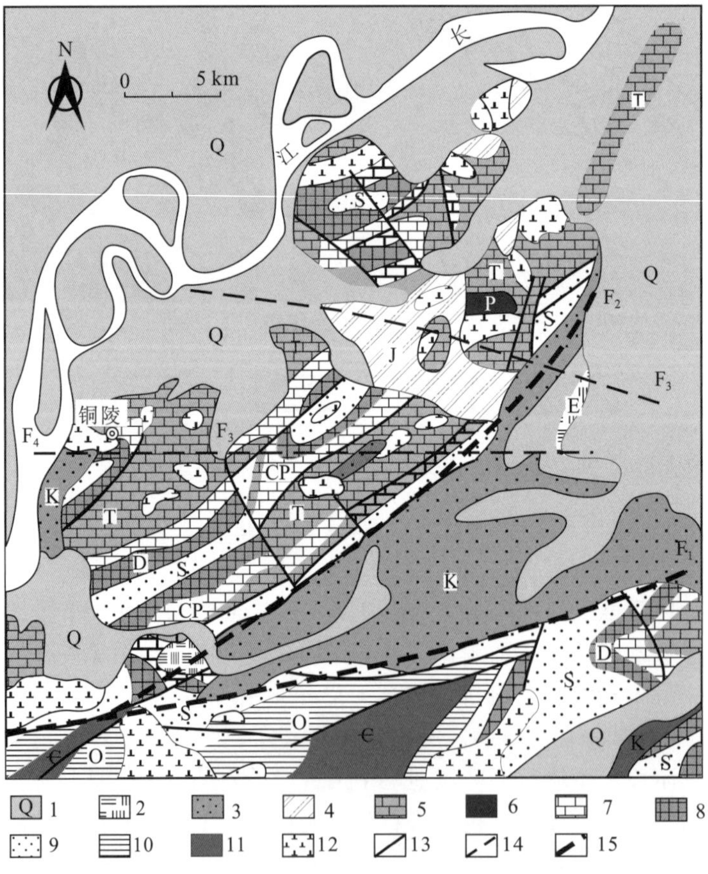

图 3.2　铜陵矿集区区域地质简图

1—第四系；2—第三系（古－新近系）；3—白垩系；4—侏罗系；5—三叠系；6—二叠系；7—石炭系—二叠系；8—泥盆系；9—志留系；10—奥陶系；11—寒武系；12—中酸性岩体；13—断层；14—隐伏深断层；15—深断层

龙潭组为滨海相含煤碎屑岩之外，其余各组地层岩性均为浅海－滨海相碳酸盐岩。与本区成矿有关的地层中3个重要层位：即石炭系黄龙组—船山组、二叠系栖霞组—大隆组、三叠系殷坑组组—南陵湖组是本区矽卡岩矿床形成时的重要围岩岩层，其中石炭系黄龙组—船山组为区域内层状矿体的赋矿层位，泥盆系五通组石英砂岩构成区域内层状矿体的主要底板。

表3.1　铜陵矿集区地层划分简表

系	统	地层名称		代号	厚度/m	主要岩性
第四系	全新统			Qh	>3.20	碎石、砂砾石、含砾石泥质粘土、粘土质粉砂岩、粉土质轻粘土。含砂金
	中更新统			Qp_2	>32.00	含漂砾泥砾石、砾石、砂、含铁锰质结核重泥质粘土、蠕虫状重泥粉土
第三系（古－新近系）		大通群		E－N	>45	紫红色砂砾岩、厚层状砾岩
白垩系	下统	广德组		K_1g	234.90	杂砾岩、砾质杂砂岩、含砾砂岩、细砂岩、细砂质粉砂岩、粉砂岩、粉砂质页岩
		蝌蚪山组	上段	K_1k^3	139.42	安山质凝灰角砾岩、流纹质凝灰角砾岩、流纹质角砾熔岩、流纹岩、球粒流纹岩
			中段	K_1k^2	438.55	安山岩、安山质凝灰熔岩、玄武岩夹粉砂岩、泥质、炭质、凝灰质页岩
			下段	K_1k^1	70.04	岩屑砂岩、含砾粉砂岩、粉砂岩、凝灰岩、页岩
侏罗系	上统	赤沙组		J_3c	90.24	粗面岩、粗面质凝灰角砾岩、凝灰熔岩、凝灰岩
		中分村组	上段	J_3z^2	83.79	流纹质角砾熔岩、流纹质角砾岩、流纹质凝灰角砾岩、流纹岩
			下段	J_3z^1	23.58	粗面质凝灰角砾岩、流纹质角砾凝灰岩、含砾凝灰岩、含砾粉砂岩、粉砂岩
	中－下统	象山群		$J_{1-2}Xn$	>34.16	杂砾岩、含砾细砂岩、含砾粉砂岩
三叠系	中统	铜头尖组		T_2t	>182.27	含虫管砂岩、含钙质结核泥质粉砂岩夹钙质细砾岩透镜体、粉砂质页岩
		月山组	上段	T_2y^2	18.12	长石石英细砂岩夹灰岩透镜体、泥质粉砂岩
			下段	T_2y^1	>261.96	石灰砾岩、白云质砾岩
		东马鞍山组		T_2d	215.58	灰岩、白云质灰岩、白云岩
	下统	南陵湖组	上段	T_1n^2	338.19	石灰砾岩、灰岩、鲕状及豆状灰岩、含生物碎屑灰岩、似砾状灰岩、白云质灰岩
			下段	T_1n^1	119.11	灰岩、似瘤状灰岩、瘤状灰岩
		和龙山组		T_1h	160.83	灰岩、条带状灰岩
		殷坑组		T_1y	131.94	石灰砾岩、灰岩、砾状灰岩、石灰质碎屑灰岩、泥质灰岩、页岩
二叠系	上统	大隆组		P_2d	27～52	硅质岩、含钙硅质泥质页岩、钙质硅质岩、泥质页岩、硅质泥质灰岩透镜体
		龙潭组		P_2l	57～71	细砂岩、粉砂质细砂岩、粉砂质页岩、页岩，含煤1～3层
	下统	孤峰组		P_1g	29.88～135.00	硅质岩、硅质页岩、泥质页岩、含锰页岩，局部含磷结核。含锰、磷
		栖霞组	上段	P_1q^2	137.40～196.70	生物碎屑灰岩、含燧石团块灰岩、含燧石结核、燧石条带灰岩、燧石层
			下段	P_1q^1	12.73～60.10	生物碎屑灰岩、沥青质灰岩、粉砂质泥质页岩、含炭质页岩

系	统	地层名称		代号	厚度/m	主要岩性
石炭系	上统	船山组		C_3c	23.25	球状灰岩、含生物碎屑灰岩、似瘤状碎屑灰岩
	中统	黄龙组		C_2h	45.93	生物碎屑灰岩、白云岩、石英细砾岩
泥盆系	上统	五通组	上段	D_3w^2	14～24	石英砂岩、细砂岩、细砂粉砂岩、粉砂岩、泥质粉砂岩、粉砂质页岩
			下段	D_3w^1	102	含砾石英砂岩、石英砂岩、泥质粉砂岩、粉砂质页岩、页岩
志留系	上统	茅山组		S_3m	303	石英细砂岩、含粉砂细砂岩、岩屑石英粉砂质细砂岩
	中统	坟头组		S_2f	321	细砂岩、粉砂岩、粉砂质泥岩、砂质页岩、含胶磷矿细砾岩
	下统	高家边组		S_1g	>125	细砂岩、粉砂岩、粉砂质页岩、泥质粉砂岩、泥质岩、泥质页岩

3.2.2 区域构造

本区构造活动强烈，强烈的构造运动为区内岩浆侵位和矿液运移沉淀提供了广阔的空间。

区内褶皱自北西至南东依次分布金口岭向斜、铜官山背斜、大通顺安复向斜（次级褶皱为陶家山向斜、青山背斜、朱村向斜）、永村桥背斜，新屋里复向斜（次级褶皱为凤凰山向斜、仙人冲背斜、元宝山向斜）、戴公山背斜（图3.3）。

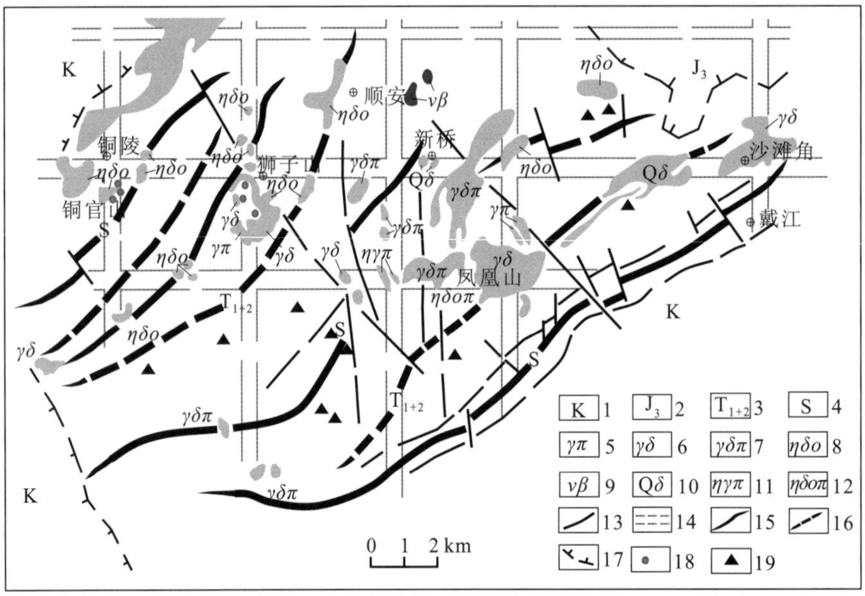

图3.3 铜陵地区构造格架及岩体分布示意图

（据彭省临等，2012）

1—白垩系；2—上侏罗统；3—中-上三叠统；4—志留系；5—花岗斑岩；6—花岗闪长岩；7—花岗闪长斑岩；8—石英二长闪长岩；9—辉长辉绿岩；10—石英闪长岩；11—二长花岗斑岩；12—石英二长闪长斑岩；13—断裂；14—基底断裂；15—背斜轴；16—向斜轴；17—中新生代盆地边界；18—铜矿床；19—铅锌矿床

褶皱构造线的方向为北东40°～60°、背斜多具短轴状褶皱性质，背斜两翼岩层产状常呈不同程度的斜歪或倒转，故多为不对称褶皱。向斜褶皱较开阔，多为复向斜。背斜轴部由志留系组成，向斜核部由三叠系组成。

本区断裂构造主要发育北东向和北西向两组，其次为东西向和北北西向（图3.3）。

北东向断裂多与褶皱同时形成，分布于背斜两翼。断层走向与地层走向基本一致为50°～60°、断层倾角随地层倾角的陡缓而变化，显示层间断裂特征，断层性质主要为高角度逆断层，力学性质为压剪性。

北西向断裂形成时间稍晚于北东向断层，走向北西 320°～340°。规模较大的北西向断层常横切整个背斜，断面平直，倾角较陡，略倾向北东，显示呈正断层或平移正断层性质，力学性质为张性及张剪性。

东西向和北北西向断裂形成时间晚，规模小，多为平移断层和正断层性质。

除以上盖层中的断层外，在本区铜陵—南陵一带深部存在一组东西向和一组近南北向隐伏深断裂，规模较大，两组深断裂相交呈棋盘格式隐伏深断裂。控制着本区岩浆岩和矿体的分布，形成了本区铜官山－戴家汇构造－岩浆带。

3.2.3 区域岩浆岩

区内岩浆侵入体广泛分布（图3.3），沿东西向隐伏深断裂分布有金口岭岩体，铜官山岩体、狮子山岩体、矶头山岩体、凤凰山岩体、沙滩角岩体、姚家岭岩体等，岩体出露面积约 70 km^2，占全区面积的 8%，单个岩体出露面积最大 10 km^2，最小岩体 0.05 km^2。侵入体以中—浅成相的岩株、岩墙为主，其次为岩枝、岩床、岩瘤。岩浆岩的岩性以中酸性岩为主，中偏基性的岩石在本区处于次要地位。岩体多呈具多次脉动式侵入的复式岩体、岩浆岩体同位素年龄介于 102～145 Ma 之间，属燕山期中晚期形成，主要为钙碱性－碱性中酸性岩类。

除侵入岩外本区东北部还发育安山质、流纹质、粗面质和玄武质熔岩及相应的火山碎屑岩类等晚侏罗世—早白垩世喷出岩。

3.2.4 区域矿产

受区内岩体、地层和构造联合控制，铜陵矿集区内矿床点的分布可谓星罗棋布。本区内生矿产资源以铜为主，次为铁、金、硫（铁矿），再次为银、铅、锌、钼。区内有铜、铁、金、硫矿床 20 余处，矿点近百处，主要集中分布于铜官山、狮子山、新桥、凤凰山和沙滩角 5 个矿田区内。

第2篇　冬瓜山铜（金）矿床

第4章　矿床地质特征

4.1　矿区地质特征

冬瓜山铜（金）多金属矿床大地构造位置位于扬子克拉通东北部、秦岭－大别造山带东南部，属于下扬子台坳繁昌－贵池断褶带的一部分（唐永成等，1998），产于大通－顺安复式向斜次级构造——青山背斜的北东段（图4.1）。

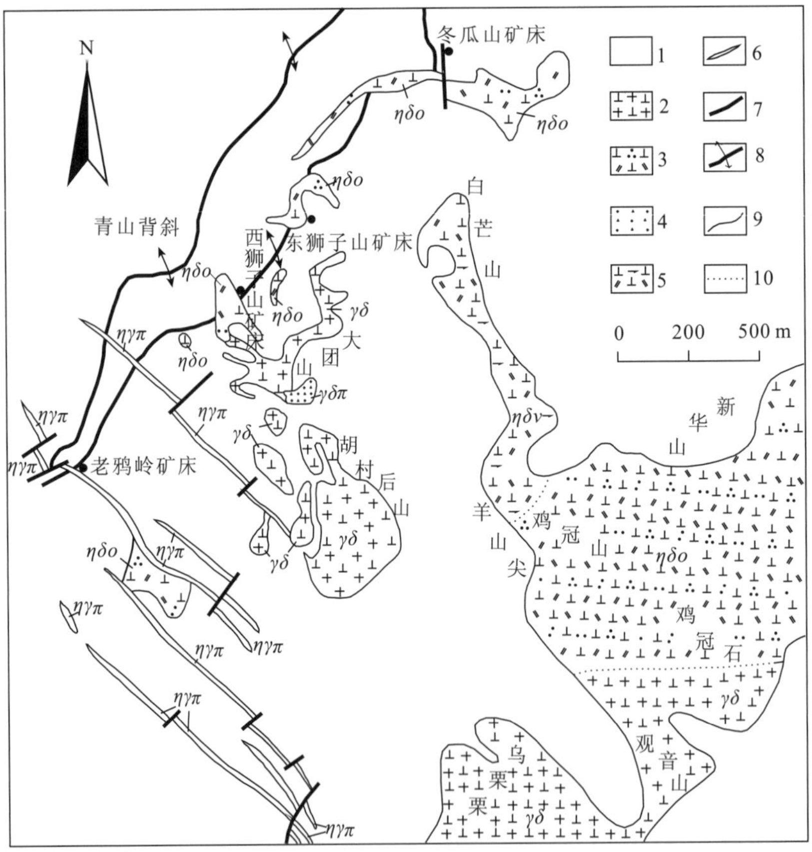

图4.1　狮子山矿田地质简图

（据徐晓春等，2008，有修改）

1—中—晚三叠世灰岩、砂岩；2—花岗闪长岩（$\gamma\delta$）；3—石英二长闪长岩（$\eta\delta o$）；4—花岗闪长斑岩（$\gamma\delta\pi$）；5—辉石二长闪长岩（$\eta\delta\nu$）；6—二长花岗斑岩（$\eta\gamma\pi$）；7—断层；8—背斜轴；9—地质界线；10—推测边界

矿区地层自泥盆系至上二叠统均有出露，其中与成矿关系密切的主要为中－上石炭统黄龙组—船山组（$C_{2+3}h-c$）不纯碳酸盐岩，下二叠统栖霞组（P_1q）生物碎屑灰岩、沥青质灰岩夹硅质岩、矽卡岩，其次有上二叠统大隆组（P_2d）硅质、钙质、泥质页岩、下三叠统小凉亭组（T_1x）不纯碳酸盐岩。印支期及燕山期近南北向、近东西向、北东向及北西向褶皱构造、断裂构造以及层间构造叠加在印支期北东向褶皱构造、断裂构造之上，构成了该区复杂的网格状构造格局（姜章平等，2001；瞿泓滢等，2011）。本区复杂的网状构造系统是燕山期岩浆上升侵位的通道，岩浆上升侵位至浅部冷却形成岩墙、岩枝状小型中酸性侵入体，岩体在上升侵位过程中引起周围地层岩石的接触热液变质作用及强烈的蚀变。在北东向青山背斜的核部及两翼发生大规模的铜、金、硫矿化，在地层岩性与不整合面、层间滑脱空间及岩体与围岩间各类接触带等构造联合控制作用下，北东向青山背斜的核部及两翼虚脱部位发生大规模的铜、金（硫）矿化。矿体产出形态主要以层状、似层状为主，透镜状次之，少数为不规则状，从上至下构成了矿区独特的“多层楼”状结构（黄许陈等，1993），形成矽卡岩型铜金矿床。在岩体的形成过程中，矿质发生沉淀，呈浸染状、网脉状等产于岩体内，形成斑岩铜、钼、铁矿化岩体，形成本区斑岩型矿化岩体与层状矿体共存的格局。

4.1.1 矿区地层

矿区低洼地段大多被第四系黏土所覆盖，其余地段出露地层以中、下三叠统为主，局部地段零星分布有上三叠统；据巷道和钻孔等资料，矿区深部地层主要为晚古生代地层。与冬瓜山矿床成矿关系较为密切的地层主要为上泥盆统、中－下石炭统及下二叠统（图版Ⅰ.1）。

矿区内另出露有上二叠统龙潭组（P_2l）、大隆组（P_2d）；下三叠统殷坑组（T_1y）、和龙山组（T_1h），中统南陵湖组（T_2n）、分水岭组（T_2f）、龙头山组（T_2l），上统的铜头尖组（T_2t）等地层，与冬瓜山铜（金）矿床主矿体的形成无直接的成因关系，但却形成了狮子山矿田的上部矿床。

现将各地层及岩石变质后岩性特征由老到新阐述如下。

4.1.1.1 上泥盆统五通组（D_3w）

下部岩石整体呈灰褐色，岩性主要为中细粒砂岩夹粉砂质页岩；中、上部岩石整体呈灰白色、灰绿色，岩性主要以石英砂岩、粉砂岩为主，局部含有薄层状页岩夹层。岩石经变质作用转化为硅质岩、泥质角岩、页岩等。厚度大于 100 m。

该组地层为冬瓜山铜（金）矿床层状矿体的底板，界面清晰。

4.1.1.2 中－上石炭统黄龙组—船山组（$C_{2+3}h-c$）

主要以厚层状灰岩、白云岩及白云质灰岩等碳酸盐岩为主。岩石经变质作用后，下部岩石转化为结晶大理岩、白云石化大理岩、蛇纹岩以及中粗粒石榴子石矽卡岩。厚 46 ~70 m。

该组地层被热液交代后成为该矿床层状矿体的产出部位。

4.1.1.3 下二叠统栖霞组（P_1q）

主要为中厚—巨厚层状生物碎屑灰岩、沥青质灰岩夹硅质岩等。岩石变质后为结晶大理岩、硅化大理岩以及矽卡岩等。该组地层厚 298 ~319 m。

该岩层构成了层状矿体顶板围岩，上硅质层附近产出工业铜矿体。

4.1.1.4 下二叠统孤峰组（P_1g）

底部为薄层状粘土岩，含有少量角砾；下部岩石整体呈灰黄色、紫灰色，岩性主要为钙、硅质含锰页岩，页岩局部含少量磷结核；上部主要为灰黑色燧石层和硅质页岩，层间夹硅化灰岩。厚 46 ~83 m。

在矿区内该组顶、底部常赋存一定规模的工业铜矿体。

4.1.1.5 上二叠统龙潭组（P_2l）

下部岩石呈灰褐色、黑色，岩性主要为炭质夹粘土质页岩，局部含少量的铁质结核；中部岩石呈浅灰色、黄褐色，岩性主要以长石砂岩、石英砂岩及粉砂岩等沉积岩为主，岩石粒度较小；上部岩石整体呈灰黑色，岩性主要为炭质页岩及粘土岩，局部夹极细粒的粉砂岩、粉砂质页岩。岩石经变质作用后为长英质角岩、红柱石角岩、角岩化粘土岩（粉砂岩），局部为矽卡岩。厚65～90 m。

4.1.1.6 上二叠统大隆组（P_2d）

下部岩石整体呈灰黑色，岩性主要以硅质（页）岩为主，局部夹灰黑色炭质页岩和透镜体状石灰岩，底部为含硅质、粘土质灰岩，厚2.5～10 m；上部岩石整体呈黑色，岩性主要为炭质钙质硅质页岩、硅质岩夹薄层状及透镜状泥质灰岩。岩石变质后，下部为硅质角岩、透辉石角岩，底部为含硅质的大理岩或矽卡岩；上部为透辉石角岩、硅质角岩及少量的黑云母角岩。厚46～68 m。

该组地层底部为矿区上部老鸦岭铜矿床主矿体的产出部位。

4.1.1.7 下三叠统殷坑组（T_1y）

下部岩石整体呈青灰色、浅黄色，岩性主要为薄层状泥质灰岩及钙质页岩，局部夹有灰岩透镜体，底部含有0.05～0.1 m厚的薄层状含砾粘土岩；上部岩石整体呈灰色、黄褐色，岩性为互层状钙质页岩、灰岩；顶部岩石整体呈灰色，岩性为灰岩，常见同生砾状构造，厚8～30 m。变质后，下部以黑云母角岩、硅质角岩、透辉石角岩为主，局部夹少量结晶大理岩，或为矽卡岩夹角岩；上部以角岩夹大理岩为主，顶部为厚层状大理岩。厚125～145 m。

4.1.1.8 下三叠统和龙山组（T_1h）

该组地层主要出露于矿区西北部，根据其岩性特征分为下、中、上三段。

下段（T_1h^1）：该段岩性主要为灰岩。变质后为角岩、大理岩、矽卡岩，角岩层主要分布于底部，厚8～18 m，以方柱石角岩为主，次为透辉石角岩。厚40～70 m。

中段（T_1h^2）：该段岩性主要为呈互层状产出的灰岩和页岩，层间局部含有薄—中厚层状灰岩。变质后，其上部为大理岩与角岩互层，宽条带状，条带较均匀，宽3～5 cm，偶夹厚5～15 cm的大理岩；下部主要为结晶大理岩。厚80～115 m。

上段（T_1h^3）：该段主要青灰色灰岩，呈条带状产出。变质后，为角岩与大理岩，呈均匀条带产出，宽0.5～2 cm，局部可见矽卡岩。该段地层厚50～75 m。

本组中、下段地层为西狮子山铜矿床的主要产出部位。

4.1.1.9 中三叠统南陵湖组（T_2n）

分布于矿区中部及西北部。该组地层总体可分为3个岩性段，以碳酸盐岩为主，整体呈灰色，中部岩性段颜色相对较深，碳酸盐岩呈薄层状产出，局部可见中厚层状、瘤状灰岩。变质后为片状、薄至中厚层状大理岩，可见清晰的缝合线构造。该组地层厚275～320 m。该组地层是胡村铜矿床部分主矿体的产出层位。

4.1.1.10 中三叠统东马鞍山组（T_2d）

出露于矿区西南部。岩性整体呈为灰白色、肉红色，岩性为薄—中厚层状白云岩、白云质灰岩。一般未变质或变质程度相对较低。厚度大于190 m。

该组地层与中酸性石英闪长岩接触带部位是新华山铜矿床的主要产出部位。

4.1.1.11 中三叠统月山组（T_2y）

该组地层主要集中分布于本区西南部。该组地层可分为上、下两个岩性段，上段主要为长石石英细砂岩夹灰岩透镜体、泥质粉砂岩；下段主要为石灰砾岩、白云质砾岩。

4.1.1.12 中三叠统铜头尖组（T_2t）

零星出露于矿区南东部鸡冠山—木鱼山一带。岩石整体呈紫红色、橘黄色，岩性为铁质钙质长石石英砂岩、泥质粉砂质黏土页岩。厚度大于140 m。

4.1.1.13 第四系（Q）

主要为分布于低洼处的黏土、砾石、亚黏土及腐殖质等。厚度4～25 m。

4.1.2 矿区构造

4.1.2.1 褶皱

褶皱整体呈"S"形展布，枢纽波状起伏，区域性褶皱构造为印支期形成的大通－顺安复向斜。冬瓜山矿区位于其次级褶皱——青山背斜的北东段。青山背斜沿北东走向长21.5 km，宽8 km，轴线总体走向35°～45°；背斜南西端向西偏移、北东端向东偏移，整体呈"S"形展布；枢纽波状起伏，向北东倾伏；轴面扭转呈"绳状"，背斜轴面的南西段、中段和北东段分别倾向北西、近直立和倾向南东。据工程揭露，－400 m以上该背斜形态呈双峰褶曲，在－200 m左右主峰局部出现倒转现象。上二叠统—下三叠统各组岩层产状及厚度变化很大。－400 m以下背斜逐渐变平缓，由于横跨褶皱的影响，使背斜出现短轴"穹状"隆起。该背斜翼部地层呈舒缓波状，北西翼与南东翼相比，产状较陡。冬瓜山矿床层状矿体产于青山背斜轴部及附近两翼部位，矿体产出形态及规模大小严重受控于青山背斜。

4.1.2.2 断裂

矿区与成岩成矿关系密切的断裂构造主要包括不同时期形成的近东西向、南北向，北北东向3组断裂，由于3组断裂的相互叠加复合，形成了本区"网格状"构造格架。

早期断裂主要由近南北向和东西向断裂组成，且大都被燕山期岩体侵位。近南北向断裂包括大团山－西狮子山断裂、白芒山－羊山尖断裂、青山脚－东狮子山断裂、包村断裂等，这些断裂大体上向东倾斜，倾角70°～80°。东西向断裂包括鸡冠山断裂、小冲－兰花冲断裂、曹山－小冬瓜山断裂等，断裂被辉石闪长岩、闪长岩或石英闪长岩所侵入。另外，还有青山脚－东狮子山长达1 km的北东向断裂，显示多期次继承性复合构造特征。断裂带岩性主要为角砾状内矽卡岩，延深至1 km以下，表现为隐爆裂隙－岩筒型构造。

晚期断裂主要表现为张性或张扭性破碎带。从南至北阴涝－大冲破碎带将狮子山矿床分割为东、西两部分。铜塘冲破碎带主要出现于63～71线，其走向近东西向，倾向北，倾角70°～80°，长约1400 m；平面分布不连续，宽10～20 m，延伸大于600 m；该破碎带内角砾成分与围岩一致，以泥质、钙质、少量铁矿胶结。龙塘湖破碎带分布于71～75线，浅部由制图钻孔圈定，深部由ZK750控制，走向北西，倾向北东，倾角75°～80°；破碎带长度在1500 m以上，宽15～20 m，延深在350 m以上；由钙质、泥质及少量铁质胶结大理岩和角岩角砾组成，角砾呈棱角状，大小不等，形状各异，胶结疏松，属张扭性破碎带。该断裂横切青山背斜核部，可能与回风井787m之龙潭组砂岩层中破碎带有联系。

4.1.2.3 层间构造

青山背斜在其自身变形活动过程中，受到不均匀水平应力及横跨褶皱叠加作用的双重影响，常导致在$C_{2+3}h-c/D_3w$、P_1g/P_1q、P_2d/P_2l、T_1l/P_2d等岩石力学性质相对差异较大的界面上发生层间滑脱，层间滑脱构造以本矿床最为典型：$C_{2+3}h-c/D_3w$层间滑脱面可以扩展到P_1q至D_3w间，从而为狮子山矿田多层状层控式矽卡岩型矿床的产出提供了有利的容矿空间（图版Ⅰ.2）（袁子清，2007）。

4.1.2.4 节理

本区节理发育，主要有北西向、近南北向及近东西向3组，以北西向为主，近南北向及近东西向次之。3组节理主要为主构造的派生次级构造。

4.1.3 矿区岩浆岩

矿区范围内岩浆活动较为强烈。岩浆活动主要受基底断裂及浅部盖层断裂控制，岩浆沿基底断裂上侵，在浅部盖层断裂的控制下侵位，形成北东向及北北东向展布的浅成、超浅成向小型侵入体。主要侵入岩为高钾钙碱性系列的辉石闪长岩、石英闪长岩等。晚期脉岩有辉绿岩、煌斑岩、花岗斑岩、闪长玢岩等。与冬瓜山矿床有密切成因联系的侵入体为青山脚石英闪长（玢）岩岩体。

4.2 矿体地质特征

4.2.1 层状主矿体

冬瓜山铜（金）矿床主要矿体为层状矿体，该矿体占矿床铜金属储量98.8%，其余见矿的均为小矿体（铜、硫、铁）。

4.2.1.1 主矿体赋存部位

该矿体位于青山背斜轴部及两翼，赋存于中－上石炭统黄龙组—船山组中，严格受其控制（图4.2），局部具跨层现象，其顶界跨栖霞组的底部，北西翼矿体底界延至高骊山组顶部，在背斜隆起部位跨层幅度较小，一般在1.71～3.60 m之间；而在岩体与围岩接触带部位跨层幅度较大，一般在20.00～23.72 m之间，最大可达47.66 m，成为矿体厚大部位。

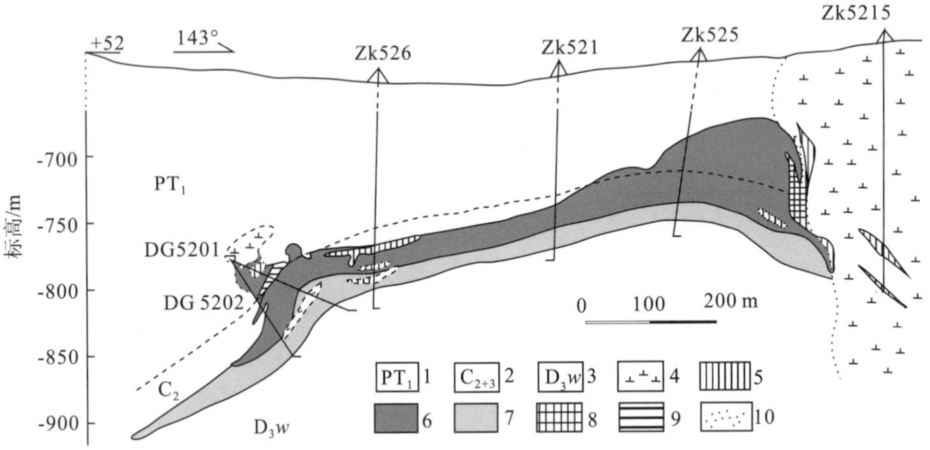

图4.2 冬瓜山铜（金）矿床52线地质剖面图

（据安徽省地质矿产局321地质队，1985，有修改）

1—二叠系—下三叠统灰岩、硅质岩；2—中－上石炭统黄龙组—船山组灰岩；3—上泥盆统五通组砂岩；4—石英闪长岩；5—矿化石英闪长岩；6—含铜磁黄铁矿矿体；7—含铜蛇纹石矿体；8—矽卡岩矿体；9—含铜磁铁矿矿体；10—实测或推测地质界线

4.2.1.2 主矿体形态和产状

矿体受层位、岩性以及岩体与围岩的接触带控制，总体上呈似层状，其产状与围岩产状基本一致，走向35°，分别向北西和南东向倾斜，倾角10°～25°。沿走向与倾向均呈波状起伏，总趋势向北东向倾伏。矿体北段埋藏较深，赋存标高－780～－1200 m，63线以北呈分支状，67～71线赋矿层位被包村岩体吞蚀。在岩体附近矿体厚度增大，品位也随之变富。其矿物组合主要为黄铁矿－磁黄铁矿－方解石和黄铁矿－黄铜矿－磁铁矿等。

矿体南段在48～55线附近被青山脚岩体所侵占，受之影响，与青山脚岩体接触部位矿体形态发生较大变化，斑岩型矿体、矽卡岩型矿体与层状矿体及其底部的层纹状矿层在接触带内组成“多位一体”的产出模式，导致该部位矿体厚度及品位增大。

4.2.1.3 主矿体规模

该矿体沿走向总长度超过1800 m，水平宽度300～800 m。矿体北段厚度大，最厚近百米。

4.2.2 斑岩型矿体

与成矿关系密切的岩浆岩主要为燕山期石英闪长（玢）岩体，含矿岩体围岩普遍发育大理岩化、角岩化及矽卡岩化等接触热变质作用。岩体内局部可见角岩捕虏体及角砾岩（图版I.3a），角砾大小多为2 cm×3 cm，棱角明显；靠近岩体发育角岩带及大理岩化带，在角岩带内局部可见大理岩化灰岩捕虏体（图版Ⅰ.3b），角岩局部较为破碎，裂隙发育。

1）矿体赋存部位：受岩体和接触带控制，矿体主要产于岩体顶部及内外接触带中（图4.3），在角岩带和大理岩带内可见细脉状金属硫化物。

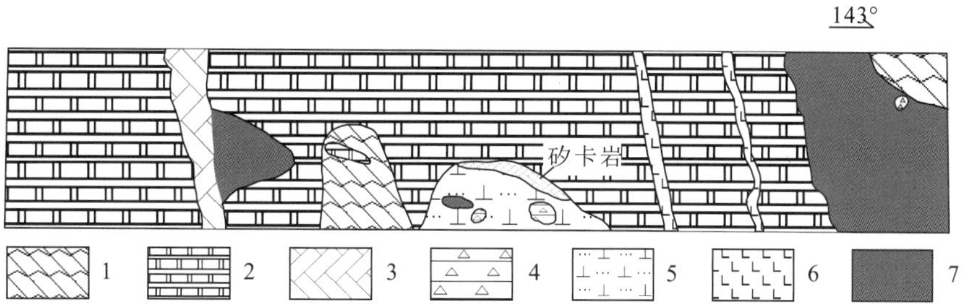

图4.3　冬瓜山铜（金）矿床-730 m中段48线斑岩型矿体剖面图

1—角岩；2—大理岩化灰岩；3—矽卡岩；4—角砾岩；5—岩体；6—煌斑岩；7—矿体

2）矿石成分：金属矿物主要为黄铜矿、黄铁矿，其次为磁黄铁矿、磁铁矿、斑铜矿等；非金属矿物主要为石英、方解石、绿泥石及绢云母等，次为少量的蛇纹石。

3）矿物组合：按照矿物共生关系可分为：硫化物型，主要由黄铜矿、黄铁矿及磁黄铁矿组成；石英-硫化物型，主要由石英、黄铜矿、黄铁矿及磁黄铁矿组成，金属硫化物主要分布于石英脉中；碳酸盐-硫化物型，主要由方解石、黄铜矿、黄铁矿组成，黄铜矿和黄铁矿主要与方解石脉伴生；硫化物-氧化物型，主要由黄铜矿、黄铁矿和磁铁矿组成，磁铁矿呈团块状产出，被金属硫化物脉穿插交代。以上矿物组合主要以硫化物型为主，石英-硫化物型次之，碳酸盐-硫化物型与硫化物-氧化物型最少。

4）矿石组构：根据显微镜下及野外观察，斑岩型矿体矿石结构主要为半自形—他形粒状结构和交代结构；构造主要以细脉状、浸染状及其两者的复合型细脉浸染状为主，团块状次之（图版Ⅰ.3c，d）。

5）蚀变类型：主要有硅化、钾长石化、绢云母化、绿泥石化、绿帘石化以及碳酸盐化、高岭土化，黑云母化次之。蚀变分带详见4.4节。

6）矿物生成顺序：根据矿物共生组合及交代关系，斑岩型矿体可分为磁铁矿阶段和石-英硫化物阶段，矿物生成顺序为：磁铁矿→黄铁矿→磁黄铁矿→黄铜矿→斑铜矿。

另外，矽卡岩型矿体以及脉状矿体也较为发育。矽卡岩型矿体主要分布于岩体与围岩的接触带内及其附近，远离岩体与接触带的层状矿体内也可见到，其矿物组合主要为黄铁矿-矽卡岩和黄铁矿-黄铜矿-矽卡岩。脉状矿体主要产于主矿体顶底板围岩中，金属矿物呈脉状、网脉状穿插交代围岩。

4.3　矿石特征

4.3.1　矿石类型及矿石矿物成分

根据矿体类型和矿石矿物组合，矿石类型可分为矽卡岩型矿石、退化蚀变岩型矿石、斑岩型矿石等几类。除斑岩型矿石外，矽卡岩型矿石和退化蚀变岩型矿石之间没有明显的界线，为渐变关系。矽卡岩型矿石在岩体与围岩的接触带内以及层状矿体局部地段均可见到，金属矿物以黄铜矿、磁黄铁矿及磁铁矿为主，呈团块状分布于矽卡岩中。矽卡岩可分为钙质矽卡岩和镁质矽卡岩，钙质矽卡岩矿物以石榴子石、透辉石、绿帘石等为主；镁质矽卡岩以镁橄榄石、粒硅镁石、透闪石、蛇纹石为主，可见镁橄榄石退化蚀变为蛇纹石，透闪石蚀变为滑石等现象（图版Ⅰ.4）。退化蚀变岩型矿石分布广泛，为层状矿体的主要矿石类型，金属矿物主要为磁铁矿、磁黄铁矿、黄铁矿、黄铜矿等，次为斑铜矿、辉铜矿、闪锌矿、黝铜矿、辉钼矿、方铅矿、自然金、赤铁矿等；非金属矿物主要为石英、方解石、石榴子石、透辉石、绿帘石等，次为阳起石、透闪石、硬石膏等。层状主矿体底部可见纹层状矿石，由镁质矽卡岩退化蚀变形成蛇纹石、透闪石、滑石、黄铜矿、黄铁矿和磁黄铁矿组合，并经自组织作用形成纹层状和曲卷状构造（毛景文等，2009）。

4.3.2 矿石组构

矿石结构主要为自形粒状结构、他形－半自形粒状结构、交代溶蚀结构、交代填隙结构及交代筛状结构（图版 I.5）。矿石构造主要为块状构造、脉状构造、条带状构造、浸染状构造、曲卷状构造等，次为角砾状构造、网脉状构造等（图版 I.6）。

4.4 蚀变类型及分带规律

围岩蚀变强烈，主要包括石榴子石、透辉石、镁橄榄石等矽卡岩化、石英钾长石化、石英绢云母化、蛇纹石化、碳酸盐化、角岩化、绿泥石化，其次为硬石膏化及滑石化等蚀变，金属矿物的富集与矽卡岩化、硅化、钾长石化、石英绢云母化及早期矽卡岩的退化蚀变有密切的联系。从岩体到围岩蚀变分带依次为岩体—石英钾长石化带—石英绢云母化带—泥化带＋青磐岩化带—矽卡岩化带—角岩化带—大理岩（大理岩化灰岩）—灰岩（图 4.4）。

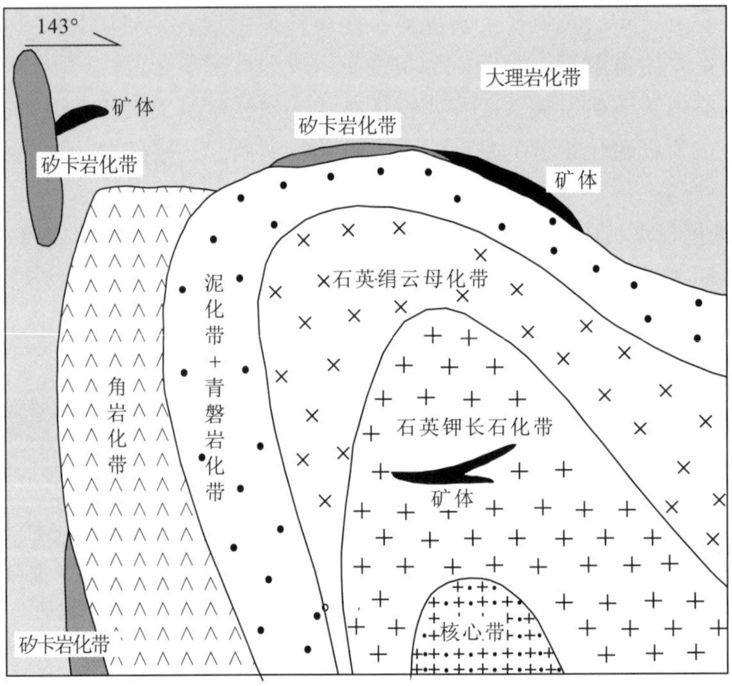

图 4.4 冬瓜山铜（金）矿床斑岩型蚀变分带示意图

石英钾长石化带：主要发育于岩体内部，主要由钾长石及石英组成，黑云母相对较少，钾长石呈他形粒状沿边缘交代斜长石或其他矿物，黑云母呈鳞片状交代角闪石等暗色矿物，钾长石化发育部位，往往斑岩型铜矿化强烈（图版 I.7a，b，c），根据钻孔资料，钾化带主要见于－895.8～－924.0 m 中段。

石英－绢云母化带：主要发育钾化带外侧，与钾化带界线不清晰，两者呈渐变过渡关系，主要由石英、绢云母及黄铜矿和黄铁矿组成。主要见于－887.2～－889.75 m 中段（图版 I.7d）。

泥化带＋青磐岩化带：泥化带和青磐岩化带界线不清晰，基本上为伴生关系，主要发生于岩体的外侧及边部，由绿帘石、绿泥石、石英、方解石、高岭石及少量的黄铁矿组成（图版 I.7e，f），常交代铁镁质矿物，岩体发生泥化部位常呈灰白色。主要见于－850 m 中段。

矽卡岩化带：主要发生于岩体与围岩的接触部位，主要由石榴子石、透辉石、镁橄榄石、粒硅镁石、透闪石等组成。

角岩化带：分布于岩体附近，为泥质围岩地层受接触热变质而来，角岩化带内可见大理岩化灰岩捕虏体，暗示成矿过程中围岩可能发生过隐爆或崩塌，角岩带内也可见到细脉状金属硫化物。

大理岩化带：主要由靠近矿体的围岩发生接触热变质而来，主要分布于接触带外侧，主要表现为碳酸盐矿物的重结晶及方解石细脉的发育，岩石颜色转变为灰、灰白色。

铜矿化主要出现于矽卡岩带（岩体与围岩接触带）及岩体与围岩的接触部位，以矽卡岩带为主。规模较大的矿体均产于矽卡岩带内，岩体内铜矿化以浸染状、细脉状为主，与石英钾长石化及石英绢云母化关系密切。

4.5 成矿期次

根据井下矿脉的相互穿插关系和显微镜下矿物共生组合关系可知，冬瓜山铜（金）矿床主要成矿期包括斑岩成矿期和矽卡岩成矿期。斑岩成矿期主要发育黄铜矿化、黄铁矿化、磁铁矿化和磁黄铁矿化，黄铁矿、黄铜矿、磁黄铁矿主要呈浸染状、细脉状产出，岩体局部可见团块状黄铁矿、黄铜矿及磁铁矿，形成斑岩型矿化岩体（图版 I. 8a），矿物生成顺序为：磁铁矿→黄铁矿→磁黄铁矿→黄铜矿→斑铜矿。矽卡岩成矿期可分为矽卡岩阶段、退化蚀变成矿阶段及石英－碳酸盐阶段。矽卡岩阶段主要生成石榴子石、透辉石、硅灰石等无水硅酸盐矿物（图版 I. 8b，c）。退化蚀变成矿阶段主要引起早阶段矽卡岩发生退化蚀变作用，经退化蚀变作用生成磁铁矿、黄铜矿、黄铁矿、磁黄铁矿、闪锌矿、辉铜矿和蛇纹石、透闪石、绿帘石、滑石、石英等，形成层状矿体及其底部的纹层状和曲卷状矿层（图版 I. 8b，d），局部可见硫化物包裹及穿插磁铁矿，磁铁矿呈小型捕虏体状分布，局部磁铁矿具有明显的可拼接性（图版 I. 8d）。石英－碳酸盐阶段主要生成大量的方解石、石英等非金属矿物和少量黄铁矿、黄铜矿及磁黄铁矿等金属硫化物，成矿趋于结束。

金属矿物生成顺序依次为磁铁矿（I）→黄铁矿→磁黄铁矿（I）→黄铜矿→磁黄铁矿（II）→磁铁矿（II）→闪锌矿→辉铜矿→黝铜矿。

第5章　岩体地质地球化学特征

5.1　岩体地质特征

青山脚岩体主要由石英闪长岩及斑状石英闪长岩组成，分布于34~54线东南部，主要受北东向构造控制。岩体呈上窄下宽的岩墙状产出，地表出露宽度仅为50~100 m，至-400 m标高宽约150 m，-600 m标高宽度可达300 m以上。岩体总体呈北东走向，倾向南东，倾角大于75°。岩体两侧小岩枝发育，呈“枝杈状”顺层贯入围岩。岩体旁侧矿体厚度和富集程度均增大，靠近岩体斑岩型矿化发育（如ZK483、ZK5415、ZK5417），据微量元素分析（冬瓜山铜矿内部资料），该岩体与成矿关系密切，为本区的成矿母岩。岩体主要由闪长岩、石英闪长岩及斑状石英闪长岩等组成。后者分布于闪长岩、石英闪长岩体的周边，为岩体的边缘相。

吴才来等（1996）、唐永成等（1998）采用Ar-Ar同位素定年法测得矿区岩浆岩年龄分别为135.8±1.1 Ma和135.8 Ma，徐兆文等（2004）通过Rb-Sr同位素定年方法获得青山脚岩体全岩年龄为135.6±1.4 Ma，陆三明（2007）、徐晓春等（2008）利用锆石SHRIMP U-Pb定年法测得冬瓜山石英二长闪长岩的年龄分别为136.0±2.0 Ma和135.5±2.2 Ma。这说明矿区内的岩浆活动主要集中在135 Ma左右，属于燕山期岩浆岩。

矿区内出露的脉岩有闪长玢岩、煌斑岩、花岗斑岩、闪长正长斑岩等。本矿床内出现的主要岩脉为闪长玢岩、煌斑岩。

5.2　岩石学及岩石化学特征

5.2.1　岩石学特征

青山脚石英闪长岩岩体呈灰色、灰白色，岩石具中粗粒粒状结构和似斑状结构。矿物成分主要为斜长石（45%~50%）、钾长石（10%~15%）、石英（15%~20%）和角闪石（10%），次为微斜长石、黑云母、绿帘石和绿泥石等（图版I.9a，b，c，d）。副矿物主要为黄铁矿、黄铜矿和磷灰石、榍石等，以他形不等粒状充填于其他矿物间隙内或交代早期生成的矿物。

青山脚岩体中的斜长石以中长石为主，斜长石晶体大多呈自形—半自形柱状或板状晶形，聚片双晶常见，环带结构发育（图版I.9a），发生不同程度的绢云母化、碳酸盐化等蚀变（图版I.9e），粒径一般在0.25~0.8 mm之间，早期斜长石常被晚期矿物溶蚀交代（图版I.9d）。

角闪石主要为普通角闪石，是本区岩石的主要暗色矿物，呈绿色或褐色，半自形—他形粒状晶形，角闪石局部发生绿泥石化，被后期矿物交代（图版I.9b，f），粒径一般在0.1~0.5 mm之间。

钾长石多呈半自形—他形柱状晶形，可见卡式双晶，表面发生不同程度的蚀变，局部可见钾长石被微斜长石交代，呈钾长石假象，粒径一般在0.2~0.5 mm之间（图版I.9e）。

石英呈他形粒状或不规则状，波状消光，粒径一般在0.05~0.2 mm之间，个别可达0.2 mm以上，主要充填于早期矿物晶粒之间。

与岩体有关的矿化以矽卡岩型矿化及斑岩型矿化为主。其中矽卡岩矿物主要有石榴子石、透辉石、镁橄榄石、粒硅镁石、透闪石、蛇纹石、绿帘石、阳起石等。

5.2.2 岩石化学特征

岩体测试样品均为新鲜未蚀变岩石，岩石化学成分分析结果（表5.1）显示，岩石 SiO_2 含量为56.83%~62.59%，平均含量为59.10%，介于中国闪长岩（57.39%）与石英闪长岩（60.51%）SiO_2 平均含量之间（黎彤，1976，下同）。岩石总碱量（Na_2O+K_2O）为6.09%~7.26%，平均值为6.78%；Na_2O/K_2O 值为1.05~1.56，平均值为1.33，其中，K_2O 含量在2.56%~3.27%之间，平均值为2.93%，大于中国石英闪长岩 K_2O 含量（2.65%），岩体在富钠的背景下显示了高钾的特征；碱度率 AR 在1.74~2.06之间，平均值为1.88；岩石富钙率 $CaO/(CaO+MgO+FeO+MnO+Fe_2O_3)$ 在0.37~0.47之间，平均值为0.41，略高于中国闪长岩平均值（0.34）及中国石英闪长岩平均值（0.34）。里特曼组合指数（σ）在2.27~3.40之间，平均值为2.89，属于钙碱性岩。在 K_2O-SiO_2 图解（图5.1）中，岩体均投在高钾钙碱性系列内，说明本区岩石为高钾钙碱性岩；铝饱和指数 A/CKN 平均值为0.84，小于1.1，在岩体 $A/NK-A/CKN$ 图解（图5.2）中，绝大多数样品投影点均落入准铝质范围内，说明本区岩体为准铝质岩石。本区岩石具有较高的Na/K值（平均值1.33），另外，在岩体 Na_2O-K_2O 图解（图5.3）中，岩体样品投影点均落入“I”型花岗岩区域内，说明本区岩体属典型的“I”型花岗岩，显示了源岩物质的深源性。

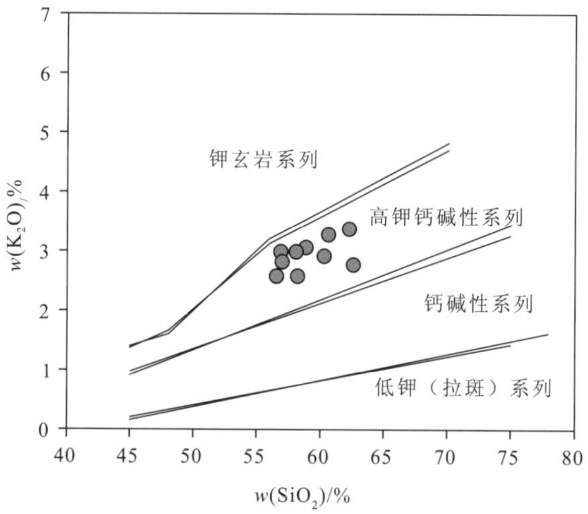

图5.1 冬瓜山铜（金）矿床岩体 K_2O-SiO_2 图解
（据 Rollinson, 1993）

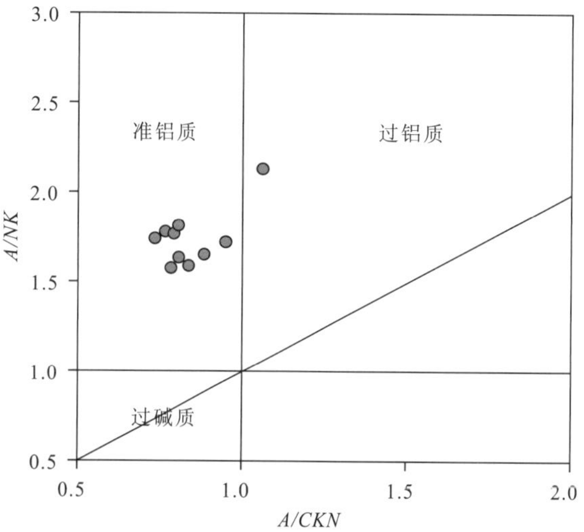

图5.2 冬瓜山铜（金）矿床岩体 $A/NK-A/CKN$ 图解
（据 Maniar et al., 1989）

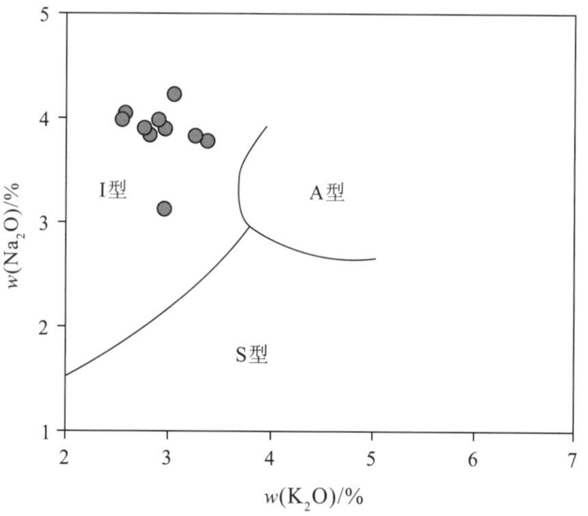

图5.3 冬瓜山铜（金）矿床岩体 Na_2O-K_2O 图解
（据 Collins et al., 1982）

表 5.1　冬瓜山铜（金）矿床侵入岩常量元素分析结果及特征值

指标		TS003－1	DK001－4	DK004－3	DK004－4	DK004－5	DK005－1	DGS8－11	DGS3－11	DGS3－8	ZK－51	总和	平均值
w(B)/%	SiO_2	62.59	60.62	58.18	56.93	60.28	58.76	62.19	58.09	56.48	56.83	590.95	59.10
	Al_2O_3	16.24	16.29	16.83	16.72	15.90	16.17	15.73	17.88	17.04	16.85	165.65	16.57
	TFeO	5.25	5.23	5.74	7.14	5.62	6.15	5.00	4.51	6.54	5.84	57.02	5.70
	CaO	4.22	4.73	6.93	6.51	5.58	5.75	4.92	4.70	6.55	7.39	57.28	5.73
	MgO	1.92	2.50	2.40	2.77	2.26	2.53	1.83	2.42	2.61	2.43	23.67	2.37
	Na_2O	3.90	3.82	4.02	3.84	3.96	4.21	3.77	3.12	3.99	3.89	38.52	3.85
	K_2O	2.77	3.27	2.57	2.82	2.91	3.05	3.37	2.97	2.56	2.97	29.26	2.93
	Cr_2O_3	0.01	0.01	0.01	0.01	0.01	0.01	0.01	0.01	0.01	0.01	0.10	0.01
	TiO_2	0.66	0.80	0.82	0.88	0.77	0.85	0.67	0.80	0.96	0.90	8.11	0.81
	MnO	0.05	0.06	0.07	0.09	0.10	0.06	0.08	0.01	0.07	0.07	0.66	0.07
	P_2O_5	0.30	0.34	0.38	0.38	0.32	0.35	0.26	0.34	0.41	0.40	3.48	0.35
	SrO	0.10	0.09	0.11	0.11	0.08	0.10	0.08	0.07	0.11	0.10	0.95	0.10
	BaO	0.09	0.10	0.08	0.10	0.08	0.08	0.07	0.04	0.07	0.07	0.78	0.08
	烧失量	1.15	1.44	0.97	0.80	1.39	1.67	0.54	3.81	1.76	1.04	14.57	1.46
	合计	99.22	99.29	99.12	99.10	99.26	99.74	98.50	98.74	99.14	98.77	990.88	99.09
	Na_2O+K_2O	6.67	7.09	6.59	6.66	6.87	7.26	7.14	6.09	6.55	6.86	67.78	6.78
$K_2O/(Na_2O+K_2O)$		0.42	0.46	0.39	0.42	0.42	0.42	0.47	0.49	0.39	0.43	4.32	0.43
Na_2O/K_2O		1.41	1.17	1.56	1.36	1.36	1.38	1.12	1.05	1.56	1.31	13.28	1.33
A/CKN		0.95	0.88	0.77	0.79	0.80	0.78	0.84	1.06	0.80	0.73	8.40	0.84
A/NK		1.73	1.66	1.79	1.79	1.65	1.58	1.60	2.14	1.83	1.75	17.51	1.75
σ		2.27	2.85	2.86	3.18	2.73	3.34	2.66	2.46	3.18	3.40	28.94	2.89
τ		18.70	15.59	15.62	14.64	15.51	14.07	17.85	18.45	13.59	14.40	158.41	15.84
AR		1.97	2.02	1.77	1.80	1.94	1.99	2.06	1.74	1.77	1.79	18.84	1.88
富钙率		0.37	0.38	0.46	0.39	0.41	0.40	0.42	0.40	0.42	0.47	0.41	0.41

测试单位：广州澳实矿物实验室（2011）；分析方法：X 荧光光谱分析；$A/CKN = Al_2O_3/(CaO+Na_2O+K_2O)$（各氧化物分子数比）；$\sigma=(Na_2O+K_2O)^2/(SiO_2-43)$；$AR=[Al_2O_3+CaO+(Na_2O+K_2O)]/[Al_2O_3+CaO-(Na_2O+K_2O)]$。

从岩体 Harker 图解（图 5.4）可以看出，随着 SiO_2 含量的增加，Al_2O_3、TFeO、MgO、CaO、TiO_2 及 P_2O_5 的含量逐渐减少，与 SiO_2 呈负相关性；K_2O 的含量增加，与 SiO_2 含量呈正相关性；Na_2O 与 SiO_2 没有明显的相关性。这说明岩浆演化过程中，不但发生辉石的分离结晶作用，同时也与含 K_2O 较高的围岩发生了一定程度的同化混染作用。

5.3　稀土元素地球化学

成矿岩体稀土元素含量及特征值见表 5.2，稀土总量（ΣREE）在 $192.19\times10^{-6}\sim314.82\times10^{-6}$之间，平均值为 230.42×10^{-6}，低于世界花岗质岩石的稀土元素平均含量（292×10^{-6}）。轻稀土总量（ΣLREE）变化范围为 $158.92\times10^{-6}\sim275.31\times10^{-6}$，平均为 192.97×10^{-6}；重稀土总量（ΣHREE）变化范围为 $31.80\times10^{-6}\sim40.13\times10^{-6}$，平均为 37.45×10^{-6}；轻重稀土比值（ΣLREE/ΣHREE）介于 4.54～6.97 之间，平均为 5.15，但其比值远大于 1，轻稀土相对富集强烈。

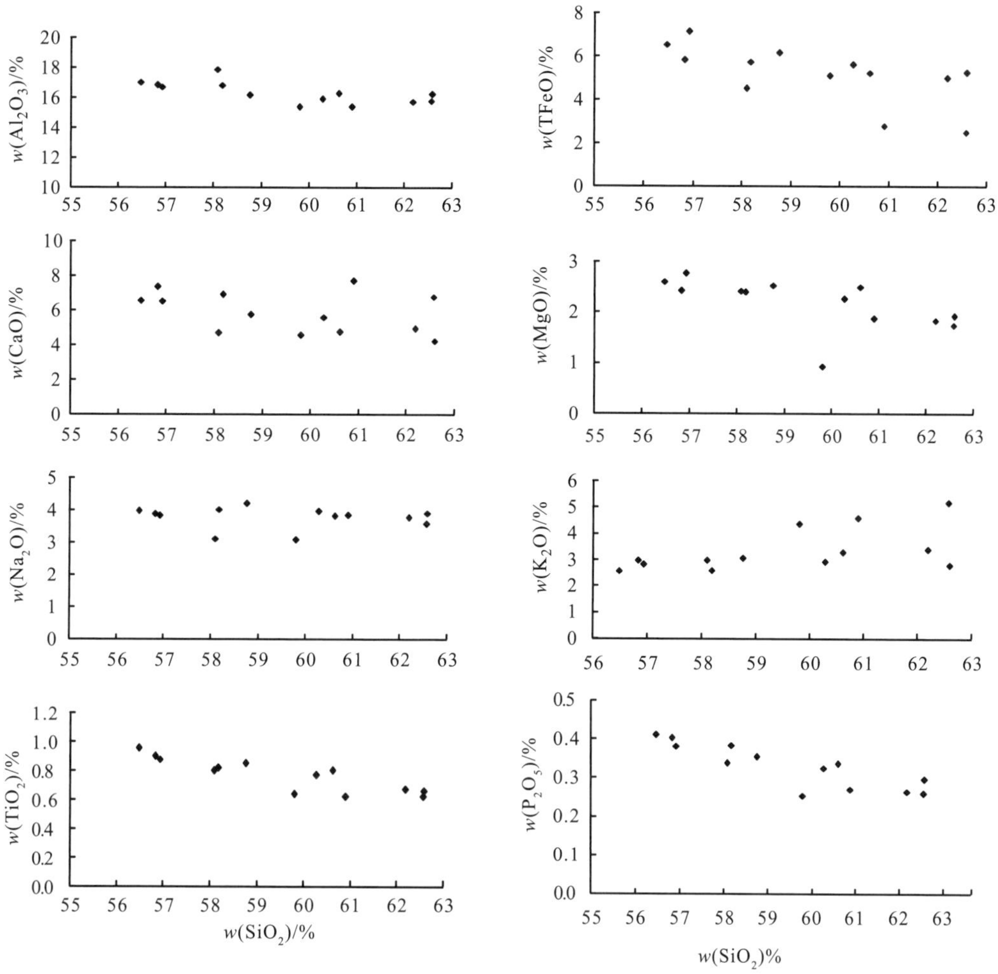

图 5.4　冬瓜山铜（金）矿床岩体 Harker 图解

表 5.2　冬瓜山铜（金）矿床岩体稀土元素含量表

指标		DGS8－11	DGS3－11	DGS8－8	ZK－51	TS003－1	DK001－4	DK004－3	DK004－4	DK004－5	DK005－1	平均值
$w(B)/10^{-6}$	La	44.30	72.70	48.00	52.70	46.90	40.10	43.80	38.60	40.60	42.30	47.00
	Ce	82.60	130.00	94.10	101.50	92.40	79.00	93.30	74.00	76.90	84.00	90.78
	Pr	9.05	13.70	10.60	11.25	9.94	8.75	10.75	8.07	8.24	9.18	9.953
	Nd	32.20	49.3	40.60	42.20	35.80	31.90	41.60	30.90	30.30	34.10	36.89
	Sm	5.51	8.02	7.27	7.35	6.70	5.84	7.73	5.51	5.15	6.38	6.546
	Eu	1.63	1.59	2.09	2.14	1.68	1.63	2.04	1.84	1.58	1.80	1.802
	Gd	4.55	5.49	5.36	5.35	5.56	4.69	6.09	4.74	4.31	5.05	5.119
	Tb	0.65	0.74	0.73	0.72	0.77	0.64	0.82	0.64	0.57	0.77	0.705
	Dy	3.60	4.37	4.32	4.27	4.21	3.73	4.95	3.62	3.61	4.17	4.085
	Ho	0.72	0.81	0.80	0.78	0.85	0.72	0.86	0.73	0.73	0.77	0.777
	Er	1.94	2.29	2.32	2.27	2.14	1.99	2.63	1.94	1.71	2.38	2.161
	Tm	0.28	0.35	0.33	0.34	0.34	0.26	0.40	0.31	0.31	0.35	0.327
	Yb	1.91	2.14	2.06	2.04	2.10	1.71	2.37	1.71	1.69	2.21	1.994
	Lu	0.30	0.32	0.31	0.32	0.34	0.26	0.34	0.28	0.27	0.33	0.307
	Y	20.30	23.00	23.9	23.30	23.50	19.8	25.4	19.3	18.6	22.6	21.97
	ΣREE	209.54	314.82	242.79	256.53	233.23	201.02	243.08	192.19	194.57	216.39	230.42
	ΣLREE	175.29	275.31	202.66	217.14	193.42	167.22	199.22	158.92	162.77	177.76	192.97
	ΣHREE	34.25	39.51	40.13	39.39	39.81	33.8	43.86	33.27	31.80	38.63	37.45

续表

指标	DGS8－11	DGS3－11	DGS8－8	ZK－51	TS003－1	DK001－4	DK004－3	DK004－4	DK004－5	DK005－1	平均值
ΣLREE/ΣHREE	5.12	6.97	5.05	5.51	4.86	4.95	4.54	4.78	5.12	4.60	5.15
δEu	1.06	0.75	1.07	1.09	0.89	1.01	0.96	1.18	1.09	1.02	1.01
δCe	0.82	0.81	0.84	0.84	0.86	0.85	0.88	0.84	0.84	0.86	0.84
$(La/Yb)_N$	13.77	20.17	13.83	15.34	13.26	13.92	10.97	13.40	14.26	11.36	14.03
$(Ce/Yb)_N$	8.74	12.28	9.23	10.06	8.89	9.34	7.96	8.75	9.20	7.68	9.21
$(La/Sm)_N$	5.02	5.67	4.13	4.48	4.38	4.29	3.54	4.38	4.93	4.14	4.50
$(Gd/Yb)_N$	1.46	1.57	1.59	1.61	1.62	1.68	1.57	1.70	1.56	1.40	1.58

$(Ce/Yb)_N$ 值在7.68～12.28之间，平均为9.21，均远大于1，属稀土富集型；$(La/Sm)_N$ 值范围为3.54～5.67，平均为4.50，$(Gd/Yb)_N$ 值范围为1.40～1.70，平均为1.58，小于 $(La/Sm)_N$ 平均值，重稀土分馏程度较低，衰减速度比轻稀土慢。铕异常值（δEu），在0.75～1.18之间，平均为1.01，整体铕异常不明显，属无铕异常型（正常型）；铈异常值（δCe），变化范围为0.81～0.88，平均值为0.84，数值变化较小，铈负异常不明显，属铈弱亏损型，反映了表层风化作用对岩石的影响较小。

本区岩石重稀土元素（HREE）明显亏损，$(La/Yb)_N$ 值偏高，从而排除了形成本区岩体的岩浆来源于麻粒岩相组成的下地壳部分熔融的可能性，也并非是上地壳物源的产物。

经赫尔曼球粒陨石标准化后，绘制岩体稀土元素配分模式图（图5.5），其分布模式反映规律如下：

1）轻稀土部分相对较陡，重稀土趋于平缓，显示本区稀土配分属轻稀土富集型，且轻稀土的分异程度比重稀土高，整体表现为平缓的右倾型。

2）斑状石英闪长岩与石英闪长岩的配分曲线几乎重合在一起，表现出不同产出相的岩石具有相同的物质来源。

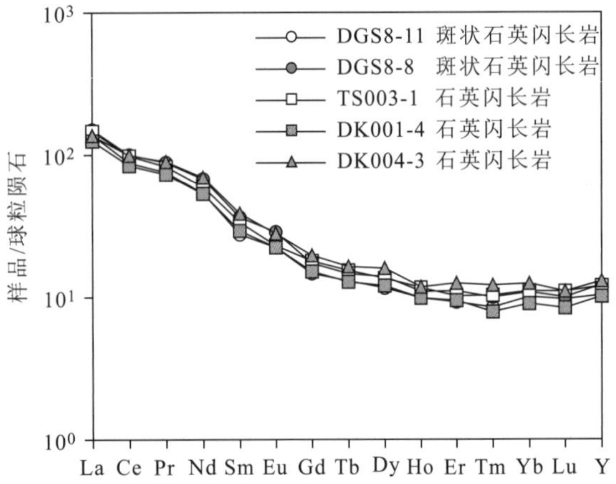

图5.5　冬瓜山矿床岩体稀土元素配分图

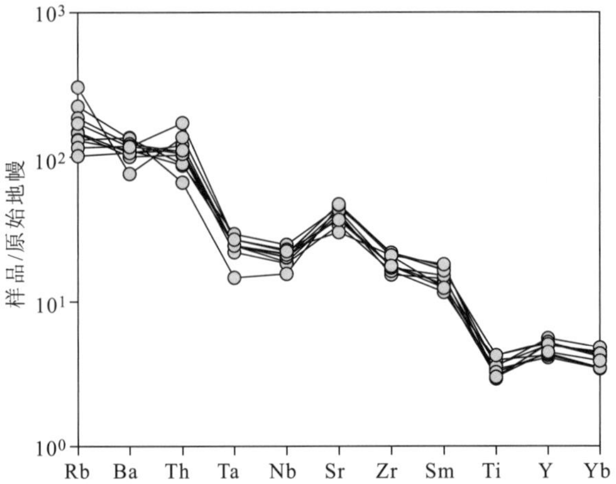

图5.6　冬瓜山矿床岩体微量元素蛛网图

5.4　微量元素地球化学

岩体微量元素测试工作在广州澳实矿物实验室完成，采用方法为ME－ICP61质谱仪定量分析。为了保持和REE元素标准的一致性和避免原始地幔模型中的人为主观性，本书采用球粒陨石进行标准化。依据分析结果（表5.3）做岩体微量元素蛛网图，从微量元素蛛网图（图5.6）上可以看出，本区Th和Rb含量相对较高，而亏损Ba、Nb和Ta，Brown等（1984）在研究岛弧花岗岩类岩石的地球化学特征与岩浆来源时指出，来自幔源的火成岩选择性地富集Th，而且一般贫Rb和Ba，说明形成本区岩体的原始岩浆来源于深部；另外，本区岩体具有碱性玄武岩的超高的Sr丰度，最高达990×10^{-6}，远高于上下地壳Sr的丰度，从微量元素蛛网图（图5.6）上也可以看出Sr明显富集，因此，青山脚岩体不可能是地壳岩石深熔或重熔的产物，本区Nb、Ti和Y相对于维氏值含量偏低，Sr含量较高，与陆壳衍生的花岗岩类特征明显不同；而Rb的富集和Nb、Ta的亏损说明，本区岩浆上升过程受到了地壳物质的混染，这与岩石化学特征所得结论相吻合。

表5.3 冬瓜山铜（金）矿床岩体石英闪长岩微量元素含量表 $w(B)/10^{-6}$

元素	DGS8-11	DGS3-11	DGS8-8	ZK-51	TS003-1	DK001-4	DK004-3	DK004-4	DK004-5	DK005-1
Rb	108.5	192.5	64.7	73.7	118	142	82.6	83.5	92.6	94.4
Ba	823	536	748	832	861	939	783	951	704	748
Th	14.6	11.65	9.5	8.97	9.26	7.63	7.45	5.68	8.78	10.25
Ta	1.1	1.1	1	1	1	1	1.2	0.6	0.9	1
Nb	15.9	16.3	15.1	15.3	14.5	14.4	17.6	11.1	13.1	13.4
Sr	773	636	990	980	899	801	942	969	710	857
Nd	32.2	49.3	40.6	42.2	35.8	31.9	41.6	30.9	30.3	34.1
Zr	197	233	243	241	192	199	243	231	182	172
Hf	5.7	6	6.1	6	5.4	5.3	6.5	6	5.2	4.9
Sm	5.51	8.02	7.27	7.35	6.7	5.84	7.73	5.51	5.15	6.38
Ti	3900	3900	5500	5500	3800	4200	4600	5100	4400	4700
Y	20.3	23	23.9	23.3	23.5	19.8	25.4	19.3	18.6	22.6
Ho	0.72	0.81	0.8	0.78	0.85	0.72	0.86	0.73	0.73	0.77
Yb	1.91	2.14	2.06	2.04	2.1	1.71	2.37	1.71	1.69	2.21
Lu	0.3	0.32	0.31	0.32	0.34	0.26	0.34	0.28	0.27	0.33

5.5 成岩机制

5.5.1 岩浆起源

前人对包括冬瓜山矿床在内的铜陵矿集区岩浆来源存在不同的看法。其一，认为是古老下地壳物质熔融的产物（杨学明等，1988；杜杨松等，1997；徐启东，1997；张旗等，2001a，2001b，2001c；王元龙等，2004），徐启东（1997）认为地幔主要是以能量的形式参与岩浆岩的形成。其二，认为是上地幔碱性玄武岩浆同化古老地壳物质的产物（毛建仁等，1990；陈江峰等，1993；Chen et al.，1998；邢凤鸣等，1996，1998；唐永成等，1998；孟祥金等，2011）。其三，认为是壳幔相互作用的产物（王强等，2003；狄永军等，2003，2005；吴才来等，2008；杜杨松等，2010；徐晓春等，2011，2012；谢建成等，2012；郭维民等，2013；范子良等，2013），吴才来等（2010）认为橄榄安粗岩系列岩石可能为幔源碱性玄武岩浆分异后的产物，高钾钙碱性系列岩石可能为分异的幔源岩浆和壳源岩浆混合的产物。其四，认为是俯冲洋壳部分熔融产生的埃达克质岩浆演化的产物（Ling et al.，2009，2011；孙卫东等，2010）。

由岩体岩石化学、微量元素及稀土元素地球化学特征可知，本区岩石重稀土元素（HREE）明显亏损，$(La/Yb)_N$值偏高，表明形成本区岩体的岩浆并非起源于上地壳，徐晓春等（2012）从Sr、Nd同位素组成方面，也排除了铜陵地区岩浆起源于地壳熔融的可能性。岩体无明显负Eu异常说明没有发生斜长石的大量分离结晶作用，谢建成等（2012）通过常、微量元素研究认为，本区中酸性侵入岩仅通过基性岩浆分离结晶作用形成的可能性很小。本区岩石为富碱、高钾的钙碱性岩，铝饱和指数较小，为准铝质岩石，且具有较高的 Na/K 值，为典型的“I”型花岗质岩类，源岩物质具有深源性。从微量元素特征来看，本区闪长质侵入岩体具有幔源碱性玄武岩的超高 Sr 的丰度，指示本区原始岩浆可能为幔源高钾碱性玄武岩浆，另外，Th 的富集及 Rb 和 Ba 的相对亏损也表明本区岩浆源为幔源。岩体稀土总量（ΣREE）平均值为 230.42×10^{-6}，含量较低，轻稀土较为富集，暗示起源于地幔的原始岩浆混有壳源物质（徐晓春等，2012）。本区锆石具有较多新元古代（747 ~ 823 Ma）和太古宙（2196 ± 15 Ma）锆石核，下地壳的同化作用，只能使岩体继承少量的老核，说明较多下地壳物质参与了岩浆作用（毛景文等，2006；吴才来等，2010）。岩体中岩浆混合结构的存在表明该区燕山期经历了幔源和壳源岩浆的混合过程（Wu et al.，2000；狄永军，2003；谢建成等，2012；徐晓春等，2012），细粒镁铁质包体中嵌晶钾长石结构的出现，表明玄武质岩浆与一种富碱岩浆（推测为正长质岩浆）发生了混合作用（毛景文等，2006）。因此，结合本次研究，认为原始岩浆很可能是玄武质岩浆和下地壳部分熔融产生的正长岩岩浆发生混合后的产物。在 $(La/Yb)_N - \delta Eu$ 变异图解（图 5.7）上也有类似的显示，岩体样品投影点均落入壳幔型范围内，说明来源于深部上地幔的岩浆与地壳物质发生了一定程度的混合。

5.5.2 成岩环境

成岩环境制约着岩浆侵入活动和成矿作用的发生，铜陵矿集区中生代以来大规模中酸性岩浆活动，引起了铜陵矿集区大规模成矿作用，其成岩环境一直是研究的重点，也是争议的焦点。顾连兴和徐克勤（1986）认为是大陆地壳断裂坳陷带张性构造背景。翟裕生等（1992）提出燕山期本区为大陆板块内部的断块与裂陷交织的构造背景。吴言昌等（1999）认为成岩成矿作用与裂谷带相关。董树文等（2011）认为长江中下游地区大地构造背景和过程经历了由板缘到板内的环境，成矿作用发生在挤压向伸展的转换过程，同时否定了长江深大断裂和裂谷带的推断。邓晋福等（2000）、汪洋等（2004）、Sun 等（2007）认为侵入岩的形成与古洋壳俯冲有关。成岩环境为与太平洋板块俯冲相关的大陆边缘岩浆弧构造环境（谢建成等，2012）。Zhou 等（2000）认为燕山期成岩成矿环境为碰撞造山的挤压－伸展转换期。碰撞造山后的伸展作用及壳幔强烈的相互作用是成岩成矿的大环境（陈衍景等，1997，1998，1999，2004）。华仁民等（1999）和毛景文等（2003）认为控制本区岩浆作用和成矿作用的地球动力学环境经历了构造体制大转折和岩石圈大规模拆沉作用以及伸展－减薄过程，吴淦国等（2008）也证实了岩石圈拆沉作用的存在。中国东部区域构造为晚侏罗世—早白垩世的挤压到伸展环境（吴才来等，2013）。由此可见，前人对成岩环境的认识趋向于由挤压到伸展的转换环境。

戈蒂尼指数（τ）是反映火成岩形成的构造环境的重要参数，$\tau < 10$ 代表稳定的非造山带环境，$\tau > 10$ 代表强烈活动的大陆边缘（造山带）环境（瞿泓滢等，2011），本区岩体戈蒂尼指数（τ）平均值为 15.84，大于 10，说明本区成岩环境为非稳定环境，根据 $\lg\tau$ 与 $\lg\sigma$ 作图可以划分火成岩形成的构造单元。在戈蒂尼指数（τ）与里特曼指数（σ）对数值的关系图上（图 5.8），所有的样品点均落入造山带火山岩区（B 区）；在 Y－Nb 关系图（图 5.9）上，岩体投影点位于碰撞花岗岩和火山弧花岗岩区，表明本区岩体形成与造山带或板块碰撞有密切的关系，本区岩体亏损 Nb 和 Ta 也为之提供了佐证。在冬瓜山矿床岩体化学成分 $R_1 - R_2$ [$R_1 = 4Si - 11(Na + K) - 2(TFe + Ti)$，数据为各元素的原子数；$R_2 = 6Ca + 2Mg + Al$，原子数] 图解（图 5.10）中，岩体投影点绝大多数落入碰撞后隆升区域内，表明本区成岩环境为挤压向伸展的过渡环境。

5.5.3 岩浆的成岩作用过程

从岩体 Harker 图解（图 5.4）可以看出，随着 SiO_2 含量的增加，Al_2O_3、TFeO、MgO、CaO、TiO_2 及 P_2O_5 的含量逐渐减少，与 SiO_2 呈负相关性，反映以辉石、角闪石、钛铁矿和磷灰石为主的铁镁质矿物的分离结晶作用在岩浆演化过程中起着重要的作用（徐晓春等，2008，2011，2012）；CaO/Na_2O 值与 CaO 的含量呈正相关关系（图 5.11），也暗示了岩浆演化过程中发生了单斜辉石的分离结晶（黄顺生等，2004），而岩体没有明显的 Eu 负异常，没有发生显著的斜长石分离结晶作用。冬瓜

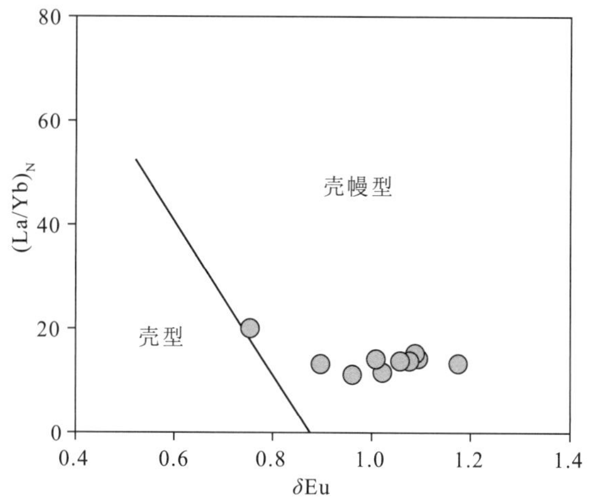

图 5.7 冬瓜山铜（金）矿床岩体 $(La/Yb)_N - \delta Eu$ 变异图解

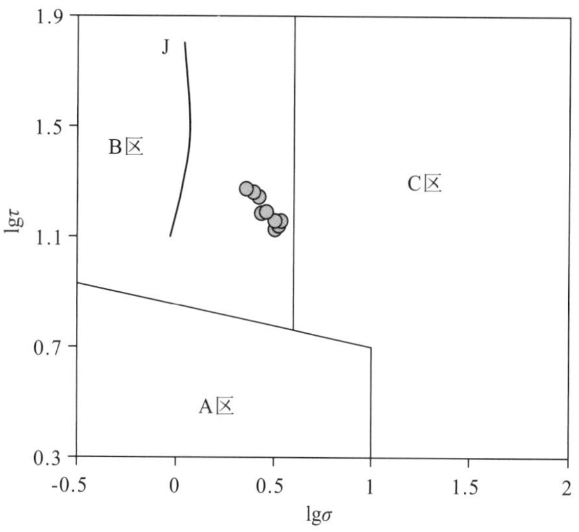

图 5.8 冬瓜山铜（金）矿床岩体 $\lg\tau - \lg\sigma$ 关系图

（据 Rittmann，1970）

A—非造山带地区的火山岩；B—造山带（岛弧及活动大陆边缘区）火山岩；C—A 和 B 两区派生的碱性岩

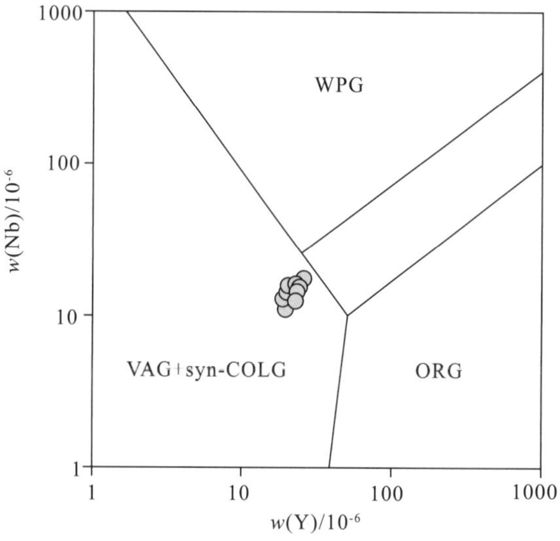

图 5.9 冬瓜山铜（金）矿床岩体 Y－Nb 关系图

（据 Pearce，1982）

VAG—火山弧花岗岩；COLG—碰撞花岗岩；

WPG—板内花岗岩；ORG—洋中脊花岗岩

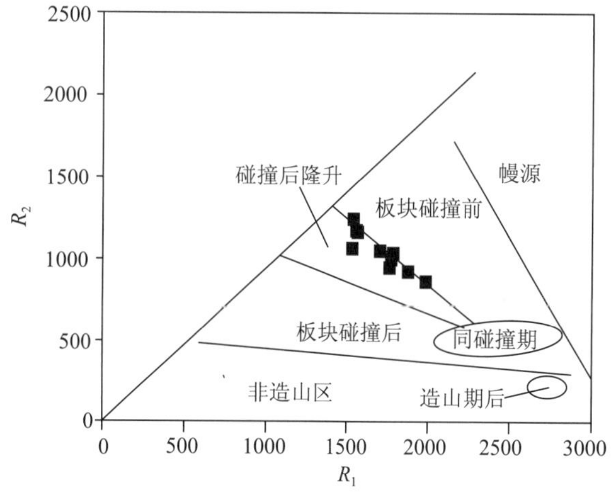

图 5.10 岩体构造环境 $R_1 - R_2$ 判别图解

（据 Batcherlor et al.，1985）

山矿床岩体可见斜长石环带、斜长石嵌晶及钾长石嵌晶等混合结构（图版 I. 10），表明岩浆演化过程中结晶分离作用引起了主、微元素的规律性变化与分布（谢建成等，2012）。K_2O 的含量增加，与 SiO_2 含量呈正相关性；Na_2O 与 SiO_2 没有明显的相关性。这说明岩浆演化过程中，不但发生辉石的分离结晶作用，同时也与含 K_2O 较高的围岩发生了一定程度的同化混染作用。

在岩体 La/Sm－La 关系图（图 5.12）中，部分熔融过程表现为一条斜线，分离结晶过程表现为一条水平线。从图 5.12 可知，本区样品点投影在图上既非斜线又非水平线，线性关系不明显。由此可见，本区岩浆演化过程不是简单的部分熔融过程或分离过程，而是一种较为复杂的成岩过程，在岩浆演化过程中可能有地壳物质的加入。

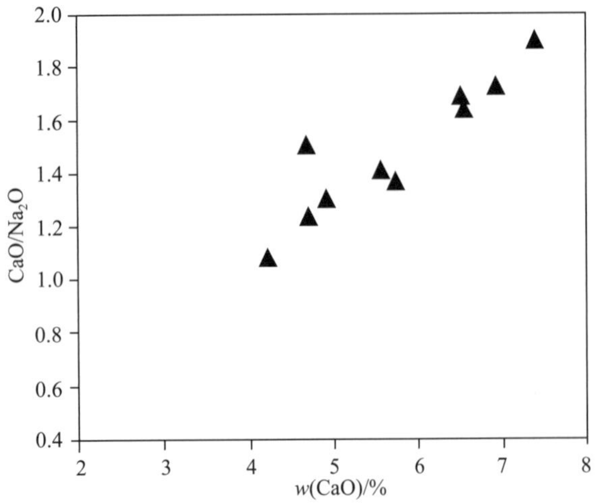

图5.11　岩体 CaO/Na_2O - CaO 关系图

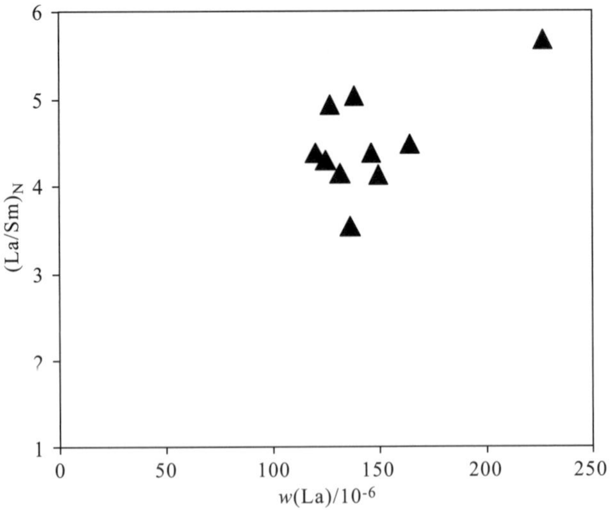

图5.12　岩体 $(La/Sm)_N$ - La 关系图

除 Al_2O_3 和 MgO 外，岩石固结指数 lg*SI* 与 SiO_2、Fe_2O_3、CaO、Na_2O、K_2O 含量之间不存在明显的相关性，表明岩浆在演化过程中同围岩发生了同化混染作用（周涛发等，2001）。

5.5.4　成岩机制探讨

中生代时期下扬子地区存在加厚的陆壳（邓晋福等，1992，1999），地壳厚度平均值为56km（毛景文等，2006），加厚的陆壳引起岩石圈加厚。自三叠纪晚期到侏罗纪中期，华北板块与扬子板块发生碰撞并完成拼接，铜陵地区进入受太平洋动力体系控制阶段（吴淦国等，2008；董树文等，2011；徐晓春等，2012）。侏罗纪中期至晚期，伊泽奈奇（Izanagi）板块沿北西方向向欧亚板块俯冲，使扬子板块遭受北西向挤压，遇到刚性华北板块的阻挡，发生挤压变形，形成北东向褶皱，并导致岩石圈加厚（吴淦国等，2008）。侏罗纪晚期至白垩纪中期，进入构造大转换时期，岩石圈的加厚，导致地幔及下地壳的拆沉。拆沉作用导致岩石圈变薄及软流圈物质上涌，减压熔融产生玄武岩浆，玄武岩浆的底侵使陆壳底部发生局部熔融形成正长岩岩浆（Kay et al.，1993；吴福元等，2003；吴淦国等，2008），使玄武岩浆和正长岩岩浆发生混合，形成本区原始岩浆。岩石圈与软流圈之间存在强烈的构造拆离面导致铜陵地区在140 Ma左右发生玄武岩浆的底侵作用和原始碱性玄武岩浆的上涌（毛景文等，2006）。三叠纪扬子陆块与华北陆块间的陆 - 陆碰撞以及后期的伸展作用，引发区域性碱性玄武岩浆活动（李曙光，1992），来自地幔的碱性玄武岩浆沿基底断裂底侵，当其上升到地壳深处形成深部岩浆房时，原始岩浆一方面发生结晶分异作用，另一方面与下地壳硅镁层物质发生同化混染作用，形成中基性岩浆。随着岩浆的进一步上升，温度逐渐下降，从岩浆中开始结晶分离出铁镁质矿物，并且与中浅部地壳物质发生同化混染作用，形成中酸性岩浆。

随着中酸性岩浆继续上侵，在上部地壳形成深部岩墙；在构造运动和高压力作用下，岩浆进一步上升，在浅地表形成岩枝。由于外界流体的逐渐混入和自身物理条件与化学条件的改变，在侵入体内部发生钾化、青磐岩化、泥化以及金属硫化物矿化，侵入体与围岩接触带及其附近发生矽卡岩化以及早期矽卡岩的退化蚀变。青山脚岩体岩石化学数据显示，随着 SiO_2 含量的增加，Al_2O_3、TFeO、MgO、CaO、TiO_2 及 P_2O_5 的含量逐渐减少，与 SiO_2 呈负相关性；K_2O 的含量增加，与 SiO_2 含量呈正相关性。这说明岩浆演化过程中，除了结晶分异作用，也有同化混染作用的发生。岩石富钙率 $CaO/(CaO+MgO+FeO+MnO+Fe_2O_3)$ 在0.37～0.47之间，平均值为0.41，略高于中国闪长岩平均值（0.34）及中国石英闪长岩平均值（0.34）。说明岩浆演化过程中同钙质围岩地层发生了一定程度的同化混染作用。因此，本区岩体是由壳幔混合岩浆在碰撞后的伸展环境中经过自身的分离结晶作用和与地壳的同化混染作用而形成的。

第6章 矿物学特征

矿物学研究是矿物本质和矿物成因研究的重要手段，随着现代计算机技术和测试分析技术的发展，矿物学研究已实现了从宏观到微观、微粒到微区的转变。矿物学研究为成矿环境、成矿物理化学条件、元素的赋存状态以及矿床成因等方面的研究提供了可靠依据，本次选取黄铁矿、磁黄铁矿、黄铜矿和磁铁矿为重点研究对象，进行深入的矿物学研究，为矿床成因的进一步研究提供依据。

6.1 样品选择及制备

本次样品主要按照岩体—矽卡岩—矿体—矽卡岩—围岩的顺序采集，采集位置为 -850 m 中段59线、64线和66线等剖面。

冬瓜山铜（金）矿床主矿体成层状，主矿体底部可见纹层状和曲卷状矿层，表现形式为蛇纹石、滑石和金属硫化物成互层状产出，并且发生弯曲。另外，斑岩型矿体、矽卡岩型矿体以及脉状矿体也较为发育。金属矿物主要产出环境为层状矿体、曲卷状矿层、矽卡岩、青山脚岩体（图版Ⅰ.11）。在卷曲状矿层内可以见到透辉石等矽卡岩矿物，应是退化蚀变过程中残留的矽卡岩；在镜下可见到镁橄榄石发生蛇纹石蚀变，仍保留镁橄榄石的假象（图版Ⅰ.11b）。

本次研究矿物分别选自于层状矿体、曲卷状矿层、矽卡岩矿体及斑岩型矿体。目前对于层状矿体的成因尚存在争议，这样选择样品作为研究对象，有助于对比研究不同产出环境的金属矿物的特征及成因，为查清矿床成因提供有利的证据。

选择产于不同类型矿体中具有代表性的矿石样品，磨制光片，光片底面平整，正面抛光，方形光片大小（长×宽×厚）一般为10 mm×10 mm×5 mm，圆形者（直径×厚）为15 mm×5 mm，最大方形对角线小于25 mm，圆形直径小于25 mm，磨制单位为长沙核工业研究院230研究所。

电子探针（EPMA）及激光剥蚀电感耦合等离子体质谱（LA-ICP-MS）分析测试前，首先对光片进行仔细的显微观察，了解矿物的形态、产出位置及矿物间的关系，并对要测试的重点矿物、典型结构拍照；然后把拍摄的照片彩色打印，在打印的彩色图片上圈定要测试的矿物及测点位置。制靶前对要测试样品依次进行清洗、烘干、镀碳处理。

6.2 分析测试技术

电子探针主要是在电子光学和X射线光谱学原理的基础上发展起来的一种用于微观形貌观察、微区成分分析的现代分析仪器。当细聚焦电子束入射到样品表面时，样品元素就会激发出特征X射线，特征X射线的波长能够反映出元素的种类，特征X射线的强度则用于元素含量的定性分析。

本次分析测试采用津岛 Shimadzu 公司生产的 EPMA-1720/1720H 型电子探针，加速电压(Accv)为15kV、把束电流为10nA、电子束直径为1~5 μm，检出限0.01%。

测试前先进行光斑聚焦，再选用不同标样进行相互标定，然后对待测试样品进行测定。记录圈定的待测矿物和区域的坐标，然后把待测样品和标样固定在样品靶上放入样品室内，设定测试条件及标样，设定完成后开始测试。电子探针测试工作在中南大学有色金属成矿预测教育部重点实验室完成。

6.3 测试结果及讨论

6.3.1 黄铁矿

6.3.1.1 黄铁矿产出特征

黄铁矿是铜陵矿集区内各矿床中普遍存在的矿物，而且在一个矿床内，黄铁矿存在的形态和类型以及与成矿的关系也各不相同，因此，不同阶段、不同形态的黄铁矿中元素组成的变化可以用来指示成矿流体的性质变化（周涛发等，2010；Large et al.，2007，2009）。就冬瓜山矿床而言，黄铁矿可以分为产于斑岩体内的斑岩型黄铁矿（I型）（图版I. 12a）、与矽卡岩矿物共生的矽卡岩型黄铁矿（II型）（图版I. 12b）、产于层状矿体内的黄铁矿（III型）（图版I. 12c）及产于曲卷状矿层内的黄铁矿（IV型）（图版I. 12d）。

I型黄铁矿、II型黄铁矿分别是斑岩阶段及矽卡岩阶段的产物，III型黄铁矿及IV型黄铁矿为退化蚀变成矿阶段的产物。其中III型黄铁矿及IV型黄铁矿成因争议较大。解决黄铁矿的成因，是厘定矿床成因的前提。

黄铁矿的成分标型是解决黄铁矿成因的重要手段之一，前人对此做了大量的研究（Loftus，1967；徐国风和邵洁涟，1980；宋学信和张景凯，1986；Davidson，1992；周涛发等，2010；宫丽和马光，2011；严育通等，2011，2012；申俊峰等，2013）。通过电子探针测试，对冬瓜山铜（金）矿床各类型黄铁矿进行了成分标型分析，电子探针测试结果见表6.1。

6.3.1.2 黄铁矿S、Fe、Se含量及比值

冬瓜山铜（金）矿床斑岩型（I型）黄铁矿中S的含量为53.26%～53.99%（表6.1），平均值为53.33%；Fe的含量为46.93%～47.84%，平均值为47.03%；与黄铁矿理论S、Fe含量（S：53.45%，Fe：46.55%）（王濮等，1984，下同）相比，I型黄铁矿表现出亏S、富Fe的特征。矽卡岩型（II型）黄铁矿中S的含量为53.52%，Fe的含量为46.84%，与黄铁矿理论S、Fe含量（S：53.45%，Fe：46.55%）相比，II型黄铁矿表现出富S、富Fe的特征，并且富Fe程度大于富S程度。产于层状矿体内的（III型）黄铁矿中S的含量为50.98%～54.78%，平均值为53.00%；Fe的含量为45.56%～48.04%，平均值为47.06%；与黄铁矿理论S、Fe含量（S：53.45%，Fe：46.55%）相比，III型黄铁矿表现出亏S、富Fe的特征。产于曲卷状矿层内的（IV型）黄铁矿中S的含量为50.50%～54.22%，平均值为52.98%；Fe的含量为46.28%～47.75%，平均值为47.03%；与黄铁矿理论S、Fe含量（S：53.45%，Fe：46.55%）相比，IV型黄铁矿同样表现出亏S、富Fe的特征。徐国风和邵洁涟（1980）研究认为，沉积成因的黄铁矿S、Fe含量接近理论值或S略多，而本区I型黄铁矿、II型黄铁矿、III型黄铁矿和IV型黄铁矿的S/Fe原子比值分别为1.975、1.990、1.962和1.962，均小于2，不同类型的黄铁矿均为亏S型（Doyle and Mirza，1996；Oberthur et al.，1997；李红兵和曾凡治，2005），因此，本区黄铁矿成因不可能是沉积型黄铁矿，同时也说明成矿热液硫逸度不高。

I型黄铁矿Se的含量为0.01%～0.09%，平均值为0.02%；S/Se值为1836.38～5913.33，平均值为3546.12。II型黄铁矿Se的含量为0.13%。III型黄铁矿Se的含量为0.01%～0.04%，平均值为0.03%；S/Se值为1257.81～13272.50，平均值为4061.89。IV型黄铁矿Se的含量为0.01%～0.13%，平均值为0.03%；S/Se值为482.95～9021.83，平均值为3955.00。不同类型黄铁矿Se的含量整体区间为40×10^{-6}～1310×10^{-6}，矽卡岩型（II型）黄铁矿Se平均值最高，为1300×10^{-6}，斑岩型（I型）黄铁矿Se平均值最低，为200×10^{-6}。层状（III型）黄铁矿S/Se值平均值最高，为4061.89，曲卷状（IV型）黄铁矿S/Se值次之，为3955.00，斑岩型（I型）黄铁矿S/Se值最低，为3546.12。由以上结果可知，本区黄铁矿S/Se值均低于沉积型黄铁矿的S/Se值（250000～500000），而与岩浆热液成因的黄铁矿Se的含量及S/Se值接近（徐国风和邵洁涟，1980）。

表 6.1　冬瓜山铜(金)矿床黄铁矿电子探针测试结果

样品编号	类型	w(B)/%														S/Fe	S/Se	Co/Ni
		As	S	Fe	Se	Ag	Co	Te	Ni	Au	Cu	Sn	Zn	Sb	合计			
DGS17	层状	0.01	53.46	47.80	0.03	—	0.01	—	—	—	—	—	—	—	101.31	1.95	1670.59	
		0.12	53.31	47.78	0.02	—	0.10	—	—	0.07	0.01	—	—	0.01	101.43	1.94	2423.36	
		0.04	53.09	47.66	—	0.02	0.10	0.03	—	—	0.04	—	0.14	—	101.12	1.94	13272.50	
DGS3 - 6	层状	—	52.02	46.64	—	—	0.06	—	—	0.08	0.04	—	—	0.01	98.84	1.94	—	
		0.03	52.24	46.66	0.03	—	0.05	—	—	0.04	0.03	—	0.12	0.03	99.23	1.95	1685.19	
		0.04	52.83	46.31	0.04	0.01	0.09	—	—	—	0.05	—	0.04	—	99.40	1.99	1257.81	
		—	54.78	46.84	—	0.03	0.10	—	0.06	—	—	—	—	—	101.81	2.04	—	1.7
		—	53.75	45.59	—	0.06	0.07	—		0.12	—	—	—	—	99.59	2.05	—	
DGS3 - 5	层状	0.51	53.73	46.23	—	0.05	0.02	—	0.02	0.05	—	—	—	—	—	2.02	—	1.0
		0.82	53.61	45.72	—	—	0.01	—	—	0.04	—	—	—	—	—	2.04	—	
DGS1 - 9	层状	—	53.47	47.83	—	0.02	0.12	—	0.02	0.14	—	—	—	0.01	101.61	1.95	—	6.0
		—	53.51	47.68	—	0.03	0.18	—	—	0.02	—	—	—	—	101.42	1.95	—	
		—	52.82	47.95	—	—	0.13	—	0.02	—	—	—	—	—	100.91	1.92	—	6.5
		—	51.35	47.50	—	—	0.32	—	—	—	—	—	—	—	99.16	1.88	—	
		—	51.27	47.65	—	—	0.16	—	—	0.04	—	—	—	—	99.12	1.87	—	
		—	51.56	47.51	—	0.04	0.40	—	—	0.06	—	—	—	0.01	99.58	1.89	—	
		—	52.43	47.55	—	0.02	—	—	0.05	0.12	—	—	—	—	100.16	1.92	—	
		—	51.60	47.65	—	—	0.18	—	0.04	—	—	—	—	—	99.47	1.89	—	4.5
		—	53.90	47.36	—	—	0.38	—	0.01	0.09	—	—	—	—	101.74	1.98	—	38.0
		—	53.03	46.99	—	—	—	—	0.01	—	—	—	—	—	100.03	1.97	—	
		—	53.65	46.65	—	0.00	0.45	—	—	—	—	—	—	—	100.75	2.00	—	
		—	54.04	46.64	—	0.02	—	—	0.01	—	—	—	—	—	100.71	2.02	—	

续表

样品编号	类型	w(B)/%														S/Fe	S/Se	Co/Ni
		As	S	Fe	Se	Ag	Co	Te	Ni	Au	Cu	Sn	Zn	Sb	合计			
DGS3－4	层状	—	51.19	45.56	—	—	0.96	—	0.02	0.22	—	—	—	1.35	99.30	1.96		48.0
		—	50.98	45.88	—	0.29	0.06	—	—	0.04	—	—	—	0.01	97.26	1.94		
		0.01	51.69	46.02	—	—	0.07	—	—	0.17	—	—	—	—	97.94	1.96		
		—	54.21	47.44	—	0.02	0.13	—	—	—	—	—	—	—	101.79	1.99		
		—	54.17	47.54	—	—	—	—	—	0.13	—	—	—	—	101.84	1.99		
		—	54.22	47.70	—	0.02	—	—	—	—	—	—	—	—	101.94	1.98		
		—	53.98	48.04	—	—	—	—	—	0.08	—	—	—	—	102.10	1.96		
		0.02	54.04	47.32	—	—	0.24	—	0.02	0.07	—	—	—	0.01	101.72	1.99		12.0
DGS1－5	矽卡岩	0.08	53.52	46.84	—	—	0.135	—	—	—	—	—	—	—	100.57	1.99		
DGS1－7	纹层状	0.06	53.36	47.26	—	—	0.05	0.01	—	-	0.02	—	—	—	100.76	1.97		
		0.03	52.50	46.66	0.01	0.02	0.02	—	—	0.08	0.01	—	—	0.01	99.34	1.96	5250.30	
		0.06	54.13	46.49	0.01	—	0.08	0.03	—	—	—	—	—	—	100.79	2.03	9021.83	
		0.04	53.15	46.36	0.02	—	0.05	0.02	—	—	—	—	—	—	99.63	2.00	3543.40	
		0.05	53.13	46.37	0.11	—	0.13	0.03	—	0.07	—	—	—	—	99.89	2.00	482.95	
		0.04	53.14	46.28	0.02	0.03	0.11	0.03	—	—	—	—	—	—	99.65	2.00	2952.39	
		0.07	53.21	46.78	—	0.02	0.08	—	—	—	—	—	0.02	—	100.20	1.98		
		—	53.69	46.71	—	0.02	0.45	—	0.01	0.05	—	—	—	0.01	100.92	2.00		45.0
		—	53.80	46.96	—	0.02	0.05	—	—	0.12	—	—	—	0.01	100.95	2.00		
		—	53.95	46.89	—	0.00	0.12	—	0.03	0.18	—	—	—	—	101.17	2.00		4.0
		—	53.67	47.32	—	—	—	—	—	—	—	—	—	—	101.01	1.98		
		—	51.61	47.64	—	0.06	0.04	—	—	—	—	—	—	—	99.36	1.89		
		—	51.82	47.39	—	0.09	0.27	—	—	—	—	—	—	—	99.56	1.90		
		—	51.04	47.62	—	—	0.09	—	—	—	—	—	—	—	98.75	1.87		
		—	51.14	47.27	—	—	0.28	—	—	—	—	—	—	0.02	98.70	1.88		
		—	50.94	47.17	—	0.01	0.16	—	—	0.10	—	—	—	—	98.38	1.88		
		—	50.52	47.48	—	0.01	0.03	—	—	0.07	—	—	—	—	98.10	1.85		

续表

样品编号	类型	w(B)/%														S/Fe	S/Se	Co/Ni
		As	S	Fe	Se	Ag	Co	Te	Ni	Au	Cu	Sn	Zn	Sb	合计			
DGS5－16	纹层状	—	53.15	46.56	—	0.01	0.34	—	—	—	—	—	—	—	100.29	1.99		
		—	53.83	47.72	—	0.01	0.09	—	—	—	—	—	—	—	101.66	1.97		
DGS19－1	纹层状	0.20	53.12	47.10	0.01	0.02	0.04	—	—	—	—	—	0.08	—	100.57	1.96	5311.50	
		0.21	53.39	46.45	—	0.09	0.10	0.01	—	0.04	—	—	—	0.01	100.30	2.00		
		0.13	53.64	47.12	0.02	—	0.09	0.02	—	—	—	—	0.02	—	101.03	1.98	3352.31	
		0.04	53.48	47.75	0.03	0.01	0.08	—	—	0.1	0.04	—	0.02	0.01	101.56	1.95	1725.29	
		0.21	54.22	46.43	—	—	0.09	—	—	0.04	—	—	0.03	—	101.02	2.03		
		—	53.11	47.16	—	0.02	0.05	—	0.01	—	—	—	—	—	100.35	1.96		5.0
		0.61	53.50	47.37	—	—	0.32	—	—	0.05	—	—	—	—	101.85	1.97		
		—	53.38	47.15	—	—	—	—	—	—	—	—	—	0.02	100.54	1.97		
		—	53.77	47.26	—	—	—	—	0.01	—	—	—	—	—	101.05	1.98		
DGS2－4	斑岩型	0.06	53.26	46.933	0.03	—	0.03	0.01	—	0.04	—	—	0.12	—	100.47	1.98	1836.38	
		0.04	52.69	47.58	—	—	0.15	0.03	—	0.12	0.10	—	0.04	—	100.75	1.93		
		0.04	53.92	46.08	0.03	0.01	0.08	—	—	—	—	—	—	—	100.16	2.04	1997.11	
		0.08	53.40	47.84	—	—	0.09	—	—	—	—	—	0.06	—	101.48	1.94		
DGS2－5	斑岩型	0.07	53.37	46.759	0.01	0.02	0.07	—	—	0.06	—	—	—	0.01	100.359	1.988	4447.83	
		0.07	53.482	47.11	—	—	0.11	—	—	0.02	0	—	0.04	—	100.82	1.98		
		0.07	53.85	46.86	—	0.02	0.07	—	0.02	0.03	0.02	—	0.06	—	101.00	2.00		
		0.07	52.93	47.32	—	0.02	0.09	—	—	—	—	—	0.04	0.01	100.48	1.95		
		0.06	53.72	47.35	—	0.03	0.07	0.02	—	—	0.07	—	0.05	—	101.35	1.98		
		0.07	53.22	46.86	0.01	—	0.07	—	0.02	—	0.08	0.01	0.15	—	100.48	1.98	5913.33	
		0.08	53.04	47.32	0.02	0.01	0.08	—	—	—	—	—	—	—	100.55	1.95	3535.93	
		0.06	53.07	46.29	—	0.04	0.08	—	—	0.02	—	—	0.07	—	99.63	2.00		

注："—"表示含量低于检测限。

6.2.1.3 黄铁矿 Co、Ni 含量及比值

II 型黄铁矿中 Co、Ni、As、Te、Se、Au、Ag 的平均含量分别为 0.08%、0.02%、0.06%、0.01%、0.02%、0.05%、0.03%；III 型黄铁矿中 Co、Ni、As、Te、Se、Au、Ag 的平均含量分别为 0.18%、0.03%、0.18%、0.03%、0.03%、0.09%、0.04%；IV 型黄铁矿中 Co、Ni、As、Te、Se、Au、Ag 的平均含量分别为 0.13%、0.01%、0.06%、0.02%、0.03%、0.08%、0.03%。

I 型黄铁矿的 Co 的含量平均值为 0.07%，Ni 的含量平均值为 0.02%；Co/Ni 值为 3.24～3.67，平均值为 3.45。III 型黄铁矿 Co 的含量为 0.02%～0.96%，平均值为 0.27%，Ni 的含量为 0.01%～0.06%，平均值为 0.03%；Co/Ni 值为 1.00～48.00，平均值为 14.71。IV 型黄铁矿 Co 的含量为 0.05%～0.45%，平均值为 0.21%，Ni 的含量为 0.01%～0.03%，平均值为 0.02%；Co/Ni 值为 4.00～45.00，平均值为 18.00。冬瓜山铜（金）矿床不同类型的黄铁矿的 Co、Ni 含量变化较大，Co/Ni 比变化也较大，且均大于 1，黄铁矿应为热液成因（王秀璋等，1992）。在黄铁矿 Co－Ni 成因图解（图 6.1）中，不同类型的黄铁矿均投影在岩浆和热液区（III、IV 区），表明本区不同类型的黄铁矿成因一致，均为岩浆热液成因。

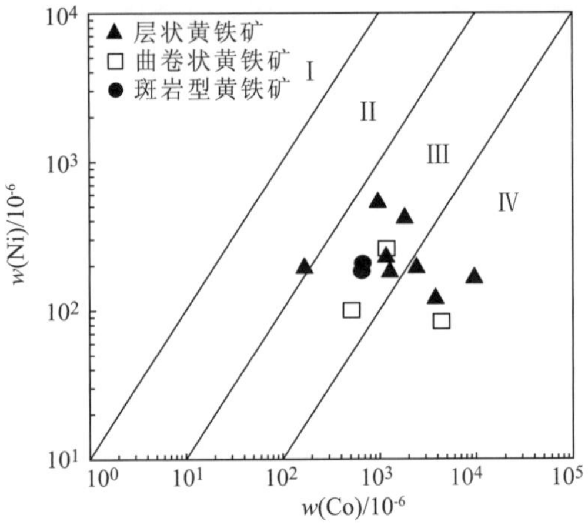

图 6.1 冬瓜山铜（金）矿床不同类型黄铁矿 Co－Ni 成因图解

（据赵振华，1987）

I、II 区为沉积和沉积改造区；III、IV 区为岩浆和热液区

6.3.2 磁黄铁矿

磁黄铁矿是冬瓜山铜（金）矿床内的主要金属硫化物之一，呈致密块状产于层状矿体及其中下部曲卷状矿层内，另外，斑岩体及矽卡岩内也可见磁黄铁矿，其中，产于斑岩体内的磁黄铁矿较为少见。冬瓜山矿床的磁黄铁矿可以分为：产于层状矿体内的磁黄铁矿（I 型）、产于曲卷状矿石内的磁黄铁矿（II 型）、产于斑岩体内的磁黄铁矿（III 型）及产于矽卡岩型矿体内与矽卡岩矿物共生的磁黄铁矿（IV 型）。磁黄铁矿主要与黄铁矿、黄铜矿等矿物伴生，显微镜下可见磁黄铁矿交代黄铁矿，且被后期黄铜矿交代，黄铜矿内亦可见出溶的格子状磁黄铁矿分布，呈固溶体分离结构。可见，冬瓜山铜（金）矿床的磁黄铁矿至少存在两个世代（图版 I.13）。

本次研究对本区不同产出类型的磁黄铁矿进行了电子探针分析，由分析结果（表 6.2）可知，磁黄铁矿 Fe 含量变化范围为 57.90%～62.00%，S 含量变化为 37.19%～40.37%。Fe 原子百分数介于 45.68%～48.35%之间，明显可以分为 45.68%～46.99%（19，数据个数，下同）和 47.05%～47.62%（12）两个区间，Carpenter 和 Desborough（1964）认为六方磁黄铁矿 Fe 原子百分数为 47.0%～47.8%，单斜磁黄铁矿 Fe 原子百分数为 46.5%～47.0%，陨硫铁的 Fe 原子百分数为 48.0%～50.0%。可见，冬瓜山矿床磁黄铁矿主要包含六方磁黄铁矿和单斜磁黄铁矿。样品 DGS5－9 中（采于层状矿体），磁黄铁矿 Fe 原子百分数最高为 48.35%，具有陨硫铁的特征。

冬瓜山磁黄铁矿主要形成于退化蚀变成矿阶段，该阶段成矿温度介于 220～450℃之间，峰值为 320～360℃，平均值为 325.6℃（详见 7.2 节），与岩浆成因磁黄铁矿成矿温度（300～400℃）基本一致（凌其聪和刘丛强，2002；徐兆文等，2005）。Arnold（1969）给出了 $T-x$（Fe）关系拟合直线 $y=-201.22x+9854.32$（y 为温度，℃；x 为 Fe 原子百分数），利用该公式计算本区六方磁黄铁矿的结晶温度，测试结果显示，本区六方磁黄铁矿的结晶温度为 272.2～386.9℃，平均值为 341.8℃（12 个数据），与流体包裹体测温结果相符。Au/Ag 值大于 1，也暗示了磁黄铁矿的形成温度较高。另外，磁黄铁矿出现陨硫铁的特征，说明成矿物质来源具有深源性（丁奎首等，2007）。

表 6.2 冬瓜山铜(金)矿床磁黄铁矿电子探针测试结果

编号	类型	w(B)/%													Fe 原子百分数
		As	S	Fe	Se	Ag	Co	Te	Ni	Au	Cu	Sn	Zn	Sb	合计	
		0.07	39.96	61.66	—	0.02	0.06	—	—	—	0.09	—	0.03	0.01	101.89	46.98
		0.06	39.91	62.00	—	—	0.07	—	—	0.03	0.12	—	0.09	—	102.26	47.15
DGS3-5	层状	0.01	38.86	59.97	—	—	0.06	—	0.01	—	—	—	—	—	98.90	46.98
		—	38.38	60.47	—	—	0.22	—	—	—	—	—	—	—	99.07	47.50
		—	38.74	59.82	—	0.04	—	—	0.01	0.07	—	—	—	—	98.68	46.99
		0.03	38.65	60.45	—	0.04	0.16	—	—	0.17	—	—	—	—	99.50	47.32
		—	38.79	60.53	—	—	0.33	—	—	0.06	—	—	—	—	99.72	47.25
DGS17-1	矽卡岩型	0.06	39.99	60.27	0.01	0.04	0.11	0.007	—	0.05	0.14	—	—	—	100.70	46.39
		0.07	40.37	59.12	0.03	0.04	0.11	0.042	—	0.05	0.08	—	—	—	99.91	45.68
		0.04	40.34	60.07	0.02	—	0.10	0.06	—	—	—	—	—	—	100.62	46.09
DGS2-7	矽卡岩型	—	38.39	60.80	—	0.04	0.21	—	0.04	—	—	—	—	—	99.48	47.62
		—	38.50	60.41	—	0.02	0.19	—	—	0.08	—	—	—	—	99.19	47.40
		—	38.73	61.04	—	0.04	—	—	—	—	—	—	—	—	99.81	47.50
DGS5-9	矽卡岩型	—	39.08	60.73	—	—	0.21	—	—	0.07	—	—	—	—	100.09	47.15
		0.10	37.19	60.64	—	0.01	—	—	—	—	—	—	—	0.01	97.95	48.35
		—	38.98	60.43	—	—	—	—	—	—	—	—	—	—	99.41	47.10
DK3-14	纹层状	0.07	38.84	57.90	—	0.02	0.11	—	—	0.07	0.08	—	0.11	0.03	97.22	46.12
		0.09	39.31	58.79	0.01	0.04	0.06	0.02	—	—	—	—	—	—	98.32	46.20
		0.13	39.21	59.64	—	—	0.13	—	—	—	—	—	—	—	99.11	46.62
		0.10	38.64	59.00	0.01	—	0.13	—	—	0.04	—	—	0.05	—	97.96	46.71
		0.11	39.80	60.31	0.01	—	0.09	0.02	—	—	—	—	—	—	100.35	46.53
		0.16	39.80	60.16	0.01	—	0.09	—	—	0.08	—	—	—	0.02	100.32	46.46
		0.08	39.41	59.52	—	—	0.11	—	—	0.00	0.02	—	0.05	—	99.18	46.44
DK3-16	纹层状	0.07	39.23	60.70	—	—	0.09	—	—	0.12	—	—	0.07	—	100.28	47.05
		0.08	40.05	61.12	—	—	0.12	0.04	—	—	0.01	0.01	0.10	—	101.53	46.70
		0.08	39.80	60.79	—	—	0.12	—	—	—	0.03	—	0.05	—	100.88	46.72
		0.07	40.03	60.28	—	0.02	0.11	0.03	—	0.02	0.02	—	—	—	100.56	46.37
		0.06	39.94	59.47	0.01	—	0.15	—	0.02	0.06	0.05	—	—	0.03	99.77	46.09
		0.09	40.01	59.92	—	—	0.10	—	—	—	0.03	—	0.06	—	100.21	46.23
		0.06	39.64	61.03	—	—	0.14	—	—	—	—	—	0.01	—	100.86	46.92
DGS4-17	纹层状	—	39.08	60.73	—	—	0.21	—	—	0.07	—	—	—	—	100.09	47.15
		—	38.98	60.43	—	—	—	—	—	—	—	—	—	—	99.41	47.10

注："—"表示含量低于检测限。

顾连新和B. 康伯尔（1974）认为同生沉积成因和热液次火山成因的黄铁矿中Co、Ni含量近乎相等，并且热液次火山成因的黄铁矿Co、Ni的含量较低（0.06%），而热液成因的磁黄铁矿Co比Ni占优势。由电子探针测试结果（表6.3），本区磁黄铁矿Au、Co、Ni含量较高，三者最高值分别为0.17%、0.14%和0.04%，平均值分别为0.04%、0.57%和0.01%，含量高于浅成低温热液型矿床的磁黄铁矿（李达明等，1987），表明冬瓜山矿床的形成与岩浆热液有关（李志军等，2012）。

表6.3 冬瓜山铜（金）矿床黄铜矿电子探针测试结果 $w(B)/\%$

样品	类型	As	S	Fe	Se	Ag	Co	Te	Ni	Au	Cu	Sn	Zn	Sb	合计
DGS1-5	矽卡岩型	0.08	33.99	29.81	—	—	0.06	—	—	—	34.15	—	—	0.02	98.10
		0.09	34.88	31.08	—	0.03	0.06	—	—	—	34.73	—	—	—	100.87
		0.03	35.19	30.52	—	—	0.04	0.04	—	—	33.82	0.01	—	—	99.64
DGS1-8	纹层状	0.16	35.03	30.68	—	0.01	0.08	—	—	0.01	33.87	0.04	—	—	99.87
		0.10	35.75	31.23	—	0.03	0.03	—	—	—	34.79	—	—	—	101.93
DGS19-1	纹层状	0.16	34.13	30.68	—	0.05	0.09	—	—	0.13	34.43	—	—	—	99.65
		0.11	35.32	30.90	0.01	0.05	0.05	0.01	—	—	34.39	—	—	0.01	100.84
		0.10	35.28	30.87	0.01	—	0.02	—	—	—	34.20	0.03	—	0.01	100.52
DGS2-5	斑岩型	0.03	34.16	30.45	—	0.01	0.06	0.02	—	—	34.21	—	—	—	98.95
		0.10	34.34	30.09	0.02	0.02	0.02	—	—	0.19	33.64	—	—	0.01	98.44
		0.08	33.72	29.99	—	—	0.04	0.07	—	0.04	33.18	—	—	—	97.12

注："—"表示含量低于检测限。

Se、Te的平均含量为94.6×10^{-6}、201.8×10^{-6}，Co、Ni、Se、Te含量与矽卡岩型铜矿床的磁黄铁矿含量基本一致，暗示冬瓜山矿床磁黄铁矿为热液成因的磁黄铁矿。

6.3.3 黄铜矿

冬瓜山矿床黄铜矿主要呈块状、团包状、脉状产出，显微镜下观察可知，黄铜矿与黄铁矿、磁黄铁矿等共生，交代磁铁矿、黄铁矿及早阶段生成的磁黄铁矿，也可见黄铜矿与磁黄铁矿呈固溶体分离结构，常被斑铜矿、辉铜矿交代，呈镶边结构。

黄铜矿电子探针分析结果（表6.3）显示，Cu含量为33.18%~34.79%，平均值为34.13%；Fe含量为29.81%~31.23%，平均值为30.57%；S含量为33.72%~35.75%，平均值为34.71%；与黄铜矿的标准含量（Cu：34.56%，Fe：30.52%，S：34.92%）相近。产于斑岩内的黄铜矿（I型）—产于矽卡岩内黄铜矿（II型）—层纹状矿石内的黄铜矿（III型），S、Fe及Cu的含量均依次增高，其中III型黄铜矿内S的含量大于标准含量，可能与退化蚀变成矿阶段硫逸度较高有关，同时也反映该阶段为还原环境，与后文（7.2节）流体包裹体反映的特征一致。黄铜矿中含有的微量元素为Sn、As、Au、Ag、Sb，不含Zn，这与本区闪锌矿较为少见的宏观地质现象相符合。中低温元素As、Au、Ag含量大于高温Sn含量，说明黄铜矿生成环境为中低温环境，形成较晚，这与黄铜矿生成顺序晚于磁铁矿、黄铁矿、磁黄铁矿的地质事实相符合。

6.3.4 磁铁矿

磁铁矿属于尖晶石族，为AB2X4型化合物，A组主要为2价阳离子Mg^{2+}、Fe^{2+}、Zn^{2+}、Mn^{2+}、Ni^{2+}等；B组主要为3价和4价阳离子Al^{3+}、Fe^{3+}、Ti^{4+}、Cr^{3+}等。另外，磁铁矿中还赋存有Cr、V、Ca、Co、Ni、Sn、Cu、Zn、Ga、Se、Te、Ag、Au等20多种微量元素。前人（徐国风和邵洁涟，1979；林师整，1982；陈光远等，1987；Dupuis and Beaudoin，2011；Nadoll et al.，2011，2012；Dare et al.，2012）对不同成因的磁铁矿进行了详细的矿物学标型特征研究。

本次研究利用电子探针和激光剥蚀等离子体质谱测试技术，对冬瓜山磁铁矿常、微量元素进行了测试，测试结果见表6.5和表6.6。

冬瓜山矿床磁铁矿从结构（图版Ⅰ.14）上来说具有如下特点：①先生成的磁铁矿大部分被后期生成的黄铁矿等矿物沿裂隙或边部溶蚀替代；②晚生成的磁铁矿沿早生成的黄铁矿、磁黄铁矿等矿物的边缘交代，形成交代残余结构、镶边结构等；③后期生成的磁铁矿可以再次重结晶生成粗粒的自形到他形的磁铁矿。所有这些特点都表明在整个成矿过程中，随着成矿流体的演化，磁铁矿发生了从重熔到重结晶的过程。

由电子探针测试结果（表6.4）可知，冬瓜山铜（金）矿床磁铁矿化学成分 TiO_2、MgO、CaO 及 Cr_2O_3 与 TFeO 含量呈负相关性，从矽卡岩型磁铁矿—层状矿体内的磁铁矿—曲卷状矿层内的磁铁矿，TFeO 含量具有先降低后增高的趋势，而 TiO_2、MgO、CaO 及 Cr_2O_3 与 TFeO 含量变化趋势为先增高后降低，说明磁铁矿中 Ti^{4+}、Cr^{3+}、Mg^{2+}、Ca^{2+} 与 Fe^{3+} 和 Fe^{2+} 之间的类质同象置换比较普遍。MnO 的含量则与 TFeO 含量呈正相关性，从矽卡岩型磁铁矿—层状矿体内的磁铁矿—曲卷状矿层内的磁铁矿两者含量具有相同的变化趋势，说明 Mn^{2+} 可以较多地弥补磁铁矿中 Fe^{2+} 的不足（林师整，1982）。Al_2O_3 含量与 TFeO 含量不具有明显的相关性。

表6.4　冬瓜山铜（金）矿床磁铁矿电子探针测试结果　　$w(B)/\%$

样品编号	类型	Na_2O	K_2O	TiO_2	MgO	SiO_2	Cr_2O_3	Al_2O_3	P_2O_5	MnO	CaO	V_2O_5	FeO	合计
DGS 2－5	斑岩型	0.02	—	0.01	0.43	0.07	0.02	—	0.08	0.05	—	—	89.04	89.71
		0.02	—	0.01	0.40	0.02	0.02	—	—	0.06	—	—	88.81	89.34
		—	—	—	0.26	—	—	—	—	0.07	0.01	—	88.56	88.90
		—	—	0.03	0.43	0.18	0.02	—	—	0.12	0.01	—	89.28	90.06
DGS 2－4	斑岩型	0.01	—	0.01	0.57	0.04	0.01	—	0.04	0.02	—	—	90.57	91.27
		—	—	—	0.40	0.01	0.03	—	—	—	0.02	—	89.55	90.00
		—	—	—	0.53	0.44	—	—	—	0.08	0.09	—	88.98	90.13
DGS 3－6	纹层状	0.02	—	0.01	0.11	0.57	0.03	—	—	0.07	0.26	—	90.52	91.58
DGS4－17	纹层状	—	0.22	0.05	1.19	0.02	—	—	—	0.14	—	—	89.84	91.46
		0.03	1.38	—	0.08	0.58	—	0.08	—	0.15	0.02	—	91.77	94.10
		—	0.22	0.05	1.19	0.02	—	—	—	0.14	—	0.02	89.84	91.48
DGS1－7	纹层状	—	0.06	0.16	0.04	0.40	—	0.07	—	0.04	—	0.03	90.39	91.18
DGS5－16	纹层状	—	0.11	0.03	2.52	0.04	—	—	—	0.24	—	0.01	91.39	94.34
DGS19－1	纹层状	—	0.06	0.16	0.04	0.40	—	0.07	—	0.04	—	0.02	90.39	91.17
DGS 3－4	层状	0.02	—	0.02	0.02	0.73	0.01	0.01	0.12	0.02	0.06	—	88.56	89.57
		0.05	—	0.02	0.38	2.85	0.04	0.01	—	—	0.46	—	85.77	89.58
		0.02	0.03	0.02	0.41	3.61	0.01	0.03	0.03	—	0.54	—	83.74	88.44
		0.05	—	0.04	1.05	6.42	—	0.01	0.01	0.04	1.73	—	80.63	89.98
		—	—	—	0.02	0.29	—	—	0.01	—	0.01	—	90.03	90.36
		—	—	0.02	—	0.61	—	0.01	0.04	—	0.03	—	89.38	90.09
		0.02	—	0.04	0.31	4.78	—	0.02	—	—	0.16	—	85.98	91.32
		0.05	—	1.43	0.01	3.32	—	0.01	—	0.06	0.23	—	85.91	91.03
DGS 3－5	层状	—	—	0.15	0.28	0.02	—	—	—	0.08	—	0.01	89.07	89.60
		—	—	0.36	0.27	0.13	—	—	—	—	—	0.01	88.88	89.66
DGS1－9	层状	—	—	0.56	3.66	0.04	—	—	—	0.06	—	0.06	87.41	91.80
		—	0.03	0.12	2.40	—	—	0.01	—	0.06	—	0.06	87.58	90.25
		—	—	0.56	3.66	0.04	—	0.02	—	0.06	—	—	87.41	91.75
		—	0.03	0.12	2.40	—	—	0.01	—	0.06	—	—	87.58	90.19
DGS5－9	矽卡岩型	—	—	0.05	0.24	0.08	—	0.02	—	0.06	—	—	90.00	90.45
		—	—	—	0.29	0.18	—	0.01	—	0.04	—	—	91.30	91.82
		—	—	0.05	0.24	0.08	—	0.02	—	0.06	—	0.02	90.00	90.47

注：“—”表示含量低于检测限。

冬瓜山铜（金）矿床中产于斑岩体内的磁铁矿 TiO_2 含量为 0～0.03%，平均值为 0.01%；矽卡岩型磁铁矿 TiO_2 含量为 0～0.05%，平均值为 0.03%；层状矿体内磁铁矿 TiO_2 含量平均值为

0.09%；曲卷状矿层中磁铁矿 TiO_2 含量平均值为 0.02%。各类型磁铁矿 TiO_2 含量较低，与湖北大冶铁山矽卡岩型铁铜矿床 TiO_2 含量相当（赵爱醒，1990）。

整体来看，本区磁铁矿 TiO_2 含量除了样品 DGS3-4 其中一个点为 1.43% 之外，其他测点数据为 0~0.56%，平均值为 0.11%。徐国风和邵洁涟（1982）对不同成因类型铁矿床的磁铁矿进行了标型化学成分研究，认为基性—超基性岩中高钛铁矿石、基性—超基性岩中低钛铁矿石和碱性岩中含钛铁矿石磁铁矿的 TiO_2 含量很高，平均含量均大于 2.00%；区域变质矿床磁铁矿 TiO_2 含量很低；热液交代矿床磁铁矿 TiO_2 含量为 0.11%~0.88%，平均值为 0.33%；接触交代矿床磁铁矿 TiO_2 含量为 0.07%~0.40%，平均值为 0.18%。林师整（1982）把磁铁矿成因类型分为岩浆型、火山岩型、接触交代型、矽卡岩型和沉积变质型，TiO_2 含量分别为 6.83%、1.10%、0.11%、0.19% 和 0.55%。与以上研究结果对比可以看出，冬瓜山铜（金）矿床磁铁矿 TiO_2 含量与接触交代矿床和矽卡岩型矿床较为接近。

冬瓜山铜（金）矿床磁铁矿的 Al_2O_3 含量为 0~0.12%，平均值为 0.01%；MnO 含量为 0~0.51%，平均值为 0.05%；MgO 含量平均值为 0.59%；CaO 含量为 0~1.73%，平均值为 0.16%；Cr_2O_3 含量为 0~0.04%，平均值为 0.01%。可见冬瓜山矿床磁铁矿 TiO_2、Al_2O_3、MnO、CaO 和 Cr_2O_3 的含量较少，而 MgO 的含量相对较高，其标型化学成分与接触交代型（矽卡岩型）矿床的磁铁矿一致（徐国风和邵洁涟，1982；林师整，1982）。对冬瓜山矿床而言，其围岩为白云质灰岩，在接触交代作用过程中，围岩 Mg 质成分较多地类质同象置换了磁铁矿中的 Fe^{2+}。

将各类磁铁矿电子探针测试结果投影到磁铁矿 $TiO_2-Al_2O_3-MgO$ 成因图解（图 6.2，图 6.3）中，在图 6.2 中，样品点几乎都落入热液型、镁矽卡岩型区（Ⅷ区）内，个别点落入碳酸盐岩区（Ⅹ区）内，并且靠近下部，靠下部者与围岩交代有关；在图 6.3 中，样品点几乎都落入沉积岩-接触交代磁铁矿趋势区（Ⅰ区），靠近 MgO 分布，说明为镁矽卡岩型磁铁矿。从以上磁铁矿成因图解（图 6.2，图 6.3）可以看出，冬瓜山铜（金）矿床各类型磁铁矿成因类型相同，都与岩浆热液有关，通过接触交代作用形成的镁矽卡岩型磁铁矿，这与本区蛇纹石等镁矽卡岩发育的宏观地质特征相符。

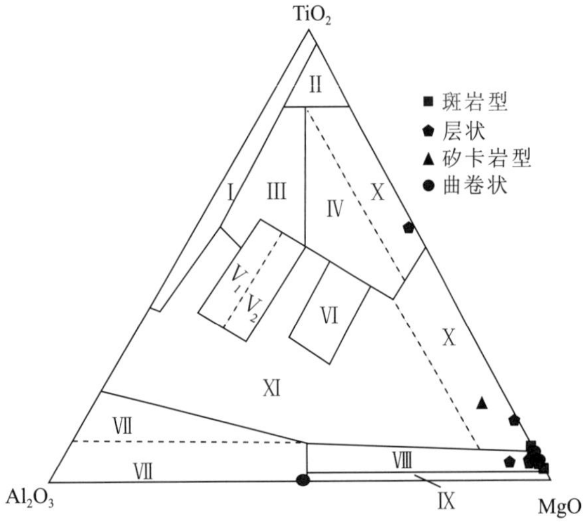

图 6.2 冬瓜山铜（金）矿床磁铁矿 $TiO_2-Al_2O_3-MgO$ 成因图解

（据陈光远等，1987）

Ⅰ—花岗岩区（酸性岩浆岩、伟晶岩）；Ⅱ—玄武岩区（拉斑玄武岩等）；Ⅲ—辉长岩区（辉长岩、橄榄岩、二长斜长岩、副矿物及铁矿石）；Ⅳ—橄榄岩区（橄榄岩、纯橄榄岩、辉岩、副矿物及铁矿石）；V_1—角闪岩区（包括单斜辉石岩）；V_2—闪长岩区；Ⅵ—金伯利岩区；Ⅶ—热液型及钙矽卡岩型（虚线以上主要为深成热液型，以下为热液型及钙矽卡岩型）；Ⅷ—热液型，镁矽卡岩型（深成热液型，部分为热液交代型，镁矽卡岩型）；Ⅸ—沉积变质、Ⅹ热液叠加型；Ⅹ—碳酸盐岩区（靠上部者与超基性岩有关，靠下部者与围岩交代有关）；Ⅺ—过渡区

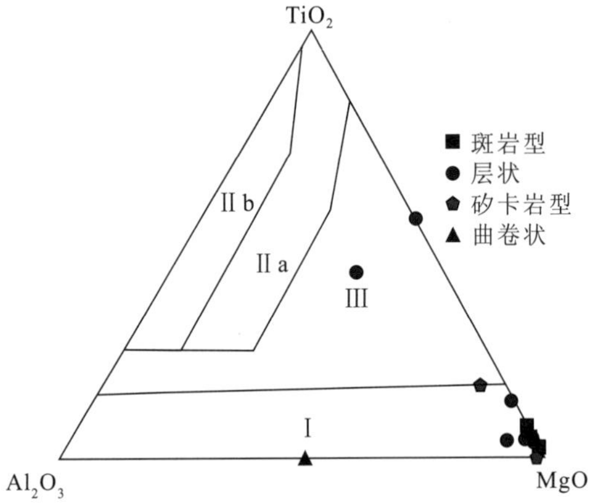

图 6.3 冬瓜山铜（金）矿床磁铁矿 $TiO_2-Al_2O_3-MgO$ 成因图解

（据陈光远等，1987；薛君治，1982）

Ⅰ—沉积岩-接触交代磁铁矿趋势区（镁矽卡岩磁铁矿靠近 MgO 端分布，钙矽卡岩磁铁矿远离 MgO 端分布）；Ⅱa—超基性—基性—中性岩浆磁铁矿趋势区；Ⅱb—酸性—碱性岩浆磁铁矿趋势区

第7章　矿床地球化学研究

7.1　微量元素地球化学

冬瓜山铜（金）矿床岩石、矿石微量元素测试结果见表7.1，据表可知，主要成矿元素Cu在未蚀变围岩中含量最低，仅为11.7×10^{-6}，其次为大理岩，为14×10^{-6}，含量均远远低于维氏值；而岩体、矿化岩体及矽卡岩中Cu的含量较高，尤其是矿石中Cu含量平均值可达5106.7×10^{-6}，远远大于维氏值。岩体中主要成矿元素Cu的含量平均值为313.8×10^{-6}，最高可达1030×10^{-6}，高于维氏值近两个数量级。由岩体—矿化岩体—矽卡岩—矿石Fe的含量平均值依次为$38645.5\times10^{-6}\rightarrow43\,175.0\times10^{-6}\rightarrow150\,120.0\times10^{-6}\rightarrow448\,500.0\times10^{-6}$，含量依次增加；而围岩中Fe的含量仅为$0.2\times10^{-6}$，大理岩中为$0.46\times10^{-6}$。由此可见，岩体具有提供成矿物质的巨大潜力，而围岩中主要成矿元素较为亏损，不具备提供成矿物质的能力。本区方铅矿和闪锌矿较少见，可能跟岩体中Pb、Zn的含量较少有关系。

岩体、矿化岩体、矽卡岩、矿石及围岩的Co、Ni含量均低于维氏值，表现出亏损的特征；Mo主要富集于岩体、矿化岩体、矽卡岩及矿石中，含量均高于维氏值，围岩中Mo的含量小于1，低于维氏值；除岩体及矿化岩体外，矽卡岩、矿石及围岩中Sr、Ba、Ti、V及P的含量均低于维氏值，尤其是矿石中Ti的平均含量仅为100.0×10^{-6}，表现出明显的亏损；Mn只富集于矽卡岩中，岩体、矿化岩体、矿石及围岩中Mn远低于维氏值。

表7.1　冬瓜山铜（金）矿床微量元素含量表　　$w(\mathrm{B})/10^{-6}$

元素	岩体平均值	矿化岩体平均值	矽卡岩平均值	矿石平均值	围岩平均值	维氏值
Cu	313.82	1290.50	186.00	5106.67	11.67	47.0
Fe	38 645.45	43 175.00	150 120.00	448 500.00	0.24	46 500.0
Pb	6.91	13.25	3.20	12.33	<2.0	15.0
Zn	34.64	53.00	35.40	176.17	5.00	83.0
Mo	2.09	3.50	4.80	1.17	<1	1.1
Sr	791.91	602.50	44.80	54.33	221.33	340.0
Ba	794.73	614.75	11.14	6.67	146.13	650.0
Co	12.18	21.25	<2.2	<52.3	<1.0	18.0
Ni	7.36	8.25	5.00	<1.17	7.00	58.0
Ti	4454.55	4375.00	1520.00	100.00	1500.00	4500.0
V	100.55	107.25	24.80	11.17	30.00	90.0
Mn	480.91	623.50	2578.00	617.17	70.00	1000.0
P	1491.82	1490.00	78.00	86.67	90.00	930.0

注：测试单位为广州澳实矿物实验室。

7.2 流体包裹体研究

7.2.1 研究方法与测试结果

对矿床地质特征进行了详细野外地质调查，在此基础上，按成矿阶段采取研究样品，主要包括矽卡岩阶段的石榴子石、退化蚀变成矿阶段的石英与石英 - 碳酸盐阶段的方解石团块（表 7.2），首先制成厚度 0.1 ~ 0.2 mm 双面抛光的光薄片，然后在透射光显微镜下观察样品的岩相、矿相及流体包裹体特征，从中选择部分有代表性的、可用于分析测温的包裹体，在冷热台下进行显微测温。

表 7.2 样品采样位置及特征

样品编号	采样位置	样品特征	主矿物
DGS17 - 1	850 m 中段 59 线	钙铁石榴子石	石榴子石
DGS17 - 2	850 m 中段 59 线	钙铁石榴子石	石榴子石
DGS5 - 10	850 m 中段 66 线	石榴子石	石榴子石
DGS2 - 9	850 m 中段 64 线	含斑铜黄铜的脉状石英	石英
DGS3 - 13	850 m 中段 66 线	含石英脉的闪长玢岩	石英
DGS4 - 15	730 m 中段 2 采场	含铜磁铁矿中的脉状石英	石英
DGS3 - 12	850 m 中段 66 线	含黄铁黄铜的方解石团块	方解石

流体包裹体显微测温工作在中南大学有色金属成矿预测教育部重点实验室完成，仪器为英国产 Linkam THMSG - 600 型冷热台，测温范围为 - 196 ~ 600℃；30 ~ 600℃ 范围内测试精度为 ± 1℃；- 196 ~ 30℃范围内，测试精度为 ± 0.1℃。在测温过程中，温度升降变化速率控制在 5 ~ 10℃/min，在接近气相或液相消失前，温度变化速率控制在 0.1 ~ 1℃/min 之间。

利用群体包裹体分析法，对各成矿阶段的石榴子石、石英、方解石中的包裹体进行了气液相成分分析，单矿物纯度在 98% 以上。气、液相成分分析测试工作在中南大学有色金属成矿预测教育部重点实验室完成，测试仪器分别为 Varian - 3400 型气相色谱仪（美国 Varian 公司生产）和 DX - 120 Ion Chromatography 型离子色谱仪（美国 Dionen 公司生产），分析误差小于 5%。

7.2.2 流体包裹体岩相学

在本次测试中，通过显微观察，在石榴子石、石英及方解石中发现大量的原生流体包裹体，根据其室温下的相态特征，可将这些原生流体包裹体分为气、液两相水溶液包裹体（I 型）和含子矿物多相包裹体（II 型）两大类，两者又均可分为两个亚类。

I 型流体包裹体室温下由气、液两相组成，形状多呈不规则状，椭圆形和圆形包裹体也常见，包裹体大小在 5 ~ 40 μm 之间，变化较大。I 型流体包裹体是冬瓜山铜（金）矿床的主要包裹体类型，约占所测包裹体的 80%，在矽卡岩阶段、退化蚀变成矿阶段及石英 - 碳酸阶段中的石榴子石、石英及方解石等矿物中均有分布（图版 I.15）。按照包裹体内气相所占体积的大小，I 型流体包裹体可进一步分为富气相包裹体（Ia 型）和富液相包裹体（Ib 型）。Ia 型包裹体的气相所占体积百分数大于 50%，加热均一到气相；Ib 型包裹体气相所占体积百分数的 5% ~ 30%，加热均一到液相。

II 型流体包裹体主要分布于石榴子石和石英中，由盐水溶液、子矿物和气泡组成，形状多为椭圆形，大小大多数集中在 10 ~ 15 μm 之间，气相所占体积百分数为 10% ~ 30%，子矿物晶体最大约 5 μm，大部分子矿物为无色透明的石盐立方晶体（图版 I.15）。按照包裹体中子矿物和气泡消失的先后顺序，II 型流体包裹体可进一步分为：子矿物先消失型包裹体（IIa 型）和气泡先消失型包裹体（IIb 型），以 IIa 型流体包裹体为主，两者加热都均一到液相。

7.2.3 包裹体均一温度

本次测试样品涵盖矽卡岩阶段、退化蚀变成矿阶段及石英－碳酸盐阶段3个阶段，测试矿物为石榴子石、石英及方解石，共测试了7个样品，114个流体包裹体，石榴子石45个、石英53个、方解石16个。其中气、液两相水溶液包裹体104个，含子矿物流体三相包裹体10个，流体包裹体显微测温结果见表7.3。

表7.3 冬瓜山铜（金）流体包裹体显微测温结果

样号	寄主矿物	包裹体类型	冰点温度/℃	子矿物溶化温度/℃	气液均一温度/℃	盐度/%
DGS 17－1	石榴子石	Ⅰa	－7.3～－13.5（4）		379.1～482.3	10.9～17.3
		Ⅰb	－3.9～－16（15）		389.9－495	6.3～19.5
		Ⅱa		283～350（3）	458～512.1	36.7～42.4
DGS 17－2	石榴子石	Ⅰa	－6.7（1）		547.5	10.1
		Ⅰb	－3.6～－9.6（11）		318.8～522.1	5.9～13.5
		Ⅱa		360.1（1）	>500	43.34
DGS 5－10	石榴子石	Ⅰa	－7.7～－13.2（2）		401.2～500	11.3～17.1
		Ⅰb	－5.5～－11.2（9）		390.1～500	8.6～15.2
		Ⅱa		338.9（1）	469.2	41.5
DGS2－9	石英	Ⅰa	－3.2～－8.4（6）		286.2～372.5	5.3－12.2
		Ⅰb	－5.5～－12.1（11）		235.2～360.1	8.6－16.1
		Ⅱb		245.6（1）		34.4
DGS 3－13	石英	Ⅰa	－0.8～－10.1（11）		307～378.2	1.4－14.0
		Ⅰb	－2.6～－7.2（5）		301.9～372.2	4.3－10.7
		Ⅱa		332.1（1）	348.6	40.6
DGS 4－15	石英	Ⅰa	－3.4～－13.1（5）		307.0～358.1	5.6～17.0
		Ⅰb	－3.8～－9.8（9）		258.4～327.6	6.2～13.7
		Ⅱa		173.5～253（2）	265.1～330	34.7～30.7
		Ⅱb		335.1（1）	220.1	41.0
DGS 3－12	方解石	Ⅰb	－5.2～－12.6（16）		196.7～263.2	8.1～16.5

注：括号内数值为测试数。

根据流体包裹体测温结果绘制了流体包裹体的均一温度直方图（图7.1至图7.3），由测温结果及均一温度直方图表明，矽卡岩阶段石榴子石包裹体均一温度较高，在319～548℃之间，峰值为440～520℃，平均值为453℃；退化蚀变成矿阶段的石英包裹体均一温度在220～450℃之间，峰值为320～360℃，平均值为325.6℃；石英－碳酸盐阶段方解石包裹体均一温度较低，在197～263℃之间，峰值为200～240℃，平均值为229℃。表明随着成矿流体的演化，成矿温度具有逐渐降低的趋势。

利用公式（7.1）和公式（7.2）分别计算I型、II型包裹体盐度：

冰点下降温度与盐度关系式（Hall et al.，1988）为

$$w = 0.00 + 1.78T_m - 0.042T_m^2 + 0.000557\ T_m^3 \qquad (7.1)$$

式中：w 为NaCl的质量百分数（0～23.3%）；T_m 为冰点下降温度（℃）。

石盐熔化温度和盐度关系式（Hall et al.，1988）为

$$w = 26.242 + 0.4928\psi + 1.42\psi^2 - 0.223\psi^3 + 0.04129\psi^4 + 0.006295\psi^5 - 0.001967\psi^6 + 0.0001112\psi^7 \qquad (7.2)$$

此式应用范围0.1℃≤T≤801℃，其中 $\psi = T/100$（T 为NaCl子矿物熔化温度,℃）。

计算结果见表7.3，根据计算结果绘制了盐度直方图（图7.4至图7.6）。从计算结果及直方图可

以看出，矽卡岩阶段石榴子石流体包裹体盐度区间为5.9%～43.3%，峰值为8%～14%，平均值为14.6%；区间36%～44%主要为II型包裹体盐度变化范围，II型包裹体盐度平均值为40.5%。退化蚀变成矿阶段石英流体包裹体盐度区间为1.4%～41.9%，峰值为8%～14%，平均值为13.2%；30%～32%、34%～36%、40%～42%三个区间主要为II型包裹体盐度，II型包裹体盐度平均值为37.2%。石英－碳酸盐阶段方解石中仅见I型包裹体，盐度区间为8.1%～16.5%，峰值为9%～14%，平均值为11.6%。由此可以看出，无论是I型包裹体还是II型包裹体的盐度随着成矿流体的演化具有逐步降低的趋势。

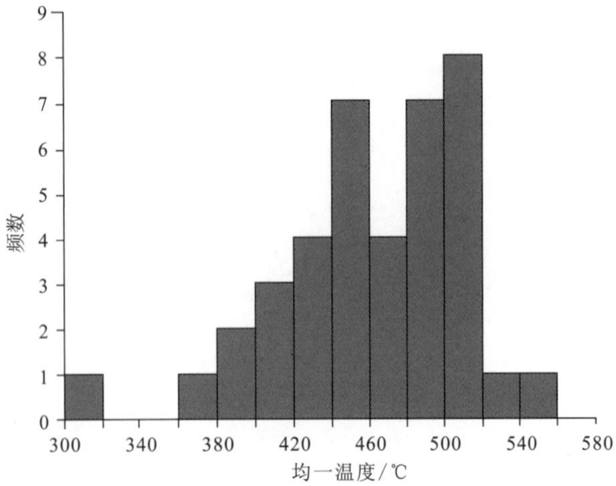

图7.1　冬瓜山铜（金）矿床石榴子石流体包裹体均一温度统计直方图

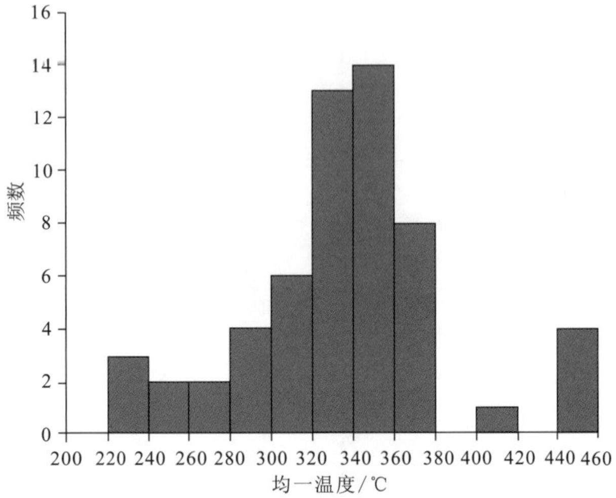

图7.2　冬瓜山铜（金）矿床石英流体包裹体均一温度统计直方图

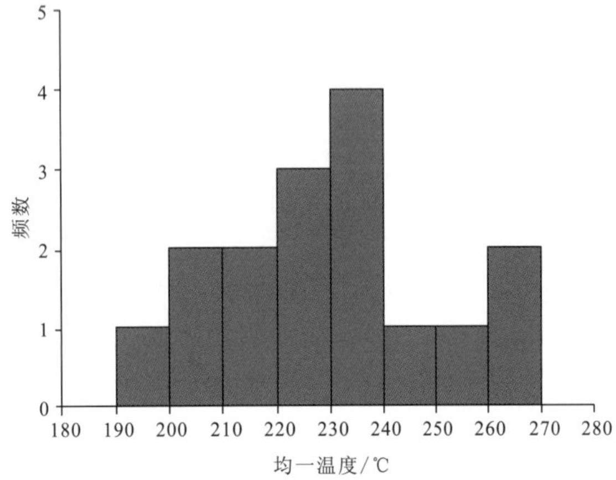

图7.3　冬瓜山铜（金）矿床方解石流体包裹体均一温度统计直方图

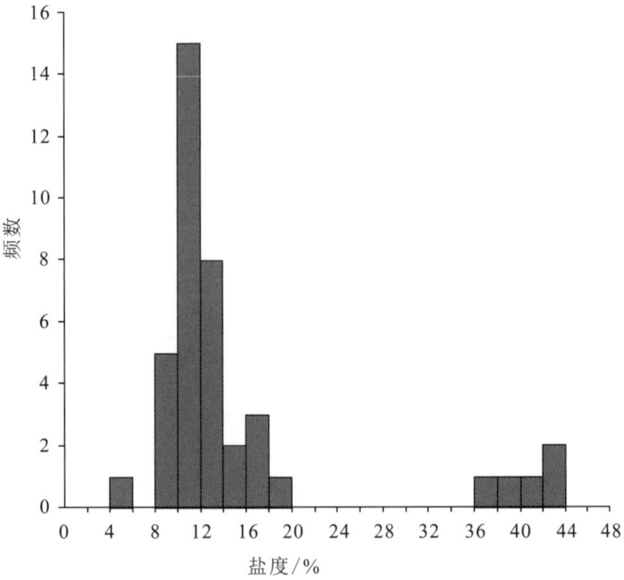

图7.4　冬瓜山铜（金）矿床石榴子石流体包裹体盐度统计直方图

7.2.4　群体包裹体成分

冬瓜山铜（金）矿床流体包裹体气、液相成分分析结果见表7.4。整体上，冬瓜山矿区包裹体气相成分以H_2O和CO_2为主，其次为少量的H_2和CH_4。对比石榴子石、石英和方解石3种不同矿物中

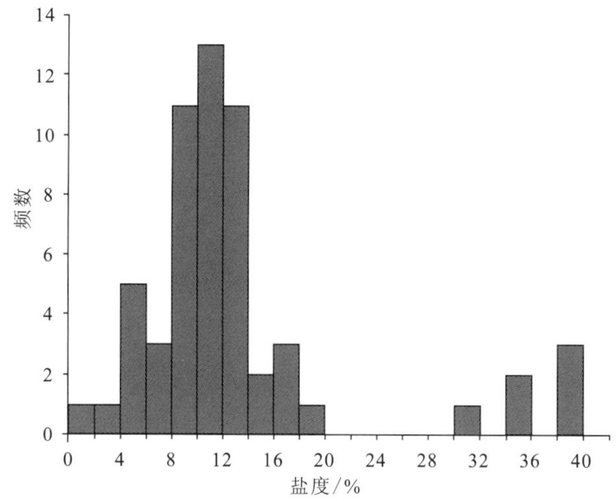

图 7.5 冬瓜山铜（金）矿床石英流体包裹体盐度统计直方图

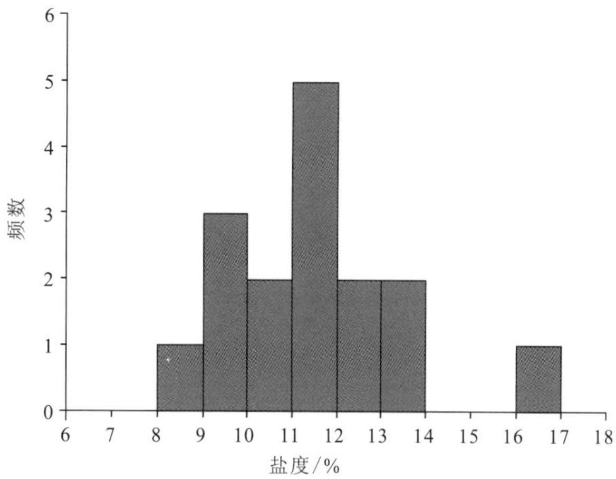

图 7.6 冬瓜山铜（金）矿床方解石流体包裹体盐度统计直方图

包裹体气相成分，发现在石英包裹体中除上述气相成分外，还存在少量 C_2H_2 和 C_2H_6，这些气体虽然含量较少，却反映了成矿环境为还原环境（申萍等，2004），表明退化蚀变成矿阶段成矿环境为相对还原环境，与 6.3.3 节黄铜矿矿物学成分标型研究得出的结果一致；而石榴子石和方解石中则为痕量或没有，说明退化蚀变成矿阶段的成矿环境与其他两个阶段相比还原性相对较强。岩浆热液矿床成矿流体气相成分 CO_2/H_2O 值小于 0.50（林文通，1996），本矿床 CO_2/H_2O 值为 0.04 ~ 0.34，均小于 0.50，因此，本矿床成矿流体应来源于岩浆热液。

表 7.4 冬瓜山铜（金）矿床流体包裹体气、液相成分分析结果

样品编号	矿物	气相成分/10^{-6}						液相成分/10^{-6}						$\frac{H_2O}{CO_2}$	$\frac{CO_2}{H_2O}$
		H_2O	CO_2	H_2	CH_4	C_2H_2	C_2H_6	F^-	Cl^-	SO_4^{2-}	Na^+	K^+	Ca^{2+}		
DGS17－1	石榴子石	1630	107.253	1.584	16.977	无	无	0.035	3.253	8.624	1.2	0.525	7.156	15.200	0.07
DGS17－2		1968	313.197	2.714	2.625	痕	痕	0.019	2.719	7.261	0.972	0.264	9.292	6.280	0.16
DGS005－10		1230	51.116	3.389	9.66	痕	痕	0.027	3.062	9.162	1.418	0.817	6.267	24.060	0.04
DGS3－13	石英	1867	335.876	3.586	17.672	0.868	痕	0.048	2.585	7.172	0.825	0.358	8.693	5.560	0.18
DGS4－15		1967	508.189	2.809	15.928	0.976	0.081	0.039	2.769	7.456	0.764	0.193	7.055	3.870	0.26
DGS2－9		1708	586.262	5.023	16.812	0.411	2.745	0.021	3.256	6.175	0.963	0.217	8.926	2.910	0.34
DGS008－10	方解石	1176	175.279	1.183	9.081	痕	痕	0.03	3.192	2.108	0.724	0.315	8.297	6.710	0.15

注：测试单位为中南大学有色金属成矿预测教育部重点实验室。

流体包裹体液相成分主要以 Ca^{2+}、Na^+、K^+、SO_4^{2-}、Cl^-、F^- 等为主，其中，阳离子中 Ca^{2+} 含量最高，Na^+ 含量次之，K^+ 含量最少，与本区岩体富钠特征相符合；阴离子中 Cl^- 和 SO_4^{2-} 含量较高，F^- 含量最少。典型岩浆热液矽卡岩矿床成矿流体富 Cl^-、Mg^{2+} 和 Ca^{2+}，而贫 K^+ 和 Na^+（姚鹏等，2006），由此可见，冬瓜山铜（金）矿床成矿流体反映了岩浆热液流体的特点。本区成矿流体不含 Mg^{2+}，而地层却存在含镁质地层，两者看似矛盾，这恰恰说明了冬瓜山铜（金）矿床成矿流体并非来源于地层水或变质水。

对矽卡岩阶段与退化蚀变成矿阶段相同气、液相成分进行比值计算，计算结果发现，F^- 的比值为 0.75、Cl^- 的比值为 1.05、SO_4^{2-} 的比值为 1.20、Na^+ 的比值为 1.41、K^+ 的比值为 2.09、Ca^{2+} 为 0.92，除 F^- 和 Ca^{2+} 外，其余成分比值均大于 1，整体来说，矽卡岩阶段比退化蚀变成矿阶段气、液相成分含量相对较高，这与包裹体岩体矽卡岩阶段比退化蚀变成矿阶段盐度较高的结论一致。

7.2.5 流体的不混溶性

由于 CO_2 与 H_2O 的物理性质不同，两者在成矿流体中常以不混溶的分离状态出现（李荫清等，1994，1998），引起流体的不混溶作用，流体的不混溶作用是金属矿物从成矿流体中分离的重要机制（Ramboz et al.，1982；Pichavant et al.，1982）。

冬瓜山铜（金）矿床矽卡岩阶段和退化蚀变成矿阶段的石榴子石和石英中同时存在富气相包裹体（Ia 型）、富液相包裹体（Ib 型）和含子矿物三相包裹体（IIa 型和 IIb 型）。其中，Ia 型包裹体气相体积分数大于 50%，加热后均一至气相；Ib 型包裹体气相体积分数为 5% ~30%，加热后均一至液相；含子矿物三相包裹体分为 IIa（加热子矿物先消失）型和 IIb 型（加热气泡先消失），两者气相体积分数为 10% ~30%，加热后均一为液相。矽卡岩阶段 I 型包裹体均一温度平均值为 459℃，II 型包裹体均一温度平均值为 488℃（表 7.5）；两者非常接近；退化蚀变成矿阶段 I 型包裹体均一温度平均值为 336℃，II 型包裹体均一温度平均值为 306℃；两者同样非常接近。矽卡岩阶段和退化蚀变成矿阶段石榴子石和石英中存在 Ia、Ib、IIa 和 IIb 型多种类型的流体包裹体共存的现象，且均一温度相近、均一方式不同，说明在矽卡岩阶段和退化蚀变成矿阶段成矿流体均发生了流体不混溶作用。CO_2 从盐溶液中分离出来，成为独立的流体相，与盐水溶液共存（毛景文等，2001）。由气液相成分可知，退化蚀变成矿阶段 CO_2 含量大于矽卡岩阶段，说明退化蚀变成矿阶段流体不混溶作用相对强烈。

表 7.5 I 型和 II 型包裹体均一温度和盐度统计表

成矿阶段	测试矿物	包体类型	均一温度/℃	均一温度平均值/℃	盐度/%	盐度$_{平均}$/%
矽卡岩阶段	石榴子石	I	318 ~500	459（41）	5.9 ~19.4	11.5（41）
		II	458 ~500	488（5）	36.8 ~43.3	40.5（5）
退化蚀变成矿阶段	石英	I	235 ~450	336（51）	3.1 ~19.6	10.5（51）
		II	220 ~450	306（6）	30.7 ~41.9	37.2（6）
石英 - 碳酸盐阶段	方解石	I	197 ~263	229（16）	8.1 ~16.5	11.6（16）

注：括号内数值为测试数。

矽卡岩阶段 I 型包裹体盐度平均值为 11.5%，II 型包裹体盐度平均值为 40.5%；退化蚀变成矿阶段 I 型包裹体盐度平均值为 10.5%，II 型包裹体盐度平均值为 37.2%，说明本区包裹体是在沸腾环境中捕获的不同盐度的成矿流体的气、液相。

7.2.6 成矿流体密度和压力

获得成矿流体的密度和压力的方法主要有相图投影法、数表法和公式计算法等。其中，数表法是利用温度 - 盐度 - 密度关系数表来确定成矿流体密度和均一压力的一种方法。本书采用刘斌等（1999）给出的数表来估算成矿流体密度和均一压力，采用体系为 $NaCl-H_2O$。

经估算可知，石榴子石中流体包裹体密度 0.86 ~0.98 g/cm^3，平均值为 0.68 g/cm^3；估算均一压力为 219×10^5 ~661×10^5Pa，平均值为 397.7×10^5Pa。石英中流体包裹体密度为 0.66 ~1.08 g/cm^3，平均值为 0.80 g/cm^3；估算均一压力为 26×10^5 ~190×10^5Pa，平均值为 119.9×10^5Pa。方解石中流体包裹体密度 0.88 ~0.96 g/cm^3，平均值为 0.92 g/cm^3；估算均一压力为 17×10^5 ~48×10^5Pa，平均值为 26.0×10^5Pa。由此可见，随着成矿过程的进行，成矿压力逐渐降低，成矿流体密度具有逐渐增加的趋势，总体属于低密度流体体系。

7.3 H、O 同位素地球化学

7.3.1 样品采集与研究方法

本书用于氢、氧同位素分析的样品采自 -850 m 中段 66 线西沿脉及 -730 m 中段 44 线西沿脉与主巷道入口处，测试矿物为矿石内的石英和方解石。

氢、氧同位素分析采用真空热爆裂法和锌还原法提取氢；在真空条件下于500～680℃，使用BrF5法从石英中收集纯净的O_2，并制成CO_2。氢、氧同位素组成由核工业北京地质研究院分析测试研究中心MAT－253型质谱仪测定。氢同位素组成分析精度为±2‰，氧同位素组成分析精度为0.2‰。

7.3.2 测试结果

冬瓜山铜（金）矿床氢、氧同位素分析结果（表7.6）显示，石英δD_{V-SMOW}为－71.5‰～－84.0‰，$\delta^{18}O_{V-SMOW}$为－15.5‰～－20.1‰；方解石δD_{V-SMOW}为－60.9‰～－70.7‰，$\delta^{18}O_{V-SMOW}$为－18.1‰～－18.2‰。利用Clayton等（1972）的石英与水体系同位素平衡方程：$\delta^{18}O_{石英}-\delta^{18}O_{H_2O}\approx3.38\times10^6/T^2-3.40$［温度（$T$）由包裹体均一法测定］，获得石英与水平衡时的$\delta^{18}O_{H_2O}$值，计算结果表明，石英的$\delta^{18}O_{H_2O}$为4.51‰～8.97‰；利用O'Neil等（1969）的方解石与水体系平衡方程：$\delta^{18}O_{方解石}-\delta^{18}O_{H_2O}\approx2.78\times10^6/T^2-3.39$，获得方解石的$\delta^{18}O_{H_2O}$值，计算结果表明，方解石$\delta^{18}O_{H_2O}$为4.41‰～4.91‰。

表7.6 冬瓜山铜（金）矿床氢、氧同位素组成分析结果

序号	矿物	δD_{V-SMOW}/‰	$\delta^{18}O_{V-SMOW}$/‰	$\delta^{18}O_{H_2O}$/‰	数据来源
1	石英	－71.50	10.20	4.51	本书
2	石英	－72.30	11.40	6.06	
3	石英	－83.10	13.50	7.80	
4	石英	－84.00	14.90	8.97	
5	方解石	－70.70	12.10	4.91	
6	方解石	－60.90	12.30	4.41	
7	石英	－67.70	12.12	11.11	陈邦国等，2002
8	石英	－67.90	11.82	10.81	
9	石英	－72.90	14.10	13.09	
10	石英	－55.00	10.38	9.37	
11	石英	－60.20	12.01	11.00	
12	石英	－59.30	11.23	6.33	徐兆文等，2007
13	石英	－66.00	12.50	8.40	
14	石英	－59.90	12.09	7.59	
15	石英	－71.30	11.53	6.23	
16	石英	－62.70	10.43	5.13	
17	石英	－65.60	11.00	5.29	
18	石英	－60.80	11.30	5.59	
19	石英	－65.10	11.10	3.17	
20	石英	－73.00	14.90	6.97	

将氢、氧同位素组成计算结果投影到$\delta D-\delta^{18}O_{H_2O}$图解（图7.7）中，从图解中可以看出，冬瓜山铜（金）矿床非金属矿物（石英、方解石）投影点均落入岩浆水范围内及其附近，表明冬瓜山铜（金）矿床成矿流体主要来源于岩浆水。

7.3.3 成矿流体来源

氢、氧同位素测试结果（表7.6）表明，石英的$\delta^{18}O_{H_2O}$为4.51‰～8.97‰，方解石$\delta^{18}O$值为4.41‰～4.91‰；石英δD_{V-SMOW}为－84.0‰～－71.5‰，方解石δD_{V-SMOW}为－70.7‰～－60.9‰；与正常岩浆水$\delta^{18}O$值为5.5‰～9.5‰、δD－80‰～－40‰（Sheppard，1986；Hedenquist and Lowen-

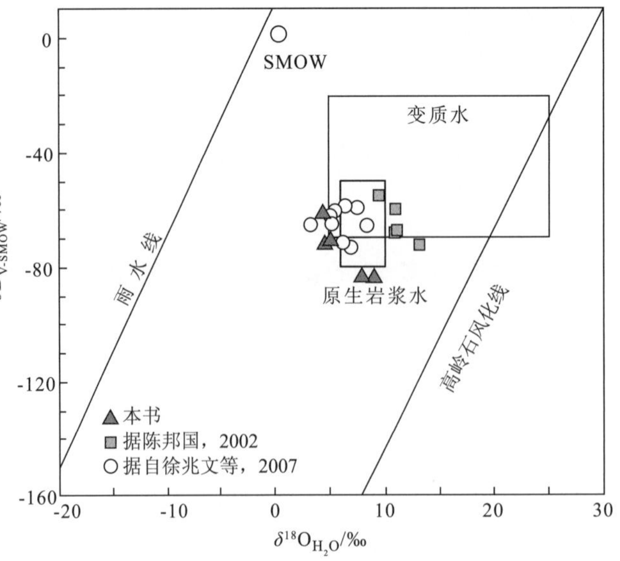

图 7.7　冬瓜山铜（金）矿床成矿流体 $\delta D - \delta^{18}O_{H_2O}$ 图

stern, 1994）基本一致，表明本区成矿流体主要来源于岩浆水，这与前人研究结果一致（徐兆文等，2005；瞿泓滢等，2011），但方解石 $\delta^{18}O$、δD 值稍低于石英石 $\delta^{18}O$、δD 值，暗示随着成矿过程的进行，混入的大气降水逐渐增多。

7.3.4　成矿流体性质及演化

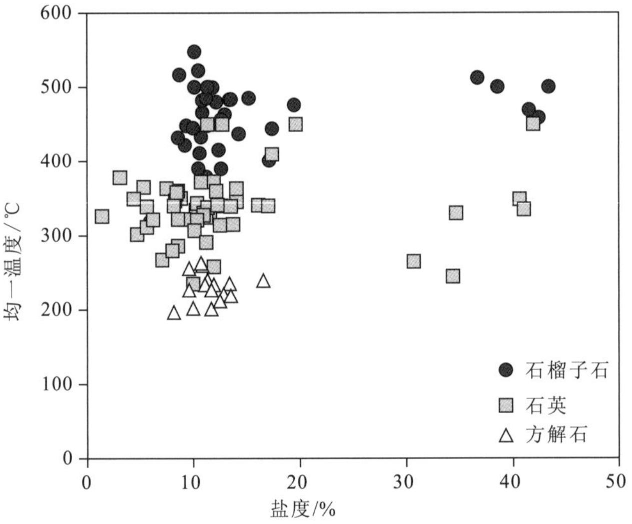

图 7.8　冬瓜山矿区成矿流体盐度 - 均一温度关系图

冬瓜山铜（金）矿床矽卡岩阶段形成的石榴子石和退化蚀变成矿阶段形成的石英均发育气、液两相和含子矿物三相包裹体，在同一温度下，盐度分为高盐度和低盐度两个区域（图 7.8），成矿流体存在低盐度流体和高盐度流体互相不混溶的演化过程，说明矽卡岩阶段与退化蚀变成矿阶段均发生了流体的不混溶作用。矽卡岩阶段成矿流体均一温度变化区间为 319 ~ 548℃，集中分布于 440 ~ 520℃之间；盐度变化区间为 5.9% ~ 43.3%，集中分布于 8% ~ 14%（I 型包裹体）和 36% ~ 44%（II 型包裹体）2 个区间；密度变化区间为 0.86 ~ 0.98 g/cm^3。退化蚀变成矿阶段成矿流体均一温度变化区间为 220 ~ 450℃，集中分布于 320 ~ 360℃；盐度变化区间为 1.4% ~ 41.9%，集中分布于 8% ~ 14%（I 型包裹体）和 30% ~ 42%（II 型包裹体）；密度变化区间为 0.66 ~ 1.08 g/cm^3。石英 - 碳酸盐阶段成矿流体均一温度变化区间为 197 ~ 263℃，集中分布于 200 ~ 240℃；盐度变化区间为 8.1% ~ 16.5%，集中分布于 9% ~ 14%；密度变化区间为 0.88 ~ 0.96 g/cm^3。

液相成分中主要为 Ca^{2+}、Na^+、K^+、SO_4^{2-}、Cl^-、F^- 等，其中阳离子含量 $Ca^{2+} > Na^+ > K^+$；阴离子含量 $Cl^- > SO_4^{2-} > F^-$，成矿流体为 Na（Ca）- Cl（SO_4）- H_2O - CO_2 型流体体系。

由流体包裹体测温结果（表 7.3）可知，冬瓜山铜（金）矿床自矽卡岩阶段经退化蚀变成矿阶段，到石英 - 碳酸盐阶段，成矿温度平均值变化趋势为 453℃→326℃→229℃，成矿流体盐度平均值变化趋势为 14.6%→13.2%→11.6%，压力平均值变化趋势为 397.7×10^5 Pa→119.9×10^5 Pa→26×10^5 Pa。均一温度、盐度及压力随着成矿流体的演化具有逐渐降低的趋势。包裹体类型由矽卡岩阶段和退化蚀变成矿阶段的各种类型包裹体共存，到石英－碳酸盐阶段以富气相包裹体为主。成矿流体由高盐度和低盐度以及富液相流体体系逐渐演化为中低盐度的均一流体体系。

7.4 S、Pb 同位素地球化学

7.4.1 样品采集与研究方法

本书用于硫、铅同位素分析的样品分别采自冬瓜山矿床－850 m 中段 59 线东西沿脉、64 线西沿脉和 66 线西沿脉以及－730 m 中段 48 线西沿脉和部分钻孔，样品为层状矿体、矽卡岩型矿体、脉状矿体、斑岩型矿体以及新鲜岩体和围岩。硫同位素组成由 MAT－251 质谱仪测定，采用标准为国际标准 VCDT，分析精度为 ±0.2‰；铅同位素样品溶解、分离后，在相对湿度 36%、室温 20℃的条件下，根据标准 GB/T17672—1999《岩石中铅锶钕同位素测定方法》，利用英国 GV 公司生产的 ISOPROBE－T 热电离质谱仪进行铅同位素比值测量，测量结果用国际标样 NBS981 进行校正，测量误差在 2 σ 以内。硫同位素组成及铅同位素组成分析在核工业北京地质研究院分析测试研究中心完成。

7.4.2 测试结果

7.4.2.1 硫同位素

前人对冬瓜山矿床的硫同位素做了大量分析与研究（唐永成等，1998；徐兆文等，2000；徐文艺等，2004；曾普胜等，2005；李红阳等，2006；徐晓春等，2010），研究成果较多，但认识不尽相同，有学者认为本区硫来源于循环海水的硫酸盐和地层，也有学者认为硫来源于地层和岩浆。为了查明本区成矿物质来源，本书着重对比研究了受石炭系控制的层状矿体、矽卡岩型矿体、脉状矿体、斑岩型矿体以及岩体和围岩的硫同位素特征，硫同位素组成分析结果见表 7.8。

分析结果显示，冬瓜山矿床岩体全岩硫同位素组成为 $\delta^{34}S$ = －2.20‰ ~ ＋5.02‰，平均值为＋1.40‰；脉状矿体矿石硫同位素组成为 $\delta^{34}S$ = ＋4.20‰ ~ ＋5.70‰，平均值为＋5.10‰；矽卡岩型矿体矿石硫同位素组成为 $\delta^{34}S$ = ＋4.90‰；层状矿体矿石硫同位素组成为 $\delta^{34}S$ = ＋4.10‰ ~ ＋5.30‰，平均值为 4.83‰；斑岩型矿体矿石硫同位素组成为 $\delta^{34}S$ = ＋5.1‰ ~ ＋5.7‰，平均值为＋5.37‰；围岩全岩硫同位素组成为 $\delta^{34}S$ = －4.6‰ ~ －29.5‰，平均值为－17.2‰。冬瓜山铜（金）矿床脉状矿体、矽卡岩型矿体、层状矿体及斑岩型矿体硫同位素组成与前人测试结果相符（表 7.7），平均值在 5.0‰左右，变化范围也基本一致（图 7.9），说明它们可能具有相同的来源。由硫同位素组成分布图（图 7.10）可知，冬瓜山铜（金）矿床各类型矿石硫同位素组成与岩体硫同位素组成一致，与围岩硫同位素组成明显不同。

表 7.7 冬瓜山铜（金）矿床硫同位素组成分析结果

样品编号	矿物	样品描述	$\delta^{34}S_{V-CDT}$/‰
DGS20	黄铁矿	脉状矿石	4.80
DGS20－1	黄铁矿	脉状矿石	4.60
DGS02－8	黄铁矿	脉状矿石	5.60
DGS21－1	黄铁矿	脉状矿石	5.70
ZK－21	黄铁矿	脉状矿石	5.40
DGS03－6	黄铁矿	脉状矿石	4.20
ZK－15	黄铁矿	矽卡岩型矿石	4.90
DGS17	黄铁矿	层状矿石	4.10
DGS17－3	黄铁矿	层状矿石	4.90
DGS005－12	黄铁矿	层状矿石	5.30
DGS004－12	黄铁矿	层状矿石	4.50

续表

样品编号	矿物	样品描述	$\delta^{34}S_{V-CDT}$/‰
DGS20	黄铁矿	脉状矿石	4.80
DGS006	磁黄铁矿	层状矿石	5.30
DGS17	磁黄铁矿	层状矿石	4.90
ZK-24	黄铁矿	斑岩型矿石	5.70
DGS002-4	黄铁矿	斑岩型矿石	5.30
DGS002-5	黄铁矿	斑岩型矿石	5.10
ZK1-1	全岩	石英闪长岩	-2.20
ZK1-2	全岩	石英闪长岩	1.20
ZK1-3	全岩	石英闪长岩	5.20
DGS1-2	全岩	围岩	-4.60
DGS5-1	全岩	围岩	-17.40
DGS15	全岩	围岩	-29.50

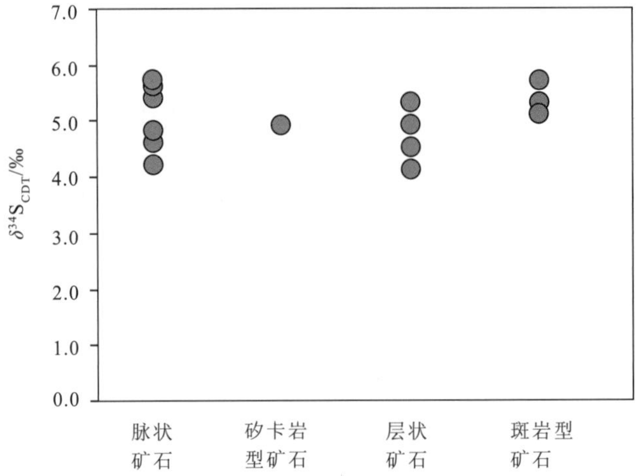

图7.9 冬瓜山矿床不同类型矿石硫同位素组成对比图

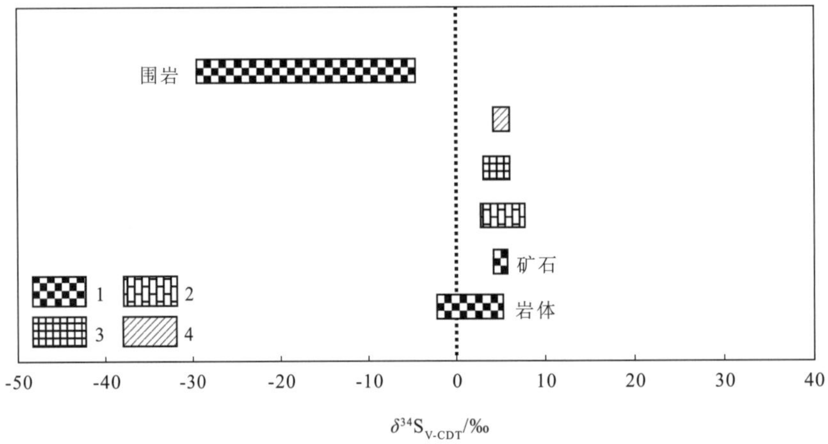

图7.10 冬瓜山铜（金）矿床硫同位素组成

1—本书（岩体和围岩均为全岩硫同位素组成；矿石硫同位素组成包括层状矿体、矽卡岩型矿体、石英硫化物脉状矿体、斑岩型矿体的硫同位素组成）；2—数据引自刘裕庆等，1984（层状矿体中的黄铁矿、黄铜矿、磁黄铁矿硫同位素组成）；3—数据引自徐晓春等，2010（层状矿体中的黄铁矿、黄铜矿硫同位素组成）；4—数据引自徐兆文等，2007（层状矿体中的黄铁矿、磁黄铁矿硫同位素组成）

7.4.2.2 铅同位素

冬瓜山铜（金）矿床铅同位素组成分析结果见表7.8，冬瓜山铜（金）矿床层状矿石铅同位素比值$^{208}Pb/^{204}Pb=38.052\sim38.448$，$^{207}Pb/^{204}Pb=15.513\sim15.614$，$^{206}Pb/^{204}Pb=18.162\sim18.518$，计算得出的特征参数$\mu$、$\Delta\beta$、$\Delta\gamma$分别为9.39～9.90、15.36～21.54、21.60～29.84；矽卡岩型矿石$^{208}Pb/^{204}Pb=38.356$，$^{207}Pb/^{204}Pb=15.608$，$^{206}Pb/^{204}Pb=18.504$，特征参数μ、$\Delta\beta$、$\Delta\gamma$分别为9.47、18.31、28.28；脉状矿石$^{208}Pb/^{204}Pb=38.037\sim38.35$，$^{207}Pb/^{204}Pb=15.549\sim15.664$，$^{206}Pb/^{204}Pb=18.132‰\sim18.533‰$，特征参数$\mu$、$\Delta\beta$、$\Delta\gamma$分别为9.32～9.48、12.69～18.69、22.20～34.33；斑岩型矿石$^{208}Pb/^{204}Pb=38.114\sim38.356$，$^{207}Pb/^{204}Pb=15.531\sim15.612$，$^{206}Pb/^{204}Pb=18.085\sim18.537$，特征参数$\mu$、$\Delta\beta$、$\Delta\gamma$分别为9.36～9.47、14.15～18.50、24.60～30.95。冬瓜山铜（金）矿床矿石铅同位素组成与铜陵地区中酸性岩石中钾长石的铅同位素组成一致（$^{208}Pb/^{204}Pb=38.090\sim38.460$，$^{207}Pb/^{204}Pb=15.470‰\sim15.600‰$，$^{206}Pb/^{204}Pb=17.940\sim18.420$）（唐永成等，1998），表明冬瓜山铜（金）矿床矿石与区域上的中酸性侵入体具有相同的铅同位素来源。

表7.8 冬瓜山铜（金）矿床铅同位素组成分析结果

样品编号	矿物	样品描述	$^{208}Pb/^{204}Pb$	$^{207}Pb/^{204}Pb$	$^{206}Pb/^{204}Pb$	μ	$\Delta\beta$	$\Delta\gamma$	Th/U
DGS20	黄铁矿	脉状矿石	38.351	15.613	18.528	9.48	18.59	27.66	3.64
DGS20－1	黄铁矿	脉状矿石	38.346	15.610	18.533	9.47	18.37	27.20	3.64
DGS02－8	黄铁矿	脉状矿石	38.358	15.610	18.506	9.47	18.45	28.38	3.66
DGS21－1	黄铁矿	脉状矿石	38.037	15.549	18.132	9.39	15.36	28.33	3.70
ZK－21	黄铁矿	脉状矿石	38.280	15.562	18.312	9.40	15.67	29.84	3.71
DGS03－6	黄铁矿	脉状矿石	38.280	15.664	20.507	9.90	21.54	21.60	2.85
ZK－15	黄铁矿	矽卡岩型矿石	38.356	15.608	18.504	9.47	18.31	28.28	3.65
DGS17	黄铁矿	层状矿石	38.092	15.516	18.189	9.32	12.81	26.20	3.69
DGS17－3	黄铁矿	层状矿石	38.173	15.571	18.477	9.40	15.79	22.20	3.59
DGS005－12	黄铁矿	层状矿石	38.354	15.585	18.273	9.45	17.43	34.33	3.77
DGS004－12	黄铁矿	层状矿石	38.448	15.580	18.411	9.42	16.62	32.17	3.74
DGS006	磁黄铁矿	层状矿石	38.052	15.513	18.162	9.32	12.69	25.83	3.68
DGS17	磁黄铁矿	层状矿石	38.350	15.614	18.518	9.48	18.69	28.00	3.65
ZK－24	黄铁矿	斑岩型矿石	38.356	15.612	18.537	9.47	18.50	27.46	3.64
DGS002－4	黄铁矿	斑岩型矿石	38.240	15.545	18.413	9.36	14.15	24.60	3.64
DGS002－5	黄铁矿	斑岩型矿石	38.114	15.531	18.085	9.36	14.25	30.95	3.76

将冬瓜山铜（金）矿床各类型矿石铅同位素组成投影到$^{206}Pb/^{204}Pb-^{207}Pb/^{204}Pb$和$^{206}Pb/^{204}Pb-^{208}Pb/^{204}Pb$图解（图7.11，图7.12）中，可见各类型矿石铅同位素组成的投影点相对集中，并呈现一定的线性关系，暗示它们可能具有相同的来源或演化过程（梁婷等，2008）。样品DGS03－6采于断层附近，受水流体影响作用较大，在固相和水流体相共存的条件下，U比Th更倾向于流体相，因此，流体中富集U，而不富集Th。^{206}Pb、^{207}Pb和^{208}Pb分别由^{238}U、^{235}U和^{232}Th衰变而产生，因此，就引起了^{206}Pb和^{207}Pb的高异常（图7.11，图7.12）。

7.4.3 成矿物质来源

由于热液体系存在硫同位素的分馏现象，常常使沉淀的硫化物$\delta^{34}S$值不等于热液的$\delta^{34}S$值。Ohmoto（1972）根据矿物沉淀时的化学环境来估计成矿溶液的总硫同位素组成，认为如果出现黄铁矿－磁黄铁矿－方解石组合，黄铁矿的平均$\delta^{34}S$值大致相当于热液的总硫值。本区黄铁矿－磁黄铁矿－方解石组合常见，因此，认为冬瓜山铜（金）矿床黄铁矿的$\delta^{34}S$值可以近似地代表热液总硫同位素组成。

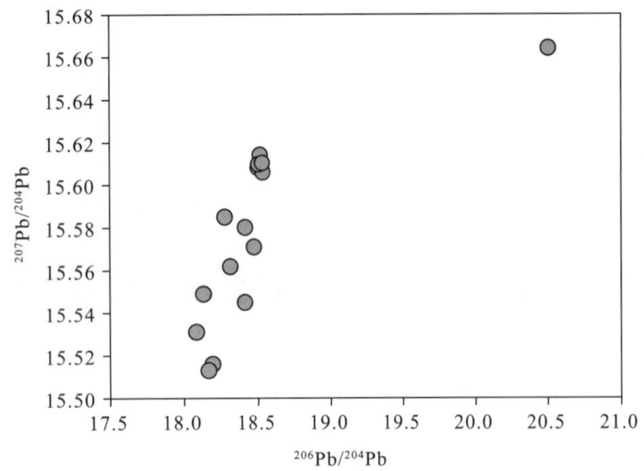

图 7.11 冬瓜山矿石$^{206}Pb/^{204}Pb-^{207}Pb/^{204}Pb$图解

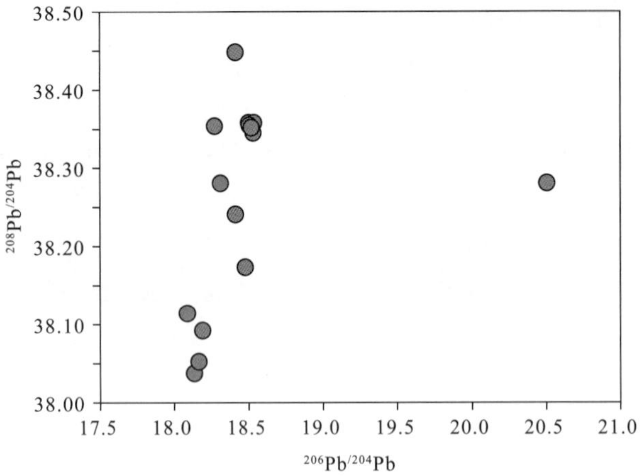

图 7.12 冬瓜山矿石$^{206}Pb/^{204}Pb-^{208}Pb/^{204}Pb$图解

本书测定的硫同位素组成，无论脉状矿石脉状矿体、矽卡岩型矿体、层状矿体还是斑岩型矿体，黄铁矿（2 个磁黄铁矿）的 $\delta^{34}S$ 值为 4.1‰～5.7‰，平均为 5.0‰，变化范围较小且基本一致（图 7.10）。黄铁矿的 $\delta^{34}S$ 值与岩体的 $\delta^{34}S$ 值（－2.2‰～5.2‰）均落入典型岩浆熔体硫同位素组成（－3‰～＋7.0‰）范围内（Ohmoto，1986；Ohmoto and Goldhaber，1997），表明本区不同类型矿体（石）中的硫与岩体中的硫具有相同的来源，均为岩浆硫。

通过与铜陵矿集区内铜官山及天马山等矿床对比（图 7.13）可以发现，冬瓜山铜（金）矿床矿体中的硫同位素组成与矿集区内典型矽卡岩型矿床矿体中的硫同位素组成基本一致，反映了区域上硫源的一致性。

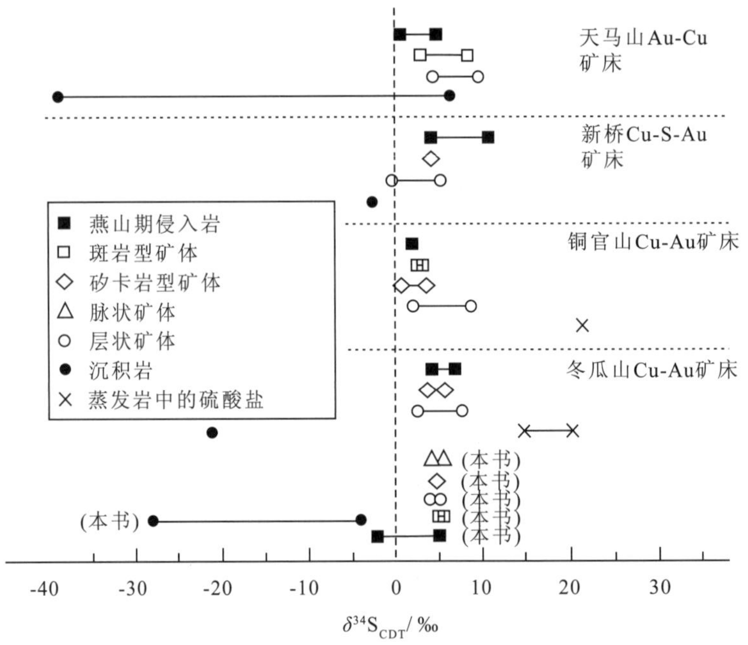

图 7.13 铜陵矿集区典型矿床燕山期侵入岩、斑岩型矿体、矽卡岩型矿体、脉状矿体、层状矿体、石炭系—二叠系沉积岩及蒸发岩中的硫酸盐 $\delta^{34}S$ 对比

（据 Pan and Dong，1999，有修改；部分数据引自刘裕庆，1984；王道华等，1986，刘裕庆等，1991；翟裕生等，1992；李文达等，1997）

由矿石铅同位素组成发现，脉状矿体、层状矿体、斑岩型矿体及矽卡岩型矿体的铅同位素之间并没有多少差别，矿石铅同位素组成的一致性表明，不同类型的矿体形成于同一地质事件（吴开兴等，2002），可能来源于同一成矿热液。

依据表7.8，绘制了冬瓜山铜（金）矿床矿石铅同位素$^{206}Pb/^{204}Pb-^{207}Pb/^{204}Pb$构造分配模式图（图7.14）和矿石铅同位素的$\Delta\gamma-\Delta\beta$成因分类图解（图7.15）。由图7.14可知，冬瓜山铜（金）矿床各类矿石铅投影点绝大多数落在造山带增长线下方，只有极少数投影点位于造山带增长线上方且紧靠造山带增长线。投影点位于造山带增长线下方的矿石铅来源于地幔或下地壳，位于造山带增长线附近为混合源铅（Stacey et al.，1983）。因此，可以推断冬瓜山铜（金）矿床铅主要为幔源铅，可能受到了地壳铅的混染。冬瓜山矿床矿石铅同位素特征参数Th/U、μ值分别为3.59～3.77、9.32～9.48。其中，Th/U值与中国大陆中新生代长石平均铅同位素演化的模式计算结果（Th/U=3.60）非常接近（李龙等，2001）；μ值与张理刚（1988）计算的长江中下游地区（下扬子省）中生代中酸性岩（花岗闪长岩、花岗岩）长石铅同位素μ值相符（9.1～9.6）。暗示本区矿石铅同位素组成与长江中下游地区中生代中酸性岩浆岩具有相同的铅同位素组成，两者具有同源性。由图7.15可知，本区矿石样品的投影点均落入到3a岩浆作用范围内，表明矿床中铅主要为与岩浆作用有关的幔源铅，同时也有壳源铅的加入。

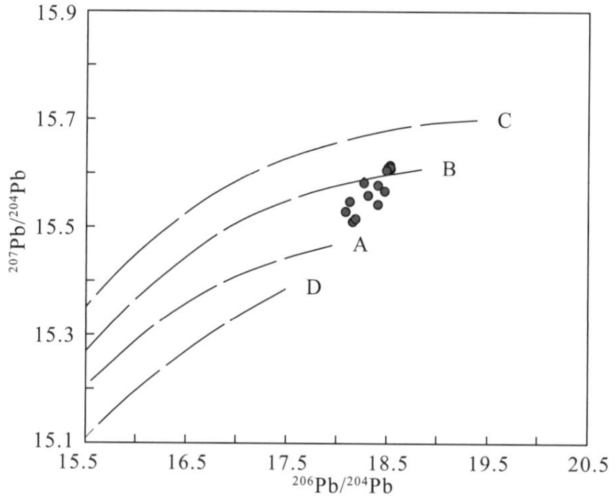

图7.14 冬瓜山铜矿床矿石铅同位素构造模式图

（据Zartman and Doe，1981）

A—地幔（Mantle）；B—造山带（Orogene）；C—上地壳（Upper Crust）；D—下地壳（Lower Crust）

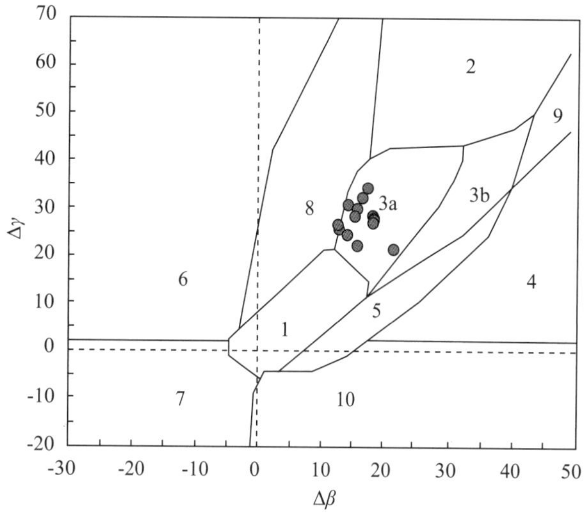

图7.15 冬瓜山铜矿床矿石铅同位素$\Delta\beta-\Delta\gamma$成因分类图解

（据朱炳泉，1998）

1—地幔源铅；2—上地壳铅；3—上地壳与地幔混合的俯冲带铅（3a—岩浆作用，3b—沉积作用）；4—化学沉积型铅；5—海底热水作用铅；6—中深变质作用铅；7—深变质下地壳铅；8—造山带铅；9—古老页岩上地壳铅；10—退变质铅

第8章 成矿地质条件及控矿因素

8.1 成矿地质条件

8.1.1 地层与成矿的关系

矿区出露的地层较为齐全，其中与冬瓜山矿床成矿较为密切的主要为上泥盆统五通组石英长石砂岩、石英岩、角岩及页岩，中-上石炭统黄龙组—船山组碳酸盐岩及下二叠统栖霞组沥青质灰岩、硅质岩。层状矿体主要产于中-上石炭统黄龙组—船山组中，上泥盆统五通组为其底板，下二叠统栖霞组为其顶板。

由微量元素地球化学特征可知，未蚀变地层中成矿元素 Cu 含量最低，仅为 11.7×10^{-6}，大理岩 Cu 含量为 14.0×10^{-6}，含量均远远低于维氏值；而未蚀变围岩中 Fe 的含量仅为 0.2×10^{-6}，大理岩中为 0.46×10^{-6}，可见地层中主要成矿元素较为亏损，不具备提供可以形成工业矿体的成矿物质的能力。杜轶伦（2013）对区域上各时代地层成矿元素做了高分辨率电感耦合等离子质谱（ICP-MS）分析，认为区域上地层中成矿元素不具有形成有规模矿体的潜力。S、Pb 同位素测试结果表明，本区成矿物质来源于深部，与岩浆活动关系密切，与地层关系不大。

虽然矿区内矿床的产出与一定的层位有关，地层与矿体之间的这种空间关系是由地层岩性、构造及岩体侵位作用共同引起的，并是地层本身成矿元素的聚集而造成的。印支运动形成了本区不同层次和规模的层间滑脱构造；燕山期强烈的断裂活动引发了强烈而广泛的中酸性岩浆热液活动，导致岩体沿层间滑脱构造充填、侵位，并与围岩发生接触交代作用，本区中-上石炭统黄龙组—船山组以碳酸盐岩为主，易于与中酸性岩浆发生接触交代作用，而作为良好的容矿层位，本区中-上石炭统黄龙组—船山组几乎完全被层状矿体所取代，说明岩浆与围岩之间的接触交代作用较为强烈。虽然主矿体整体呈层状产于黄龙组—船山组内，矿体的形成却是在岩浆与围岩发生接触交代作用过程中形成的，因此，层状矿体内石榴子石、透辉石、蛇纹石以及绿帘石等矽卡岩矿物发育。

构造活动和岩体的侵位作用使石炭系黄龙组—船山组提供了有利的空间位置，加之顶底板硅质岩、石英岩及页岩地层渗透性差，阻挡了成矿热液的扩散，促进了成矿热液与石炭纪碳酸盐岩的接触交代作用。由此可知，地层对成矿的控制作用主要表现在以其有利的层位、岩性以及活泼的化学性质和屏蔽作用为矿质的就位、沉淀和矿体的定位提供了良好的空间位置。

8.1.2 构造与成矿的关系

矿区出露构造主要包括褶皱、断裂及层间滑脱构造，其中，褶皱构造主要为青山背斜，断裂构造主要包括近南北向、近东西向及北北东向 3 组断裂。

中三叠世—新生代本区进入板内变形阶段，印支期以褶皱变形运动为主，形成了本区以北东向"S"形褶皱群及不同层次和规模的层间滑脱构造为主体的基本构造格局，本区最为典型的即为大通-顺安复向斜及其次级褶皱青山背斜。青山背斜在褶皱变形过程中，因受水平应力不均匀以及不同时代、不同岩性、不同厚度的地层差异性影响，常在 $C_{2+3}h-c/D_3w$、P_1g/P_1q、P_2d/P_2l、T_1l/P_2d 等岩石力学性质相对差异较大的界面上发生滑脱，形成层间滑脱空间，为矿体的定位提供良好的容矿空间。青山背斜控制了层间滑脱构造的形态、产状的变化及规模大小，层间滑脱构造控制了矿体的产出状态及规模大小。因此，青山背斜和层间滑脱构造是本区重要的控矿构造。

燕山期区内以断块变形为主，并伴随强烈的断裂活动，进而引发了大规模的中酸性岩浆热液活动。本区近南北向、东西向断裂是岩浆热液上侵的通道，也是岩体定位的有利空间，区内辉石闪长岩、闪长岩及石英闪长岩等岩体均是沿断裂侵位而形成的，近南北向、东西向断裂是本区重要的控岩构造，也是重要的导矿构造，控制着成矿物质、成矿流体的运移和侵位。

不同形式、不同级别的构造对成矿岩体的形成和就位、成矿流体的运移和聚集以及矿体的形成和定位均起到了至关重要的作用，是成矿最重要的控制因素。其中青山背斜和石炭系的层间滑脱构造控制了矿床和主要矿体的形成和定位，是最主要的控矿构造。

8.1.3 岩浆岩与成矿的关系

矿区出露的岩浆岩为青山脚石英闪长岩岩体，由岩石化学特征可知，成矿岩体典型的“I”型花岗质岩类，源岩物质具有深源性，超高的 Sr 含量指示本区中酸性岩浆是由幔源高钾碱性玄武岩浆演化而来。由岩体微量元素地球化学特征可知，本区岩体中成矿元素 Cu 的含量平均值为 313.8×10^{-6}，最高可达 1030×10^{-6}，高于维氏值近两个数量级；Fe 的平均含量为 38645.5×10^{-6}，远大于未蚀变围岩及大理岩中 Fe 的含量（分别为 0.2×10^{-6} 和 0.46×10^{-6}），说明本区岩体具有提供成矿物质的能力。本区矿石硫同位素组成与围岩硫同位素组成明显不同，而与岩体硫同位素组成相当（图 7.11）；铅同位素组成特征表明，本区铅主要与岩浆作用有关，来自地幔源区，但可能有部分地壳铅的混入；由 H、O 同位素特征可知，本区成矿流体主要来源于岩浆水，后期有大气降水的混入。综合以上特征可知，本区矿体的形成与岩浆活动有密切的成因联系。

综合以上分析可知，燕山期岩浆活动为本区提供了大量的成矿物质、成矿流体以及热量，燕山期青山脚岩体为本区成矿母岩，是成矿的首要因素；近南北向、东西向断裂是成矿物质、成矿流体运移的通道；青山背斜及石炭系中发育的层间滑脱构造控制了矿体的形态、产状及规模大小，是重要的控制因素；地层为成矿物质的沉淀，矿体的定位提供了有利的空间。本区矿床是在岩体、构造及地层的联合控制下形成的。

8.2 关键控矿因素分析

1）中酸性岩浆岩：矿区出露的岩浆岩为燕山期中酸性石英闪长岩岩体，是燕山期岩浆活动的产物，燕山期岩浆活动为本区带来了大量成矿物质，在岩浆演化及岩体形成过程中，成矿元素 Cu、Fe、Au 等不断聚集，并在有利的构造位置卸载成矿。另外，燕山期中酸性岩浆岩也是本区斑岩型铜、金矿床的容矿岩体。

2）围岩：与矿体产出有关的围岩主要为上泥盆统五通组石英长石砂岩、石英岩、角岩及页岩，中－上石炭统黄龙组—船山组碳酸盐岩及下二叠统栖霞组沥青质灰岩、硅质岩。由于各地层力学性质不同，在岩性变化界面容易产生层间滑脱空间，本区层状矿体就产于石炭系内，即泥盆系与二叠系之间的层间滑脱空间内，而泥盆系与二叠系起到了良好的隔挡作用。

3）围岩蚀变：矿区内热液蚀变强烈，冬瓜山矿床内的各种金属矿物的富集与矽卡岩化、蛇纹石化、硅化、钾化有密切的成因联系，围岩蚀变强烈部位是成矿热液相对集中部位，也是富矿体产出部位。

4）控矿构造：近南北向、东西向断裂是成矿热液上升侵位的通道，控制了岩浆活动及岩体的就位，是重要的控岩构造和导矿构造；北东向青山背斜及石炭系内的层间滑脱构造控制了矿体的产出状态、形态及规模大小，是本区重要的容矿构造、控矿构造。另外，接触带构造（包括超覆构造、凹部构造、捕虏体构造、波状起伏界面、不规则界面等）也是本区重要控矿构造，往往形成矽卡岩型矿体。

第9章　矿床成因及成矿模式

9.1　矿床成因

岩相古地理条件：海底喷流沉积型矿床一般产于拉张构造环境，徐志刚（1985）指出，长江中下游地区从寒武纪到早三叠世一直处于比较稳定的状态，这与常印佛等（1991）划分的震旦纪—早三叠世为盖层沉积阶段相一致，其内有连续沉积的浅海相碳酸盐岩和碎屑岩。黄志诚（1999）对铜陵及长江两岸一带40多条石炭系沉积剖面进行了研究，认为苏皖沿江地区石炭纪威宁期为稳定克拉通浅陆表海台地碳酸盐岩沉积区，而非断裂拗陷带。李文达（1989）从多方面论证石炭系也不具备海底火山喷发、喷气，热卤水成矿的构造环境。因此，冬瓜山铜（金）矿床为喷流沉积成因的可能性很小，成矿物质来源也不可能是容矿围岩。

矿体特征：主矿体形态为沿中-上石炭统黄龙组—船山组充填交代的层状矽卡岩型矿体。矿石中金属矿物主要有黄铜矿、磁黄铁矿、黄铁矿、磁铁矿；非金属矿物主要有石榴子石、透辉石、绿帘石、镁橄榄石、透闪石、粒硅镁石、蛇纹石等，次有阳起石、方解石、石英、绿泥石等。矿石结构主要包括自形-半自形中粗粒粒状结构、交代填隙结构、交代溶蚀结构、交代筛状结构等，其次为自形晶结构、包含结构等。矿石构造主要为块状构造、脉状构造、条带状构造、浸染状构造等。从矿体形态、矿物成分及矿石组构等方面来看，冬瓜山矿床符合矽卡岩型矿床的基本特征。

矿化特征：冬瓜山主矿体位于青山背斜轴部，在岩体附近矿体厚度增大，品位变高。且层间矽卡岩厚度以及矿体厚度的横向变化均自岩体向北西部逐渐变薄并尖灭，说明矿体的形成与岩体关系密切。另外，层状矿体底板五通组砂岩地层中仅局部可见少量的细脉状金属硫化物，未见大规模的网脉状矿体，不具有喷流沉积矿床的“双层结构”，也未见筒状含矿蚀变体。

围岩蚀变及岩石特征：该区围岩蚀变主要为矽卡岩化、钾化、硅化、蛇纹石化、碳酸盐化、硬石膏化、绿泥石化等，未见重晶石化、电气石化及钠长石化，从岩体到围岩蚀变分带依次为岩体—石英钾长石化带—石英绢云母化带—泥化带+青磐岩化带—矽卡岩化带—角岩化带—大理岩（大理岩化灰岩）—灰岩。主要发育石榴子石、透辉石、绿帘石、镁橄榄石、透闪石、粒硅镁石、蛇纹石等矽卡岩以及角岩、大理岩等，未见条带状含电气石岩或电气石岩、重晶石岩等典型的喷流岩及薄层状凝灰岩（徐克勤等，1996）。

岩浆活动：本区燕山期岩浆活动强烈，出露岩体主要为青山脚岩体、狮子山岩体以及包村岩体等，与冬瓜山铜（金）矿床成矿关系密切的主要为青山脚岩体。青山脚岩体Rb-Sr等时线年龄为135.8±1.1 Ma（Xu et al.，2005）；徐晓春等（2008）利用锆石SHRIMP U-Pb定年，测定岩体成岩年龄为135.5±2.2 Ma；Xu等（2005）对冬瓜山层状矿体中的脉状石英包裹体进行Rb-Sr法定年，得出成矿时代为134±11 Ma。狮子山矿田辉钼矿Re-Os年龄、冬瓜山铜（金）矿床热液改造型成矿流体的Rb-Sr等时线年龄分别与岩浆岩的锆石U-Pb年龄、全岩Rb-Sr年龄较为相近，135～140 Ma（刘经华等，2009）。冬瓜山矿床的成矿年龄与岩体年龄相接近，说明成矿是伴随成岩过程或者在成岩之后较短时间内发生的，亦与整个区域上的成矿年龄相符。

控矿因素：由关键控矿因素可知，本区矿床的形成是岩浆活动、构造及地层联合控制的结果。燕山期岩浆侵入活动是本区矿床形成的首要因素，各类型构造是重要控制因素。中-上石炭统黄龙组—船山组碳酸盐岩地层以其有利的岩性条件为矿体的定位提供了良好的容矿空间，泥盆系五通组石英岩、页岩及二叠系栖霞组硅质岩渗透性差，阻挡了成矿热液的散失，为成矿热液的聚集起到了良好的促进作用。

成矿作用及成矿阶段：根据冬瓜山矿物组合及矿石组构可知，本区矿石结构主要以交代结构为主，构造以块状、脉状及浸染状为主，体现了接触交代作用的特征。冬瓜山铜（金）矿床主要成矿阶段包括斑岩成矿阶段、矽卡岩阶段、退化蚀变成矿阶段及石英－碳酸盐阶段，形成斑岩型矿体、层状矿体、矽卡岩型矿体，该矿床不同类型的矿体为同一热液成矿系统不同演化的结果。

成矿物质来源：由微量元素地球化学特征可知，本区地层不具有提供成矿元素聚集成有规模矿体的能力，更不具备形成冬瓜山大型矿床的能力；由稀土元素地球化学特征可知，矿石与岩体稀土元素均表现出幔源性质；浅成热液充填矿床或喷流沉积矿床通常表现出正 Eu 异常（肖荣阁等，2008），该区矿石 Eu 值为 0.85，为负异常，表现出与喷流沉积矿床相反的特征，因而本区矿石表明本区成矿物质具有深源岩浆热液。各类矿石 $\delta^{34}S$ 同位素组成为 +4.10‰～+5.70‰，与岩体的 $\delta^{34}S$ 值（－2.2‰～5.2‰）基本重叠，均落入典型岩浆熔体硫同位素组成（－3‰～+7.0‰）范围内（Ohmoto，1986；Ohmoto et al.，1997），与围岩硫同位素组成（－4.6‰～－79.5‰）明显不同，表现出岩浆硫的组成特点；由 Pb 同位素测试结果（表 7.9）可知，各类型矿石铅同位素组成一致，表明冬瓜山铜（金）矿床矿体与区域上的中酸性侵入体具有相同的铅同位素来源。

成矿流体来源：流体包裹体液相成分表明，阳离子 Ca^{2+} 含量最高，Na^{+} 含量次之，K^{+} 含量最少，与本区岩体富钠特征相符合；阴离子中 Cl^{-} 和 SO_4^{2-} 含量较高，F^{-} 含量最少，与典型岩浆热液矽卡岩矿床成矿流体富 Cl^{-}、Mg^{2+} 和 Ca^{2+}，而贫 K^{+} 和 Na^{+}（姚鹏等，2006）的特征一致；另外，本区成矿流体不含 Mg^{2+}，而地层却存在白云岩、白云质灰岩，说明了冬瓜山铜（金）矿床成矿流体并没有地层水的混入。各成矿阶段石英 δD_{V-SMOW} 为 －71.5‰～－84.0‰，$\delta^{18}O_{V-SMOW}$ 为 －15.5‰～－20.1‰，$\delta^{18}O_{H_2O}$ 为 4.51‰～8.97‰；方解石 δD_{V-SMOW} 为 －60.9‰～－70.7‰，$\delta^{18}O_{V-SMOW}$ 为 －18.1‰～－18.2‰，$\delta^{18}O_{H_2O}$ 为 4.41‰～4.91‰。暗示成矿流体主要为岩浆来源。

矿物标型：本区黄铁矿 Se 的含量大于沉积型黄铁矿的 Se 含量（$0.5\times10^{-6}\sim2\times10^{-6}$），S/Se 值均低于沉积型黄铁矿的 S/Se 值（$250000\times10^{-6}\sim500000\times10^{-6}$），与岩浆热液成因的黄铁矿 Se 的含量及 S/Se 值接近；Co、Ni 含量变化较大，Co/Ni 比变化也较大，且均大于 1；在 Co－Ni 关系图解中，黄铁矿均投影在岩浆热液成因区域内。磁黄铁矿 Fe 原子百分数最高为 48.35%，具有陨硫铁的特征；几乎不含 Ni，而 Co 的含量为 0.06%～0.145%，Se、Te 的平均含量为 94.6×10^{-6}、201.8×10^{-6}，Co、Ni、Se、Te 含量与矽卡岩型铜矿床的磁黄铁矿基本一致。以上特征暗示冬瓜山矿床磁黄铁矿为矽卡岩型成因的磁黄铁矿。

冬瓜山矿床磁铁矿 TiO_2、Al_2O_3、MnO、CaO 和 Cr_2O_3 的含量较少，而 MgO 的含量相对较高，其标型化学成分与接触交代型（矽卡岩型）矿床的磁铁矿一致，磁铁矿成因图解可以看出，冬瓜山铜（金）矿床各类型磁铁矿成因类型相同，都与岩浆热液有关。

综合以上特征认为，冬瓜山铜（金）矿床是受岩浆活动、地层岩性及不同类型构造联合控制的斑岩－矽卡岩型矿床。

9.2 成矿过程

H_2O 和 CO_2 的比值常可以反映成矿作用的强度和成矿有利程度（何明勤等，2004；傅晓明等，2010），其值越小，成矿作用越强、成矿越有利。本区矽卡岩阶段 H_2O/CO_2 值在 6.28～24.06 之间，平均值为 15.18；退化蚀变成矿阶段 H_2O/CO_2 值在 2.91～5.56 之间，平均值为 4.11；石英－碳酸盐阶段 H_2O/CO_2 值为 6.71。H_2O/CO_2 值在退化蚀变成矿阶段最小，说明在该阶段成矿作用强度最大，是矿质沉淀的主要阶段；矽卡岩阶段、石英－碳酸盐阶段 H_2O/CO_2 值较大，这两个阶段成矿作用相对较弱。矽卡岩阶段主要以生成矽卡岩矿物为主，石英－碳酸盐阶段主要以生成石英、方解石和少量金属硫化物为主，研究结果与矽卡岩型矿床的成矿作用特征相吻合。

矽卡岩阶段和退化蚀变成矿阶段的石榴子石和石英中均存在Ia、Ib、IIa和IIb型多种类型的流体包裹体共存的现象，且均一温度相近、均一方式不同，说明成矿流体经历了不混溶或沸腾作用（卢焕章等，2004）。流体的沸腾作用是矿质从成矿流体中分离的重要机制（Roedder，1984；张德会，1997；Cox et al.，2001；Hagemann and Luders，2003；陈衍景等，2007；胡芳芳等，2007；李诺等，2007；李文博等，2007；武广等，2009；Klemm et al.，2008）。

早期深部高温高压条件下，二氧化碳与含水热液完全混溶，当运移到地壳浅部时，原始高温高压成矿流体遭受构造活动，特别是断裂构造活动，使压力骤然释放，温度也随之降低，这样就导致流体向开放体系转化，H_2S溶解度增加，使H^+和S^-的浓度增加，H^+和$[HCO_3]^-$反应，产生大量的CO_2（胡祥昭等，2003）。二氧化碳从含水流体中大量分离出来，引起含水流体与二氧化碳发生不混溶现象，导致早期矽卡岩矿物的退化蚀变作用和矿物质的沉淀（Anthony et al.，1989；Cox et al.，2001；Hagemann et al.，2003）。H^+和$[HCO_3]^-$反应，消耗了大量的H^+，残留的大量S^-与Cu^{2+}和Fe^{2+}结合生成黄铜矿及黄铁矿等金属硫化物。

根据矿物组合的穿插、交代关系，结合流体包裹体研究结果，本区主矿体成矿过程大致如下：岩浆热液沿构造裂隙上侵过程中，与周围岩石发生接触交代作用，生成石榴子石、透辉石和镁橄榄石等矽卡岩矿物，早期成矿热液随之产生，随着矽卡岩矿物的大量生成，流体的上升，不同类型流体的混合以及压力的下降，导致成矿流体发生不混溶作用，使早期生成的矽卡岩矿物发生退化蚀变作用，分解出大量铁质，在高温条件下生成磁铁矿（徐兆文等，2005）。成矿流体的向上运移，导致成矿流体的压力及温度快速下降，随着温度和压力的降低，加之外界流体的混入，成矿流体再次发生不混溶，承载成矿物质的配合物的稳定性遭受破坏，从而促使金属硫化物在有利的构造位置大量淀积成矿（芮宗瑶等，1984）。另外，岩浆热液由高温向低温演化过程中，岩浆热液大量H_2S与Fe^{2+}、Cu^{2+}发生反应生成大量的黄铜矿、黄铁矿、磁黄铁矿等金属硫化物，进一步导致矿质的沉淀。早阶段镁质矽卡岩矿物的退化蚀变作用，生成大量的蛇纹石、透闪石、绿帘石、滑石等非金属矿物，形成蛇纹石、滑石、黄铜矿、黄铁矿、磁黄铁矿组合，在特定的环境及部位经自组织作用形成具有纹层状或曲卷状构造的矿石（毛景文等，2009；刘忠法等，2014）。到石英－碳酸盐阶段，外界流体混入成分显著增加，成矿流体的温度进一步降低，成矿流体系统逐渐冷却，只有少量的H_2S与Fe^{2+}、Cu^{2+}发生反应，金属硫化物少量生成，成矿过程逐渐结束，该阶段方解石大量生成，石英次之。由此可见，矽卡岩阶段和退化蚀变成矿阶段是本区的主要成矿阶段，石英－碳酸盐阶段只是对矽卡岩阶段和退化蚀变成矿阶段成矿物质的沉淀起到了一定程度的叠加富集作用。

9.3 成矿模式

9.3.1 成矿动力学背景

9.3.1.1 前震旦纪基底形成阶段

铜陵矿集区前震旦纪为结晶基底形成阶段，该阶段地壳活动强烈，经历了多次褶皱造山运动（中条运动、武陵运动和晋宁运动），地层变形强烈，具明显多期次变形的特点，主要表现为陆相碎屑岩建造，砂泥质、泥钙质及钙质类复理石建造以及基性－酸性火山岩建造等。发生于850 Ma的晋宁运动引起前寒武纪建造的广泛褶皱、花岗岩化和变质作用（Ma and Ge，1989），导致本区变质基底发生变形并基本固结。该阶段岩浆活动及成矿作用微弱。

9.3.1.2 震旦纪—早三叠世盖层发育阶段

加里东运动以来，中国大陆构造表现为普遍的张裂，扬子板块和华北板块发生解离，铜陵矿集区主要以地壳的升降振荡运动为主，处于滨海潮坪沉积环境（常印佛等，1991；翟裕生等，1992；万天丰等，2004），该阶段经历了加里东、华力西、印支三大旋回。加里东旋回以大面积地壳升降运动为主，以加里东晚期运动最为强烈，形成大规模的隆起和坳陷；华力西-印支旋回以频繁的振荡运动为主（安徽省区域地质志，1987；刘文灿等，1996），其中，晚古生代石炭纪主要以海侵为主。该阶段较强的褶皱变形活动，形成了大别地块和江南地块之间的弧形褶皱系统，构成长江中下游地区最重要的盖层褶皱构造，由于南东-北西向侧压力及左旋剪切作用，使区内北西西、北西向褶皱在九江等地转变为北东、北东东向褶皱（翟裕生等，1999）。

9.3.1.3 中三叠世—新生代板内变形阶段

中国东部中生代大规模成矿作用主要集中在200~160 Ma、140 Ma和130~110 Ma三个时期，控制成岩成矿作用的地球动力环境经历了构造体制转换和岩石圈大规模拆沉作用（华仁民等，1999；毛景文等，2003，2003a），主构造格局由近东西向转为北东—北北东（周涛发等，2008）。吕庆田等（2004）总结认为长江中下游地区自二叠纪末经历了碰撞挤压、拆沉伸展、底侵熔融等地球动力学过程。也有学者认为长江中下游地区受古特提斯构造域和古太平洋构造域两种动力学体系复合控制（陶奎元等，1998；周涛发等，2000）。

长江中下游地区受三叠纪印支期运动和侏罗纪燕山运动两期构造应力场控制，经历了由板缘到板内，由挤压到伸展的构造转化过程，由挤压到伸展的转化阶段（140~130 Ma）引发了大规模岩浆火山活动和成矿作用（董树文等，1991，2007，2011；Schmid et al.，1999）。陈衍景（1997，1998，1999）等提出长江中下游地区铜金矿床的成矿动力学背景为碰撞造山作用的挤压-伸展转变期，壳幔相互作用强烈。壳幔作用诱发了地幔隆起带及其附近的部分熔融作用，随后的裂解和伸展作用，引起了大规模的岩浆侵入、火山作用和金属成矿作用（周涛发等，2000），李文达等（1998）认为大规模火山侵入作用和成矿作用主要发生在大陆伸展-地壳减薄期。

中生代以来长江中下游地区表现为强烈的构造运动和频繁的岩浆活动，存在多期次岩浆-构造-成矿事件（Chen et al.，2001）。成岩成矿时代主要集中在145~120 Ma之间（周涛发和，2000；陈江峰等，2005；Zhou et al.，2008），岩浆岩可分为与铜-金-钼-铁多金属矿化有关的高钾钙碱性系列（Pei et al.，1995；Xie et al.，2008；Zhou et al.，2007）、橄榄安粗岩系列（王德滋等，1996）和碱性花岗岩（A型花岗岩）系列（邢凤鸣和徐祥，1999；唐永成等，1998；范裕等，2008），高钾钙碱性系列岩石和橄榄粗安岩系列岩石是经过部分熔融和地壳的同化混染作用形成的，而碱性花岗岩系列岩石是交代地幔部分熔融的闪长质岩浆经过高压分离结晶作用形成的（陶奎元等，1998）。岩体多为以复式岩体为主，主要表现为花岗闪长岩、（石英）闪长岩和流纹岩-安山岩-安玄岩-玄武岩组合（李兆鼐等，2002；张荣华等，2002）。长江中下游地区不同岩浆岩系列的形成是在不同构造体制下形成的，具体表现为：中生代早期（145~136 Ma）构造机制以走滑挤压作用为主，形成与高钾钙碱性岩系有关的铜金矿化；晚期（135~127 Ma）以走滑引张作用为主，形成与橄榄安粗岩有关的铁硫矿化；末期（145~136 Ma）以引张作用为主，出现碱性火山岩和A型花岗岩类，并伴随铁、金、钼矿化（常印佛等，2012）。宋传中等（2011）认为长江中下游转换构造结内燕山期岩浆活动明显受区内构造格局控制，以北西向和北东向展布为主。

长江中下游地区大规模的岩浆活动和成矿作用受中生代以来构造体制转化过程控制，但具体受何种构造动力控制依然是仁者见仁智者见智。

本书根据冬瓜山的典型剖面建立了二维的成矿动力学模型（图版I.16），模型综合考虑了以下地质条件：①岩性条件：建立了7个单元，包括5个地层单元，1个侵入岩单元及1个断层单元，各种岩石参数和条件参考本区域成矿动力学模拟的相关文献（Liu and Zhao，2010；孙涛，2010；赵义来，2012）（表9.1）；②构造条件：$C_{2+3}h-c$顶部和底部建立两条断层，用于模拟层间滑脱构造；③岩浆岩条件：由于成矿流体主要来自岩浆水，因此，在闪长岩单元中施加流体通量，设置流体从岩浆岩中流向围岩。

通过时间控制的模拟计算，获得了模型的体应变增量和流体矢量图（图版I.17），从图中可以看出，矿体所在的中-上石炭统为体应变增量最大的地方，同时，只有这个层位有流体大量汇聚。五通组与黄龙组是一个不整合界面，流体易于流通，加上受力强和岩性易于受交代，构成了一个良好的储矿层位。前人的研究表明：同时产生强扩容作用和流体汇聚的地段是最有利于成矿的部位（Liu and Zhao，2010；Liu et al.，2011，2012）。因此，模拟的结果说明，冬瓜山矿床位于中－上石炭统的层状矿体的形成是地层、构造、岩浆岩多种地质要素综合作用的结果。

表 9.1　冬瓜山矿床动力学模拟参数表

岩石及构造单元	密度 (kg·m^{-3})	体积模量 10^{10}Pa	剪切模量 10^{10}Pa	黏聚力 10^6 Pa	抗张强度 10^6 Pa	内摩擦角 (°)	扩容角 (°)	渗透率 (10^{-12}m^2)
下三叠统	2510	2.8	1.8	2.8	1.5	30	20	90
上二叠统	2560	8.6	4.8	6.4	4.1	38	15	22
下二叠统	2510	6.0	3.4	4.2	4.0	30	16	14
中－上石炭统	2560	4.8	3.2	3.8	3.5	40	35	42
上泥盆统	2510	9.6	5.9	8.0	5.6	32	22	80
岩体	2590	1.65	0.92	1.9	1.2	34	22	52
断层	2580	0.233	0.125	0.35	0.12	15	40	150

9.3.2　成矿模式

9.3.2.1　*矿床描述性模式*

通过对该矿床地质特征、矿床地球化学特征、成矿物质来源、成矿流体来源、成矿地质条件及控矿因素等多方面的分析，矿床描述性模式可以概括如下：

1）成矿岩体：青山脚石英闪长岩及斑状石英闪长岩。

2）含矿地层：中－上石炭统（C_{2+3}）黄龙组—船山组碳酸盐岩；矿体顶板为下二叠统栖霞组硅质岩，底板为泥盆系五通组（砂）页岩、石英岩。

3）成矿物质来源：主要来源于上地幔，少量地层物质参与到了成矿系统。

4）成矿流体来源：岩浆水为主，后期混入大气降水。

5）搬运通道：深部基底断裂，浅部近东西向、北东向及北北东向网格状构造。

6）物理化学条件见表 9.2。

表 9.2　冬瓜山矿床物理化学条件

阶段	温度/℃	盐度/%	压力/10^5Pa	密度/（g·cm^{-3}）	pH
矽卡岩阶段	319～548	5.9～43.3	219～661	0.86～0.98	6.46
退化蚀变成矿阶段	220～450	1.4～41.9	26～190	0.66～1.08	6.41

7）成矿物质沉淀机制：物理化学条件的改变及流体的不混溶（沸腾）作用。

8）关键控矿因素：①中酸性青山脚石英闪长岩及斑状石英闪长岩；②基底断裂及东西向、南北向及北北东向网格状构造；③石炭系层间滑脱带及泥盆系五通组和下二叠统栖霞组隔挡层；④岩体与围岩间的接触带构造。

9.3.2.2　*矿床成因模式*

铜陵矿集区经历了前震旦纪基底形成阶段、震旦纪—早三叠世板块迁移及沉积盖层稳定发展阶段、中－晚三叠世至新生代碰撞造山及造山后板内变形阶段，形成了本区近东西、南北向基底断裂以及北北东、北东、东西向控岩控矿断裂和北东向褶皱，从而形成了区内复杂的网格状构造系统。印支期受区域上近南北向应力的挤压，在 D_3w 与 P_1q 等岩石力学性质差异较大的界面上发生滑脱拆离，为后期成矿热液的聚集与矿体的定位提供空间。

中生代以来，下扬子地区发生大规模岩石圈减薄及强烈的壳幔相互作用（邓晋福，1999）。壳幔作用诱发了地幔隆起带及其附近的部分熔融作用，随后的裂解和伸展作用，形成了深部碱性玄武质原始岩浆（周涛发等，2000）。原始碱性玄武岩浆沿基底断裂上升侵位，在上侵与演化过程中，原始岩浆自身发生结晶分异并且与地壳发生同化混染，形成闪长质岩浆，并在 10 km 左右的深—浅变质岩过渡带（毛景文等，2006）形成中部岩浆房，碱性玄武质岩浆经过结晶分异与地壳的同化混染作用，形成高钾钙碱性系列中酸性岩浆，岩浆挥发分组分增加、Cu 等成矿物质开始聚集。在高压力驱动下，中位岩浆房中的岩浆沿断裂构造系统继续上侵，岩浆结晶分异与同化混染作用继续进行，岩浆中不断分异含矿气水溶液，岩浆中成矿流体、成矿物质含量大量增加，形成含矿岩浆气液。随着岩浆侵位部位的上升、压力温度的进一步降低，岩浆在断裂构造内逐渐冷凝固结，形成中酸性侵入体，磁铁矿和黄铁矿、黄铜矿、磁黄铁矿等金属硫化物也随之沉淀结晶，呈浸染状、细脉状分布于侵入体中。在中酸性岩浆固结成岩的过程中，岩浆气液与石炭纪碳酸盐岩地层相遇，发生接触交代作用生成石榴子石、透辉石、镁橄榄石等矽卡岩矿物，由于外界流体的混入及压力的降低，成矿流体发生第一次沸腾，加之与地层发生物质成分的交换，岩浆内的矿质浓度进一步增加。矽卡岩生成之后，开始发生矽卡岩矿物的热液蚀变改造及侵入岩造岩矿物的水解作用，生成退化蚀变岩。在此过程中，当含矿流体进入 D_3w 与 P_1q 之间的层间滑脱带时，由于压力的急剧降低，CO_2 及 H_2O 等挥发分大量逸失，成矿流体发生第二次沸腾，承载成矿物质的配合物的稳定性遭受破坏，从而促使金属硫化物在有利的构造位置大量淀积成矿（芮宗瑶等，1984），生成磁铁矿体，由于硫化物熔点较低，而后生成，沿 C_{2+3} 地层形成层状矿体。在早期矽卡岩退化蚀变过程中与金属硫化物在特定部位（镁质矽卡岩产出部位）形成层纹状及曲卷状矿层，构成蛇纹石 - 透闪石 - 绿帘石 - 滑石 - 金属硫化物组合。

随着成矿流体的演化及大气降水的不断增加，成矿温度进一步降低，成矿流体系统逐渐冷却，另外，矿质成分经过长期大量沉淀，矿质浓度逐渐降低，只有少量的金属硫化物沉淀成矿，成矿作用逐渐结束，成矿作用末期主要生成方解石、石英。

包括冬瓜山在内的铜陵矿集区，矿床的形成主要与燕山期岩浆活动关系密切，成矿物质及成矿流体主要来源于岩浆，早期沉积只是起到 S、Fe 等元素的预富集，形成矿化地层，经燕山期成矿流体的萃取，参与到成矿系统中。成矿模式见图 9.1。

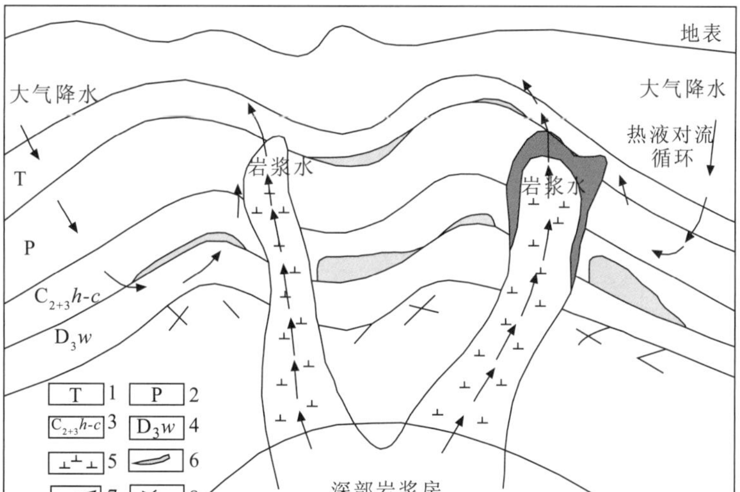

图 9.1　冬瓜山矿床成矿模式图

1—三叠纪灰岩、页岩及角岩；2—二叠纪硅质岩、页岩及角岩；3—中 - 上石炭统黄龙组—船山组碳酸盐岩；4—上泥盆统五通组砂岩；5—燕山期中酸性岩体；6—层状硫化物矿体；7—斑岩型矿体；8—五通组金属硫化物脉

第3篇　新桥铜－硫－铁矿床

第10章　新桥矿区地质特征

10.1　新桥矿区地层

矿区出露的地层自上泥盆统至下－中三叠统均有出露（图10.1）。矿区东部地层走向北东，倾向北西，倾角上部约为50°，下部约为20°；矿区西部地层走向北西，倾向北东，倾角10°～20°。其特点分述如下：

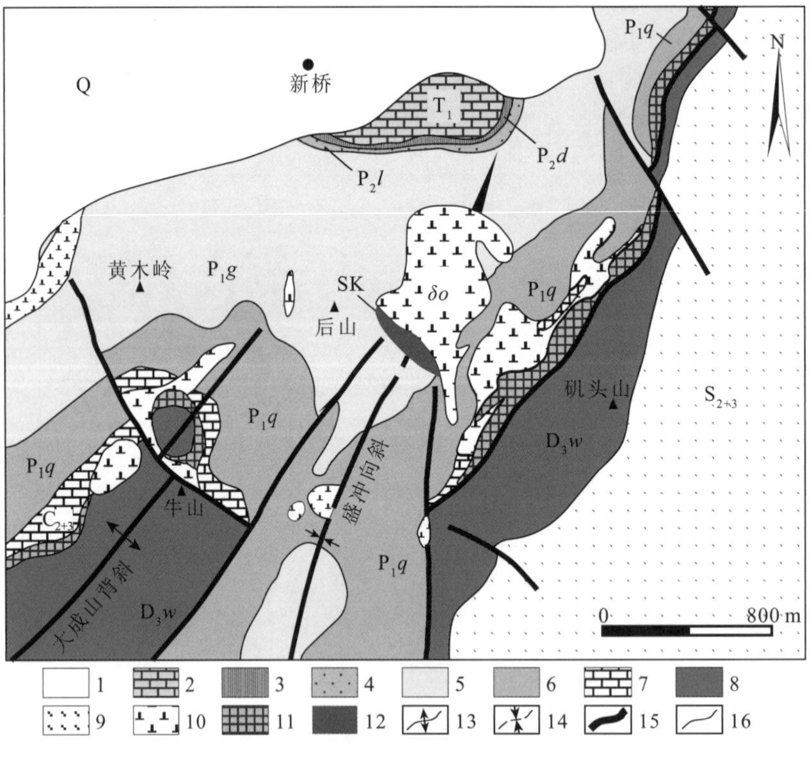

图10.1　新桥矿区地质简图

（据谢建成等，2009）

1—第四系碎屑沉积物；2—早三叠世碳质页岩及灰岩；3—上二叠统大隆组硅质岩及泥质页岩；4—上二叠统龙潭组页岩；5—下二叠统孤峰组硅质岩；6—下二叠统栖霞组灰岩；7—中－上石炭统（船山组—黄龙组）灰岩；8—上泥盆统五通组石英砂岩；9—中－上志留统砂岩及硅质岩；10—矶头复式岩株闪长岩；11—矿体；12—矽卡岩；13—大成山背斜；14—盛冲向斜；15—断层；16—地质界线

10.1.1 上泥盆统五通组（D_3w）

该地层为中厚层石英砂岩及页岩、厚层状石英砂岩、底部为石英砾岩，厚度约为 140 m，为 1 号矿体的底板岩层（图版Ⅱ.1），前人将该地层上段划分为下石炭统高骊山组（C_1g），但最新划分方法无高骊山组（C_1g）地层。

10.1.2 中石炭统黄龙组（C_2h）

该地层为厚层状灰岩、白云质灰岩、白云岩，底部有 0.1 ~ 0.8 m 的石英细砾岩，厚度约为30 m，是重要的赋矿层位之一，部分地段被矿体所占据。

10.1.3 上石炭统船山组（C_3c）

该地层为厚层状灰岩、生物碎屑灰岩，部分地段夹菱铁矿，厚度约为 60 m，是重要的赋矿层位之一。部分地段被矿体所占据；需要说明的是，船山组—黄龙组灰岩在矿区内分布较少，仅在露天采场西南侧有少量出露，其与其他地层灰岩的最大区别在于颜色较浅，呈灰白色（图版Ⅱ.2）。

10.1.4 下二叠统栖霞组（P_1q）

该地层为厚层状沥青质灰岩（图版Ⅱ.3）、灰岩（图版Ⅱ.4）、厚层状含燧石结核灰岩和硅质岩，灰岩中缝合线较为发育，硅质岩部分地段夹有菱铁矿矿体，厚度约为 200 m，是次要的赋矿层位。

10.1.5 下二叠统孤峰组（P_1g）

该地层为中至薄层状硅质岩、硅质页岩、硅质角砾岩夹灰岩透镜体，底部为含锰粘土页岩且局部含锰矿，厚度约为 155 m。

10.1.6 下二叠统茅口组（P_1m）

该地层以厚至中厚层状灰岩为主，含硅质灰岩结核及燧石结核，厚度约为 130 m。

10.1.7 上二叠统龙潭组（P_2l）

该地层为粘土页岩及煤层，长石砂岩、碳质粘土页岩，厚度约为 10 m。

10.1.8 上二叠统大隆组（P_2d）

该地层为硅质页岩夹泥质页岩、硅质岩、泥质灰岩和硅质灰岩，厚度约为 12 m。

10.1.9 下 – 中三叠统青龙群（$T_{1+2}Ql$）

该地层为中厚层状灰岩、薄层状钙质页岩与泥质灰岩互层，厚度大于 80 m。

10.1.10 第四系全新统（Qh）

该地层为残坡积层、冲积层和人工堆积层，岩性为粘土、亚粘土夹砾石及碎石等，厚度为 0 ~ 117 m。

10.2 新桥矿区构造

新桥矿区构造较为发育，主要褶皱构造为舒家店背斜和大成山背斜，次为盛冲向斜，断层主要有东西走向的矶头 – 沙滩角基底断裂、与背斜轴向近于垂直的北西向横断层、北西向的正断层带以及主要容矿构造——层间滑脱破碎带。新桥铜 – 硫 – 铁矿床处于舒家店背斜和大成山背斜倾伏端相向倾伏交汇地带，即舒家店背斜南西倾伏端的北西翼部、大成山背斜北东倾伏端和盛冲向斜向北东延续部分（图10.1）。

10.2.1 褶皱

10.2.1.1 舒家店背斜

轴向北东，向南西倾伏，倾伏角25°左右。下志留统组成轴部，两翼地层齐全。翼部北东向走向断层发育。轴部和沿北东向断裂，岩浆活动强烈。矿床的南东部分位于舒家店背斜近南西倾没端的北西翼，岩层倾角由浅至深逐渐变缓（55°~10°），在标高-300~-400 m之间，形成一个显著的“膝状”弯曲，成为矿体厚大部分赋存位置。

10.2.1.2 大成山背斜

背斜轴向约30°，向北东向倾伏，倾伏角30°~40°（刘文灿等，1996）。轴部由下-中志留统组成，两翼地层齐全，志留系—中三叠统均见。两翼产状正常，北西翼较南东翼倾角陡。枢纽向北东倾伏，倾伏角5°左右。

10.2.1.3 盛冲向斜

位于矿田西南部两个背斜之间，为大成山背斜和舒家店背斜受到东西—北西西向应力所形成。该向斜是区域内发育较齐全、规模最大的北北东向褶皱，P_1g—P_1m构成其核部，P_1q—C_{2+3}构成其翼部，总体上呈现为开阔和对称的形态。其轴向总体为北东向，向北东向倾伏，倾伏角10°~20°（刘文灿等，1996）。

10.2.2 断裂

10.2.2.1 矶头-沙滩角基底断裂

近东西走向，其对矿区的构造变形、岩浆侵位和矿化作用具有一定的控制作用。后期不同构造的活动都会导致其重新活动，使岩浆的侵入和成矿作用得以发生。沿着该断裂分布着一系列的岩体和矿床，321地质队也在该断裂沿线上发现规模大、延长好的区域性磁重异常（臧文拴等，2001）。

10.2.2.2 北北东向断裂带

该断层带与盛冲向斜为同时期形成，其切割较深，影响深度较大，为深部岩浆上升就位的重要通道。

10.2.2.3 北西向横断层

规模较大的是矿床东南部的F_1断层。其延伸至矿床范围以外，全长近20 km，向北西、南东延至与舒家店背斜相邻的向斜中。在矿床范围内，向北东陡倾，最大垂直断距近200 m，F_1断层对舒家店背斜的产状有明显的影响，断层以西，背斜开始倾伏，地层产状较缓；断层以东背斜无倾伏之势，地层产状较陡。F_1断层和背斜在构造级别上相同，且发生时间相近。断层富水性中等，具有一定的导水能力。

10.2.2.4 北西向的正断层带

该断层带在矿区内较为发育，对矿体的破坏作用极其明显，主要表现为1号层状矿体发生错断，错距不等，小者不足1 m，大者可达到十几米；局部地段也表现为使矿体出现破碎和张裂，并被后期的岩脉所充填。该断层在矿区-230 m中段较为常见，表现为被出露宽度约为2 m的闪长玢岩脉所充填。臧文拴（2001）指出角砾状黄铁矿为该断裂带使矿体发生破碎所形成，并可见到大量的擦痕滑动面和绿泥石、炭质薄膜等应力矿物。

10.2.2.5 层间滑脱破碎带

主要的层间破碎带位于茅口组下部和高骊山组间，成为铜硫铁金银矿体赋存的主要部位。最明显的为石炭系黄龙组和石炭系五通组之间的层间滑脱破碎带，其黄龙组在部分地段甚至完全被取代，破碎带多表现出褐铁矿化和硅化，该层间破碎带也为矿区最主要的赋矿构造。

10.3 新桥矿区岩浆岩

矿区内岩浆岩较发育，以矶头复式岩株为主，次为牛山岩株。

矶头复式岩株位于大成山、舒家店两个背斜相向倾伏的交汇处，平面似椭圆形出露，呈水滴状，长轴呈北东向（图10.1），出露面积0.5 km^2，周边和围岩呈弯曲的陡接触，局部接触面不规则（图版Ⅱ.5）。在23线-600 m以下，岩株向北西扩张，说明深部存在较大的岩体。岩株向周围地层内有岩枝伸出（图版Ⅱ.6），尤以南东面为甚，相应于灰岩层位形成一个平缓的舌状伸出部分，和围岩显超覆接触，形成部分主、次矿体的顶底板。岩体分相明显，中央相为石英闪长岩，边缘相为闪长玢岩。众多学者对矶头岩株的形成年龄进行过研究：周涛发等（2000）利用Ar-Ar法测试矶头岩体中角闪石，得出其年龄为137 Ma；王彦斌等（2004c）、吴淦国等（2008）先后利用锆石SHRIMP U-Pb法获得矶头复式岩株的成岩年龄分别为140.4±2.2 Ma和146.4±4.3 Ma。现阶段对新桥矿区岩体的定年研究结果都说明了该区岩浆活动期主要在137~140 Ma之间，属燕山期岩浆活动的产物。

牛山岩株沿F_3断层侵入，截断大成山背斜倾伏部分鼻端，平面呈北西而转向北东的弯曲延伸，长约800 m，岩枝主要由石英闪长岩组成，部分为闪长玢岩。

除此之外，区内还有一些零星的晚期闪长玢岩分布，呈岩脉，对层状矿体具有破坏作用，局部切穿1号层状（图版Ⅱ.7），其与矶头复式岩株和牛山岩株在空间上具有一定的连带关系。

第11章　矶头岩株成岩机制分析

铜陵矿集区内岩浆活动强烈，沿铜陵－贵池深大断裂广泛分布76个以闪长岩类为主的高钾钙碱性中酸性中小型侵入岩体（周涛发等，2011）。虽然对这些岩体的研究取得了多方面的丰富成果，但是其成因认识依然也存在着争议，所以有必要借助新手段、新方法对区内岩体开展进一步的深入研究，进一步厘定燕山期成岩成矿机理。

新桥铜－硫－铁矿床的成因认识虽然存在3种观点，但3种成因观点均明确了燕山期岩浆热液对成矿的贡献，但由于矶头岩株热液蚀变和后期表生风化相对强烈，难于采集完全新鲜的样品，使得对矶头岩株的相关研究较少。周涛发等（2000）、王彦斌等（2004）和吴淦国等（2008）均对矶头岩株的成岩年龄开展过研究，但缺乏对矶头岩株成岩机制的进一步讨论。於崇文等（1998）通过O同位素和Sr同位素研究得出，矶头岩株具有壳幔混源特征，这与臧文拴等（2007）对矶头岩株的Pb同位素研究结论一致。张宇等（2013）通过3块较新鲜样品的主量元素、微量元素和稀土元素特征探讨了矶头岩株的成岩机制，但由于样品较少，不具代表性。

锆石具有稳定的化学性质，其在形成之后不易受到热液蚀变等后期地质作用的影响，易于保存其形成时的相关地质信息，这使得利用锆石研究蚀变或风化较强岩体的成岩机制具有一定的可行性（赵振华，2010；吴才来等，2013）。由于矿区新鲜岩体较少，所以，本次工作利用矶头岩株中较为新鲜的石英闪长岩开展锆石LA－ICP－MS U－Pb年代学和微量元素分析、LA－MC－ICP－MS Hf同位素组成分析。在此基础上探讨矶头岩株的成岩年龄、成岩源区，并利用锆石中Ce^{4+}/Ce^{3+}和锆石Ti温度计分别指示矶头岩株氧逸度及锆石结晶温度，从锆石地球化学特征角度分析矶头岩株的成岩机制，为长江中下游燕山期大规模成矿事件的进一步研究和铜陵矿集区找矿工作的进一步开展提供理论指导。

11.1　岩体岩石学特征

矶头复式岩株，分布于矿床中部，出露面积约0.5 km^2。岩体分相明显，中央相为石英闪长岩，边缘相为闪长玢岩。两种岩性的镜下显微特征分述如下。

11.1.1　石英闪长岩

矶头岩株石英闪长岩多呈灰色和灰白色，为半自形不等粒结构。浅色矿物以斜长石为主，含量多在40%～60%之间；暗色矿物以角闪石为主，黑云母含量较少，未见辉石。副矿物含量较少，在5%以内，主要为磁铁矿和黄铁矿，多呈自形粒状结构，偶见黄铁矿晶粒沿脉串珠状分布。各造岩矿物显微特征分述如下：

角闪石：暗绿色、绿色，多呈半自形—他形短柱状或不规则状晶形（图版Ⅱ.8a），粒径大小为0.1～0.4 mm，具弱的多色性，发育有解理，偶见其暗化边结构，可见部分角闪石颗粒蚀变形成绿泥石，偶见部分角闪石颗粒表面碳酸盐化及被不透明矿物交代现象。

黑云母：棕褐色，呈自形—半自形片状（图版Ⅱ.8b），集合体呈叶片状，粒径为0.1～0.2 mm，发育有一组解理，干涉色鲜艳，可见黑云母交代角闪石现象。

斜长石：以中长石为主，无色，多呈自形—半自形板状晶形，粒径为0.4～1.3 mm，偏光镜下可见其聚片双晶较为发育（图版Ⅱ.8c），偶见环带构造，多数颗粒表面有弱的蚀变现象，蚀变产物为绢云母（图版Ⅱ.8d）、高岭土。

钾长石：无色，呈半自形—他形板状晶形，粒径为0.3~1.0 mm，偏光镜下可见其卡式双晶，可见颗粒表面发育有不同程度的绢云母化、高岭土化蚀变，根据其与斜长石的相互穿插关系可知钾长石晶出时间较斜长石晚。

石英：无色，呈半自形—他形粒状晶形（图版Ⅱ.8d），粒径为0.06~0.4 mm，干涉色为一级黄，散布于角闪石和长石颗粒之间，可见波状消光。

11.1.2 闪长玢岩

矶头岩株闪长玢岩多呈灰白色，斑状结构。矿物成分主要为角闪石、斜长石、石英，少量不透明矿物。角闪石多构成斑晶，为半自形—他形短柱状，粒径为0.2~1 mm，风化蚀变严重，含量约10%；斜长石按照大小可分为两组：大者形成斑晶。其晶形较好，粒径1~2 mm，含量约10%；细者形成基质，含量约65%。石英形成基质，他形粒状，粒径多为0.1 mm左右，含量不足5%；不透明矿物为黄铁矿，粒径约0.2 mm，含量5%左右。

11.2 岩体锆石U－Pb及Hf同位素测试

11.2.1 样品采集及特征

本次测试选用矶头复式岩株中央相的石英闪长岩样品进行相关测试，样品采自新桥铜－硫－铁矿床－270 m中段措施井主巷道，手标本呈灰色，致密块状构造，性硬（图版Ⅱ.9）。

11.2.2 测试方法

LA－ICP－MS锆石U－Pb同位素定年和微量元素测试在中国冶金地质总局山东局测试中心实验室完成。锆石阴极发光（CL）照相在JEOL－JXA－8100电子探针仪上完成，工作状态为，加速电压15 kV，束电流2×10^{-8}A。LA－ICP－MS锆石U－Pb定年和微量元素测试采用的仪器型号为Thermo Xeries 2，配置Coherent公司生产的COMPexPro CO_2F Geolas 193nm ArF准分子激光剥蚀系统，分析过程激光束斑直径为30 μm，频率为8 Hz，能量密度8.5 J/cm^2，剥蚀时间110 s（前30 s空白信号，55 s剥蚀时间，25 s吹扫残留信号时间）。分析数据的离线处理（包括对样品和空白信号的选择、同位素质量分馏校正）采用软件ICPMSDataCal（Chen et al.，2011）完成。

原位微区锆石Hf同位素比值测试在中国地质大学（武汉）地质过程与矿产资源国家重点实验室利用激光剥蚀多接收杯等离子体质谱（LA－MC－ICP－MS）完成。激光剥蚀系统为GeoLas 2005（Lambda Physik，德国），MC－ICP－MS为Neptune Plus（Thermo Fisher Scientific，德国）。分析时，使用氦气作为载气，采用单点剥蚀模式，激光波长193 nm，激光束直径44 μm，激光输出能量可以调节，实际输出能量密度为5.3 J/cm^2。详细仪器操作条件和分析方法可参照Hu等（2012）。分析数据的离线处理（包括对样品和空白信号的选择、同位素质量分馏校正）同样采用软件ICPMSDataCal（Liu et al.，2010）完成。本次Hf同位素测试点的位置与U－Pb同位素定年测试点的位置相同。

11.2.3 分析结果

11.2.3.1 锆石U－Pb年龄及微量元素

矶头岩株石英闪长岩XQ33－10样品中的锆石多为四方双锥状，粒径大小多为40~50 μm，CL图像中呈现出清晰的岩浆振荡环带，环带较窄、环数相对较少，少量锆石内部具有继承核（图11.1）。选取20粒晶形和环带均相对较好的锆石进行U－Pb同位素和微量元素分析，分析结果见表11.1和表11.2。所测锆石Th/U值变化范围为0.66~1.65，平均值为1.01。所测锆石也均显示典型岩浆锆石的稀土配分模式，即：轻稀土亏损、重稀土逐步富集、明显的Ce正异常（δCe=5.50~71.35，平均值32.63）和Eu负异常（δEu=0.44~0.69，平均值0.57）等特征（赵振华，2010）。锆石的稀土元素配分曲线（图 11.2）均落入岩浆锆石稀土配分曲线区域中，与 La－（Sm/La）$_N$ 图解（图 11.3）显示结果一致。综上分析，锆石晶体特征、Th/U 值、稀土元素特征和 La－（Sm/La）$_N$ 图解均说明所测锆石为岩浆锆石。

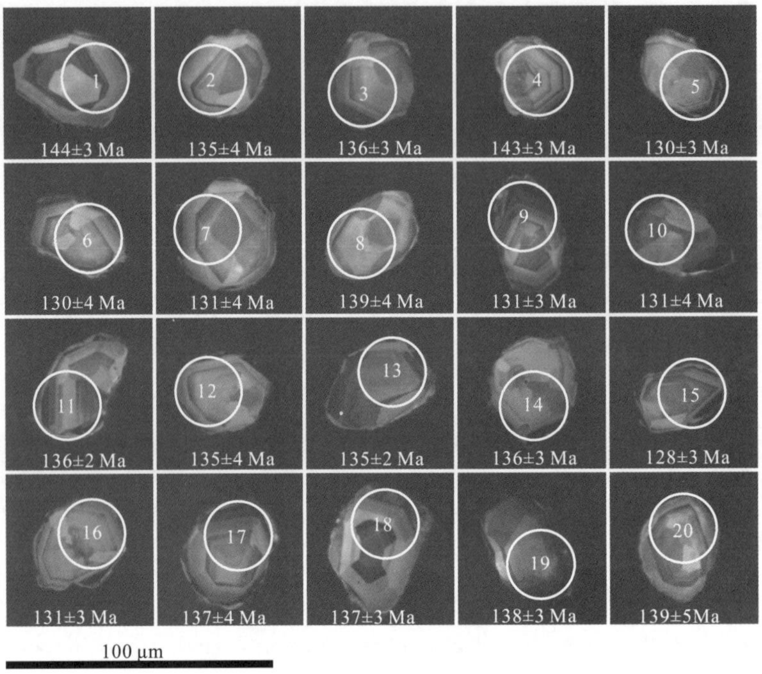

图 11.1　矶头岩株石英闪长岩锆石 CL 图

表 11.1　新桥矶头岩株石英闪长岩锆石 LA－ICP－MS U－Pb 测定结果

测试点号	Pb/10⁻⁶	Th/10⁻⁶	U/10⁻⁶	Th/U	同位素比值			年龄/Ma		
					$^{207}Pb/^{206}Pb \pm \sigma$	$^{207}Pb/^{235}U \pm \sigma$	$^{206}Pb/^{238}U \pm \sigma$	$^{206}Pb/^{238}U \pm \sigma$	$^{207}Pb/^{235}U \pm \sigma$	$^{207}Pb/^{206}Pb \pm \sigma$
1	9	204	189	1.08	0.0563 ±0.0036	0.1722 ±0.0110	0.022 62 ±0.000 46	144 ±3	161 ±10	465 ±145
2	5	117	127	0.92	0.0496 ±0.0044	0.1396 ±0.0122	0.021 11 ±0.000 56	135 ±4	133 ±11	176 ±196
3	6	115	131	0.87	0.0641 ±0.0044	0.1840 ±0.0119	0.021 39 ±0.000 44	136 ±3	172 ±10	743 ±145
4	7	172	161	1.07	0.0493 ±0.0035	0.1474 ±0.0102	0.022 42 ±0.000 46	143 ±3	140 ±9	161 ±156
5	6	146	150	0.97	0.0569 ±0.0038	0.1584 ±0.0103	0.020 41 ±0.000 44	130 ±3	149 ±9	500 ±150
6	4	101	111	0.91	0.0663 ±0.0066	0.1795 ±0.0164	0.020 39 ±0.000 56	130 ±4	168 ±14	817 ±208
7	5	115	127	0.90	0.0555 ±0.0059	0.1516 ±0.0149	0.020 51 ±0.000 66	131 ±4	143 ±13	432 ±241
8	6	135	148	0.91	0.0470 ±0.0037	0.1375 ±0.0104	0.021 76 ±0.000 63	139 ±4	131 ±9	50 ±181
9	6	137	148	0.93	0.0574 ±0.0044	0.1609 ±0.0125	0.020 50 ±0.000 48	131 ±3	152 ±11	506 ±203
10	7	160	210	0.76	0.0541 ±0.0042	0.1455 ±0.0103	0.020 54 ±0.000 55	131 ±3	138 ±9	376 ±174
11	11	329	234	1.41	0.0658 ±0.0050	0.1905 ±0.0142	0.021 30 ±0.000 38	136 ±2	177 ±12	1200 ±158
12	5	111	124	0.89	0.0505 ±0.0051	0.1406 ±0.0120	0.021 19 ±0.000 64	135 ±4	134 ±11	220 ±218
13	15	422	308	1.37	0.0497 ±0.0025	0.1432 ±0.0072	0.021 08 ±0.000 38	135 ±2	136 ±6	189 ±117
14	6	155	148	1.05	0.0532 ±0.0032	0.1541 ±0.0094	0.021 27 ±0.000 40	136 ±3	146 ±8	339 ±139
15	7	171	167	1.02	0.0598 ±0.0076	0.1626 ±0.0197	0.020 05 ±0.000 48	128 ±3	153 ±17	598 ±279
16	6	128	148	0.86	0.0630 ±0.0040	0.1697 ±0.0096	0.020 59 ±0.000 46	131 ±3	159 ±8	709 ±137
17	5	123	122	1.01	0.0509 ±0.0045	0.1536 ±0.0143	0.021 49 ±0.000 61	137 ±4	145 ±13	239 ±204
18	22	666	404	1.65	0.0475 ±0.0023	0.1393 ±0.0064	0.021 47 ±0.000 40	137 ±3	132 ±6	76 ±111
19	8	143	218	0.66	0.0529 ±0.0034	0.1587 ±0.0106	0.021 70 ±0.000 48	138 ±3	150 ±9	324 ±148
20	5	113	127	0.88	0.0541 ±0.0066	0.1478 ±0.0154	0.021 75 ±0.000 76	139 ±5	140 ±14	376 ±278

表 11.2 新桥矶头岩株石英闪长岩锆石微量元素及氧逸度计算结果

测试点号	$w(B)/10^{-6}$															$\lg f_{O_2}$	FMQ buffer	ΔFMQ
	Ti	La	Ce	Pr	Nd	Sm	Eu	Gd	Tb	Dy	Ho	Er	Tm	Yb	Lu			
1	15. 183	0. 012	19. 172	0. 105	1. 377	2. 354	1. 155	11. 889	4. 432	56. 210	23. 160	118. 457	29. 011	317. 334	63. 862	-8. 05	-15. 21	7. 16
2	22. 410	0. 020	13. 370	0. 126	1. 701	2. 959	1. 273	13. 315	4. 297	54. 016	21. 936	109. 689	27. 405	298. 077	58. 468	-9. 03	-14. 38	5. 35
3	13. 608	0. 016	13. 157	0. 089	1. 650	2. 432	1. 004	11. 984	4. 030	50. 436	20. 651	104. 881	25. 535	271. 053	58. 643	-10. 25	-15. 44	5. 19
4	16. 286	0. 033	18. 156	0. 139	1. 925	3. 142	1. 305	14. 935	5. 355	65. 746	26. 510	132. 642	31. 899	349. 585	68. 314	-10. 44	-15. 06	4. 62
5	27. 150	0. 084	15. 998	0. 127	1. 775	2. 497	1. 188	13. 546	4. 697	59. 499	25. 275	128. 039	31. 446	339. 552	72. 665	-10. 24	-13. 97	3. 73
6	20. 699	0. 033	13. 016	0. 095	1. 146	2. 089	0. 937	11. 057	3. 693	47. 891	20. 592	104. 403	25. 792	281. 392	60. 143	-9. 88	-14. 55	4. 67
7	7. 535	0. 002	14. 707	0. 137	2. 119	2. 659	1. 461	13. 779	4. 841	59. 861	23. 842	121. 120	30. 337	334. 379	64. 898	-9. 16	-16. 70	7. 54
8	22. 957	0. 117	14. 816	0. 185	3. 204	4. 126	1. 705	18. 396	6. 084	71. 831	28. 776	139. 302	33. 175	354. 252	71. 479	-12. 60	-14. 33	1. 73
9	13. 825	0. 055	15. 542	0. 149	1. 890	2. 917	1. 391	15. 771	4. 953	62. 718	25. 182	127. 261	30. 813	336. 721	69. 392	-12. 84	-15. 41	2. 56
10	17. 162	0. 022	21. 592	0. 069	1. 363	2. 502	1. 007	15. 510	5. 575	74. 448	31. 668	164. 984	40. 264	440. 799	88. 360	-7. 46	-14. 95	7. 49
11	22. 869	0. 099	28. 432	0. 217	3. 035	4. 255	2. 211	25. 627	8. 693	107. 037	42. 899	208. 674	48. 589	503. 448	102. 763	-10. 15	-14. 34	4. 19
12	13. 839	1. 110	15. 796	0. 317	2. 277	2. 624	1. 156	11. 733	3. 973	48. 971	20. 374	103. 704	24. 916	283. 364	58. 270	-19. 84	-15. 40	-4. 44
13	14. 204	0. 049	30. 436	0. 206	3. 320	5. 753	2. 17	30. 791	10. 314	127. 184	51. 337	247. 373	56. 736	581. 648	118. 043	-10. 58	-15. 35	4. 77
14	5. 767	0. 034	15. 378	0. 182	2. 529	3. 836	1. 606	18. 401	5. 998	75. 365	29. 824	145. 404	34. 090	355. 082	73. 614	-16. 27	-17. 27	1. 00
15	10. 703	0. 059	16. 084	0. 230	2. 933	4. 862	2. 17	22. 321	6. 899	84. 592	30. 878	148. 251	35. 747	394. 406	74. 126	-14. 80	-15. 95	1. 15
16	15. 410	0. 056	14. 862	0. 094	1. 174	2. 019	0. 849	10. 528	3. 733	46. 791	19. 772	101. 296	24. 749	270. 130	58. 279	-11. 71	-15. 18	3. 47
17	14. 390	0. 011	14. 168	0. 159	2. 264	2. 992	1. 539	16. 745	5. 226	65. 614	25. 756	125. 841	30. 256	328. 343	68. 100	-10. 13	-15. 32	5. 20
18	15. 039	0. 021	39. 828	0. 178	2. 549	3. 714	1. 813	23. 575	7. 904	101. 602	40. 547	199. 617	47. 456	504. 215	99. 724	-7. 46	-15. 23	7. 77
19	11. 922	0. 016	20. 407	0. 071	1. 277	2. 370	1. 045	13. 950	5. 133	69. 136	29. 683	154. 687	38. 579	431. 069	83. 282	-8. 76	-15. 72	6. 97
20	22. 579	0. 014	15. 602	0. 098	1. 592	2. 248	1. 056	13. 008	4. 08	53. 214	21. 786	110. 818	27. 598	299. 843	61. 130	-7. 35	-14. 36	7. 01

注：FMQbuffer 为相对氧逸度。$\Delta FMQ = \lg f_{O_2} - FMQ\ buffer$。

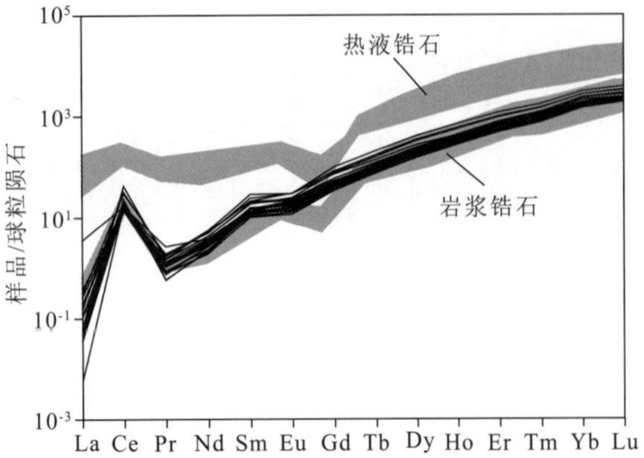

图 11.2　锆石稀土元素球粒陨石标准化配分曲线

（球粒陨石标准值引自 Hermann，1971；底图据赵振华，2010，有修改）

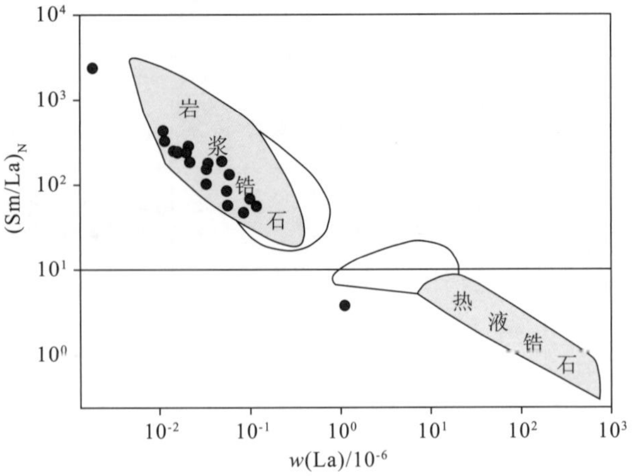

图 11.3　锆石的 La－$(Sm/La)_N$ 图解

（底图据赵振华，2010，有修改）

20 个测点的 $^{206}Pb/^{238}U$ 年龄取值范围为 128～144 Ma，其主体数据分布于 131～137 Ma（图 11.4）。在 U－Pb 年龄谐和图（图 11.5）中，所有分析点均分布在谐和线上或者附近，其 $^{206}Pb/^{238}U$ 谐和年龄为 138.4±2.3 Ma，与加权平均年龄相当（图 11.6），代表了矶头岩株石英闪长岩结晶的年龄，这与周涛发等（2000）、王彦斌等（2004）和吴淦国等（2008）的结果在误差范围内一致，说明该区岩浆活动时期为早白垩世，这与长江中下游成矿带燕山期大规模成矿事件相对应。

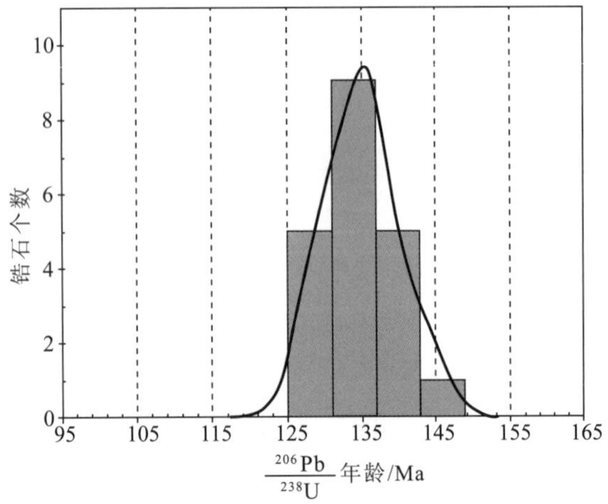

图 11.4　矶头岩株石英闪长岩锆石年龄分布直方图

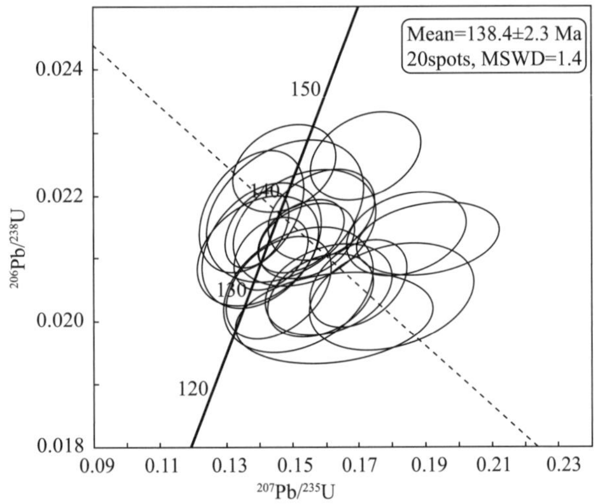

图 11.5　矶头岩株石英闪长岩锆石 U－Pb 年龄谐和图

11.2.3.2　锆石 Hf 同位素组成

为了确保测试的系统性和合理性，Hf 同位素测试点位置选择在 U－Pb 测试的同颗粒锆石同位置或其附近。矶头岩株石英闪长岩的锆石 Hf 同位素分析结果见表 11.3，所测的 14 颗锆石 $^{176}Lu/^{177}Hf$ 值范围为 0.001 109～0.001 866，均小于 0.002，显示锆石在形成以后具有很少放射性成因 Hf 的积累，因此所获得的 $^{176}Lu/^{177}Hf$ 值可以代表锆石形成时的 $^{176}Lu/^{177}Hf$ 值（Wu et al.，2007）。$^{176}Hf/^{177}Hf$ 值介于 0.282 255～0.282 447，平均值为 0.282 374，极差为 0.000 192，较为均一。$\varepsilon_{Hf}(t)$ 值介于 －18.3～－11.5，两阶段 Hf 模式年龄（t_{DM2}）范围为 1961～1586 Ma，平均值 1730 Ma。

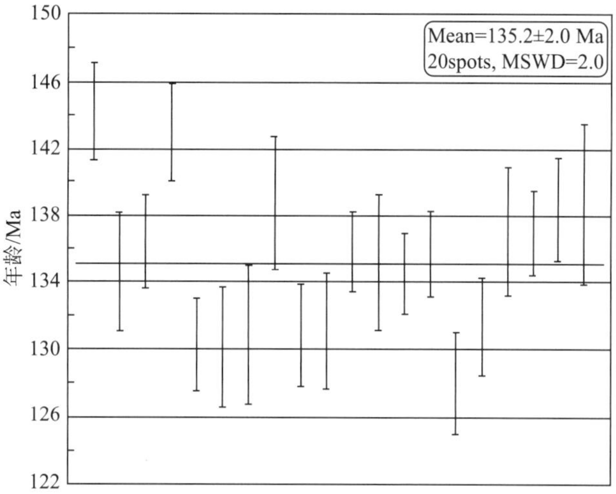

图 11.6 矾头岩株石英闪长岩锆石 U－Pb 年龄谱和图

表 11.3 矾头岩株石英闪长岩锆石 Hf 同位素组成

测试点号	t/Ma	$^{176}Yb/^{177}Hf$	$^{176}Lu/^{177}Hf$	$^{176}Hf/^{177}Hf$	2σ	$\varepsilon_{Hf}(t)$	t_{DM1}/Ma	t_{DM2}/Ma	$f_{Lu/Hf}$
3	137	0.041 620	0.001 827	0.282 373	0.000 014	-14.1	1270	1732	-0.94
4	131	0.031 438	0.001 419	0.282 378	0.000 020	-13.9	1249	1722	-0.96
6	136	0.030 377	0.001 352	0.282 328	0.000 018	-15.7	1316	1819	-0.96
8	135	0.029 214	0.001 301	0.282 307	0.000 018	-16.5	1345	1861	-0.96
9	136	0.043 285	0.001 866	0.282 440	0.000 023	-11.7	1174	1600	-0.94
10	131	0.031 545	0.001 375	0.282 433	0.000 020	-12.0	1170	1615	-0.96
11	131	0.026 234	0.001 172	0.282 393	0.000 031	-13.4	1219	1692	-0.96
12	139	0.028 401	0.001 275	0.282 381	0.000 026	-13.8	1240	1716	-0.96
13	131	0.034 167	0.001 109	0.282 255	0.000 664	-18.3	1410	1961	-0.97
14	130	0.029 769	0.001 324	0.282 388	0.000 016	-13.6	1230	1701	-0.96
15	130	0.028 881	0.001 334	0.282 356	0.000 018	-14.7	1277	1765	-0.96
16	143	0.032 498	0.001 451	0.282 378	0.000 017	-13.9	1249	1721	-0.96
17	136	0.030 066	0.001 317	0.282 378	0.000 028	-13.9	1245	1722	-0.96
19	144	0.036 094	0.001 603	0.282 447	0.000 020	-11.5	1156	1586	-0.95

注：$\varepsilon_{Hf}(t)=10000\times\{[(^{176}Hf/^{177}Hf)_S-(^{176}Lu/^{177}Hf)_S\times(e^{\lambda t}-1)]/[(^{176}Hf/^{177}Hf)_{CHUR.0}-(^{176}Lu/^{177}Hf)_{CHUR}\times(e^{\lambda t}-1)]-1\}$；$t_{DM1}=1/\lambda\times\ln\{1+[(^{176}Hf/^{177}Hf)_S-(^{176}Hf/^{177}Hf)_{DM}]/[(^{176}Lu/^{177}Hf)_S-(^{176}Lu/^{177}Hf)_{DM}]\}$；$t_{DM2}=1/\lambda\times\ln\{1+[(^{176}Hf/^{177}Hf)_{S.t}-(^{176}Hf/^{177}Hf)_{DM.t}]/[(^{176}Lu/^{177}Hf)_c-(^{176}Lu/^{177}Hf)_{DM}]\}+t$；$(^{176}Hf/^{177}Hf)_S$ 和 $(^{176}Lu/^{177}Hf)_S$ 为样品测定值；$(^{176}Hf/^{177}Hf)_{CHUR.0}=0.282\,772$，$(^{176}Lu/^{177}Hf)_{CHUR}=0.0332$，$(^{176}Hf/^{177}Hf)_{DM}=0.283\,25$，$(^{176}Lu/^{177}Hf)_{DM}=0.0384$（Rubatto and Gebauer, 2000；Wu et al., 2007）；$\lambda=1.867\times10^{-11}/a$（Griffin et al., 2000）；$(^{176}Lu/^{177}Hf)_c=0.015$；$t$ 为锆石结晶时间。

11.3 成岩机制

11.3.1 成岩氧逸度

成岩氧逸度是岩浆演化过程中的一个重要物理参数，其与成矿过程有着密切的联系。Ce^{4+} 与 Zr^{4+} 的半径相近致使锆石中 Ce 呈明显的正异常，其正异常的程度反映形成锆石的岩浆或热液的氧逸度，因此可以通过 Ce^{4+}/Ce^{3+} 来判断岩浆氧逸度的相对高低（Ballard et al., 2002；辛洪波等，2008；赵振华，2010）。岩浆高氧逸度是 Cu 和 Au 成矿的重要因素，因为 Cu 和 Au 是亲硫元素，岩浆结晶分异过程中如

果 S^{2-} 大量存在就会导致 Cu、Au 硫化物过饱和而过早沉淀，不利于残余岩浆中 Cu 和 Au 元素的富集，而高氧逸度条件下，岩浆中的硫绝大多数以 SO_4^{2-} 和 SO_2 形式溶解于在硅酸盐熔体中，能形成硫化物的 S^{2-} 含量很低，硫化物难以达到饱和，从而有利于 Cu 和 Au 在残余岩浆中富集并成矿（Torrence and Compo，1998）。比如，斑岩铜矿床的形成要求其成矿的岩浆氧逸度达到 ΔFMQ +2（Sun et al.，2015）。通过矶头复式岩株石英闪长岩锆石微量元素计算其岩浆氧逸度为 -19.84 ~ -7.35（平均值为 -10.85，表 3.2），岩浆的 ΔFMQ 值为 -4.44 ~ 7.77 平均值为 4.36；表 3.2），20 个 ΔFMQ 数据中有 16 个大于 2（图 11.7），因此，形成矶头复式岩株的岩浆具有较高的氧逸度，其非常有利于铜矿体的形成。

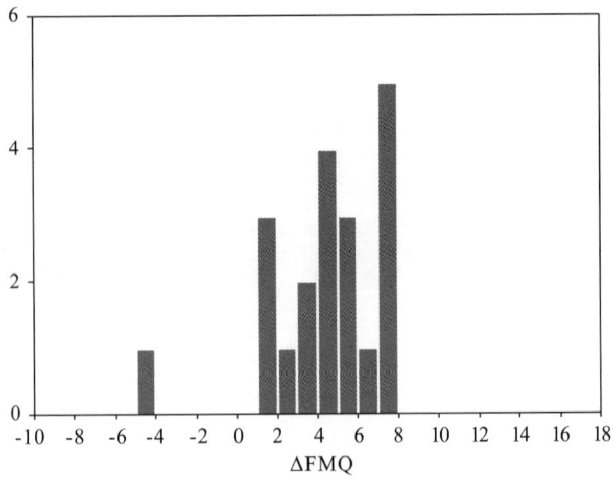

图 11.7　矶头岩株石英闪长岩锆石 ΔFMQ 直方图

11.3.2　成岩温度

温度是研究地质过程的一个重要参数。元素 Ti 由于能对锆石中的 Zr 和 Si 进行有效的替换，而且这种替换过程主要受温度控制，而与压力关系不大（Trotzsch and Ellis，2004，2005；Watson and Harrison，2005；Watson et al.，2006）。利用此原理，众多学者开展了锆石 Ti 温度计的研究（Zack et al.，2004；Chappell et al.，2004；Watson and Harrison，2005；Watson et al.，2006；Ferry and Watson，2007；Tomkins et al.，2007）。本次利用 Watson 等（2006）提出的锆石 Ti 温度计计算方法，对新桥矶头岩株石英闪长岩的锆石结晶温度进行了计算（表 11.4）。结果显示：锆石结晶温度范围为 683.6 ~ 851.0℃，平均温度 788.4℃，其主体温度范围为 756.3 ~ 832.9℃（图 11.8），比一般中酸性岩浆温度（650 ~ 800℃）略高（夏邦栋，1995），但在吴才来等（2013）总结的铜陵地区石英闪长岩形成温度范围（722 ~ 914℃）内。

表 11.4　新桥矶头岩株石英闪长岩锆石结晶温度　　温度/℃

测试点号	1	2	3	4	5	6	7	8	9	10
上限温度	791.9	830.8	781.4	798.7	851.0	822.6	728.4	833.3	782.9	803.8
下限温度	766.4	803.9	756.3	772.9	823.3	796.0	705.1	806.3	757.8	777.9
平均温度	779.1	817.3	768.9	785.8	837.2	809.3	716.8	819.8	770.3	790.9
测试点号	11	12	13	14	15	16	17	18	19	20
上限温度	832.9	783.0	785.5	706.1	759.2	793.3	786.7	791.0	769.1	831.6
下限温度	805.9	757.8	760.2	683.6	734.9	767.8	761.4	765.5	744.4	804.6
平均温度	819.4	770.4	772.9	694.9	747.0	780.5	774.1	778.2	756.7	818.1

11.3.3　成岩源区

11.3.3.1　O 同位素

於崇文等（1998）研究指出，新桥矶头岩株的石英闪长岩的 $\delta^{18}O_{SMOW}$ 平均值为 9.39‰，明显高于中性岩 $\delta^{18}O_{SMOW}$ 值范围（5.4‰ ~ 7.5‰）（沈渭洲等，1987），这可能与岩浆在成岩演化过程中与地壳物质发生同化混染作用相关。

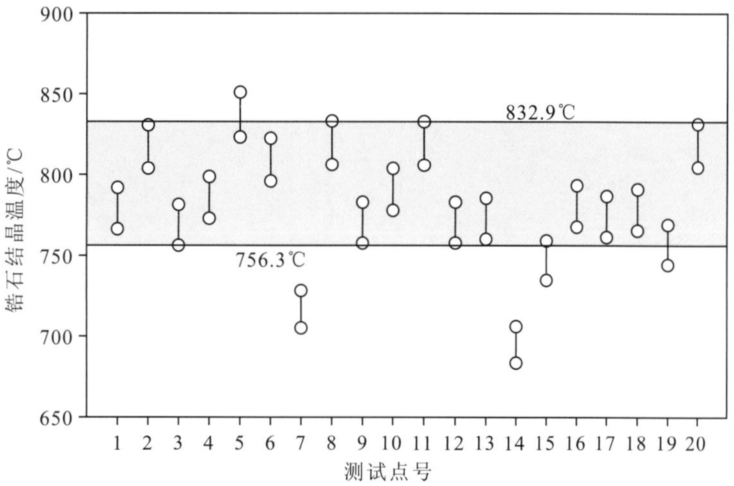

图 11.8 新桥矶头岩株石英闪长岩锆石结晶温度分布图

11.3.3.2 Pb 同位素

由于新鲜岩体较少，本次工作仅选取新鲜石英闪长岩样品一件（XQ33-10，同岩体锆石样相同）进行岩体全岩 Pb 同位素测定，测试单位为核工业北京地质研究院分析测试研究中心，测试结果见表 11.5 和图 11.9。其 $^{206}Pb/^{204}Pb$ 和 $^{207}Pb/^{204}Pb$ 值与地幔铅（$^{206}Pb/^{204}Pb$：17.9～21.1，$^{207}Pb/^{204}Pb$：15.45～15.98）（尹观等，2009）的组成相近，说明岩浆具有幔源特征。新桥矶头岩株在 Pb 同位素构造分配模式图解（图 11.9）中的投点均落在地幔增长线和造山带增长线之间，与张理刚（1995）提出的铜陵岩体铅同位素组成范围相近，显示出壳幔混合铅的特征，这与矶头复式岩株在铅同位素构造环境判别图（图 11.10）中的投点均落在下地壳和造山带公共范围内的特征一致，说明矶头复式岩株铅同位素为壳幔混合铅，暗示岩浆来源于地幔，但形成演化期间经历了地壳物质的同化混染。

表 11.5 新桥矿区矶头复式岩株石英闪长岩 Pb 同位素组成表

样号	测试矿物	$^{206}Pb/^{204}Pb$	$^{207}Pb/^{204}Pb$	$^{208}Pb/^{204}Pb$	资料来源
XQ33-10	全岩	18.273	15.482	38.090	本书
Y-1	钾长石	18.421±12	15.488±38	38.244±13	臧文拴等，2007
Y-2	钾长石	18.363±16	15.512±7	38.225±19	
Y-3	钾长石	18.273±9	15.482±13	38.090±9	

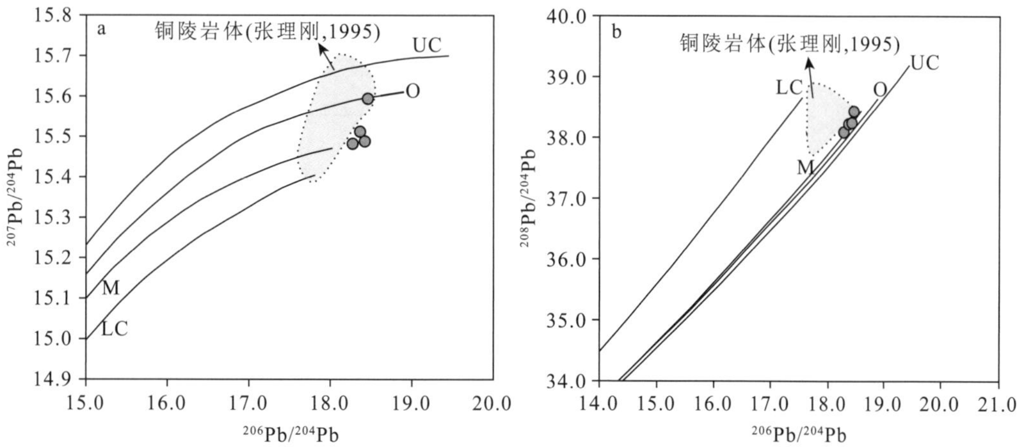

图 11.9 新桥矿区岩体的 $^{206}Pb/^{204}Pb-^{207}Pb/^{204}Pb$ 构造分配模式图解

M—地幔（Mantle）；O—造山带（Orogene）；UC—上地壳（Upper Crust）；LC—下地壳（Lower Crust）

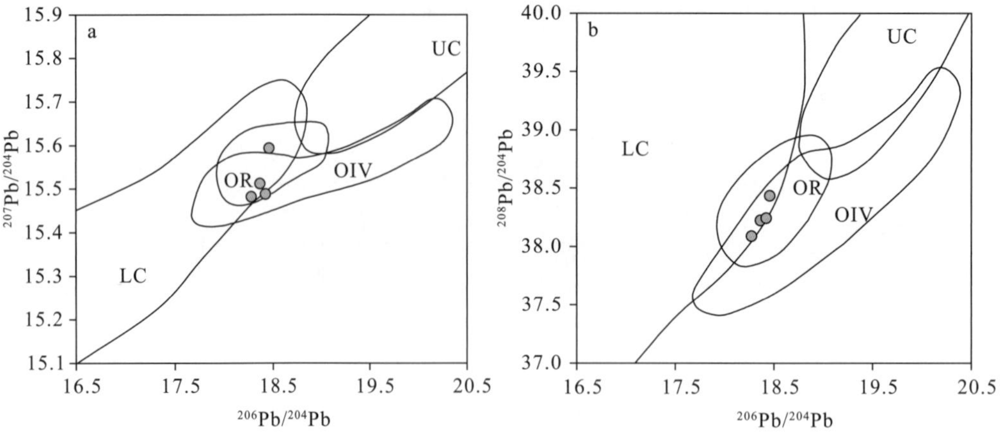

图 11.10 新桥矿床铅同位素构造环境判别图

LC—下地壳；UC—上地壳；OIV—洋岛火山岩；OR—造山带

11.3.3.3 Sr 同位素

由于新鲜岩体较少，本次工作仅选取新鲜石英闪长岩样品一件（XQ33－10，同岩体锆石样相同）进行岩体全岩 Sr 同位素测定，测试单位为核工业北京地质研究院分析测试研究中心。经过测定，石英闪长岩（样品 XQ33－10）全岩的 $^{87}Sr/^{86}Sr$ 值为 0.708520（$2\sigma = 0.000010$），这与於崇文等（1998）、夏元法（2004）测得的 Sr 同位素初始比值 $^{87}Sr/^{86}Sr$ 平均值（0.7065）相近，但该值不同于原始地幔源区 $^{87}Sr/^{86}Sr$ 平均值（0.745～0.750），更不同于壳源 $^{87}Sr/^{86}Sr$ 平均值（0.718±0.020）（尹观等，2009），显示该区岩浆岩的壳幔混源特征。

11.3.3.4 Hf 同位素

利用锆石 Lu－Hf 同位素体系可以示踪岩浆源区，并揭示地壳演化过程，锆石负 $\varepsilon_{Hf}(t)$ 值代表其源区为古老地壳，出现少量的正 $\varepsilon_{Hf}(t)$ 值可能代表有少量亏损地幔物质的加入，正 $\varepsilon_{Hf}(t)$ 值代表源区为亏损地幔或由幔源物质分异的新生地壳（Blichert et al.，1997；Soderlund et al.，2004；Beloisova et al.，2006）。新桥矶头岩株石英闪长岩的两阶段 Hf 模式年龄（t_{DM2}）远大于 U－Pb 年龄，$\varepsilon_{Hf}(t)$ 均为负值（－18.3～－11.5），锆石 $\varepsilon_{Hf}(t)$ －t 图中的投点分布于亏损地幔演化线之下，2.5 Ga 和 1.8 Ga 地壳演化线之间（图 11.11），锆石的两阶段 Hf 模式年龄为 1961～1586 Ma，推测本区成岩原始岩浆成分中有扬子下地壳物质的参与，即成岩物质中含有深部地壳物质的重熔成分，且其

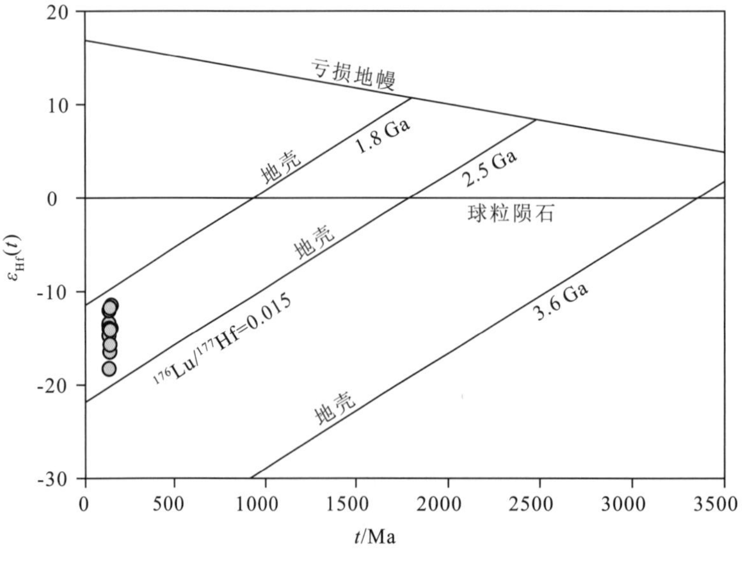

图 11.11 新桥矶头岩株石英闪长岩锆石 $\varepsilon_{Hf}(t)$ －t 图

区成岩原始岩浆成分中有扬子下地壳物质的参与，即成岩物质中含有深部地壳物质的重熔成分，且其应占主要成分。

由新桥矶头复式岩株的 O、Pb、Sr 同位素和锆石 Hf 同位素综合分析可以得知，矶头复式岩株的成岩物质起源于地幔，但其在上侵就位过程中，受到地壳物质的强烈混染，即成岩物质起源于地幔，但主要来源于下地壳，这与众多学者提出的铜陵矿集区燕山期中酸性岩体成因属于幔源岩浆混染下地壳物质的观点一致（毛建仁等，1990；邢凤鸣等，1996；唐永成等，1998；陈江峰等，1993；邓晋福等，2001）。

11.3.4 成岩过程

晚侏罗世—早白垩世，中国东部岩石圈发生减薄事件，并伴随着区域构造体制转换和古太平洋板块的俯冲（吴福元等，2003；毛景文等，2003），这使得包含铜陵矿集区在内的长江中下游成矿带深部出现复杂的壳幔相互作用——幔源岩浆上侵和扬子板块古老地壳重熔，由此并发生了强烈的地质构造活动，进而引发了强烈的岩浆活动。铜陵矿集区的矶头 - 沙滩角基底断裂和北北东向断裂带构成区域的深部控岩构造，而新桥矿田的北西向横断层、盛冲向斜、舒家店背斜和大成山背斜则为矶头岩株的浅部控岩构造。矶头 - 沙滩角基底断裂和北北东向断裂带的多次活动使其交汇处发生扩张，幔源岩浆在受到深部扬子板块古老地壳强烈同化混染作用后沿着此构造交汇处上升，并通过北西向横断层进入舒家店背斜南西倾伏端、大成山背斜北东倾伏端和盛冲向斜核部组成的半漏斗形空间内就位（刘文灿等，1996）。在此过程中，岩浆的温度为 683.6 ~ 851.0℃，其氧逸度相对较低。早白垩世（138.4 ± 2.3 Ma），岩浆温度逐渐下降，岩浆开始固结成岩。

第 12 章　矿床地质特征

12.1　矿体特征

新桥铜硫铁矿床大小矿体共计 74 个，其中以 1 号和 5 号矿体为主（图 12.1），前者矿石量约占整个矿床总量的 88%，后者约占 9%。2、4、7、10、11、19 和 74 号矿体为稍具规模的小矿体，其余矿体均为单工程控制的零星矿体。除此之外，在栖霞组底部还存在一层状菱铁矿体。

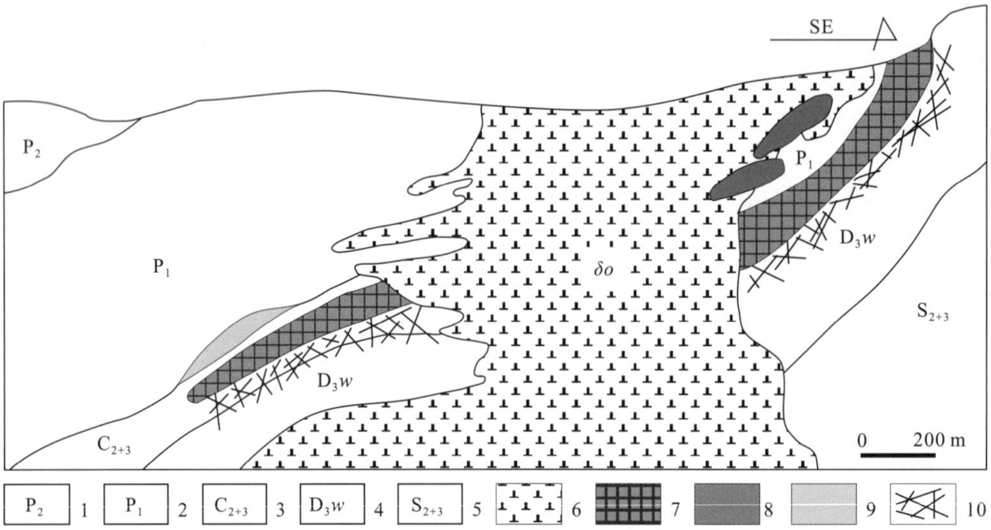

图 12.1　新桥矿床典型地质剖面示意图

（据臧文拴等，2004，有修改）

1—上二叠统；2—下二叠统；3—中 - 上石炭统；4—上泥盆统；5—中 - 上志留统；6—矶头复式岩株闪长岩；7—1 号矿体；8—5 号矿体；9—层状菱铁矿矿体；10—层状矿体下盘地层中的网脉状石英黄铁矿脉

1 号矿体：为新桥铜硫铁矿床主矿体，地表出露于矿床南部，赋存于五通组（D_3w）砂页岩与黄龙组（C_2h）灰岩之间的滑脱破碎带之中。赋存标高在 140 ~ −678 m 之间。呈层状、似层状。走向北东 20° ~45°，倾角 40° ~45°，延长 2560 m，延倾斜方向长可达 1810 m，平均厚度约为 21 m。其矿石总量约为新桥铜硫铁矿床总量的 88%，铜含量占矿床总量的 98%，矿石平均含硫 31%，主要由含铜黄铁矿、含铜磁铁矿、黄铁矿以及少量褐铁矿组成。矿体顶板为黄龙组（C_2h）或船山组（C_3c）灰岩，但矿区内局部地段 1 号矿体完全占据缺失黄龙组（C_2h）或船山组（C_3c）层位，此时矿体顶板则为栖霞组（P_1q）灰岩，其底板均为五通组（D_3w）砂岩，层状矿体与顶底板（或上下盘）地层呈明显的突变接触关系，即“一刀切”式假整合接触，这种特征在与五通组石英砂岩的接触部位最为明显（图版Ⅱ.10）。部分地段被岩体占据，其南侧矿体呈分支尖灭于岩体之中，与北侧似层状矿体不相连接（图 12.1）。另外，矿体厚度基本上呈有规律的变化：在倾向上陡倾斜部分较厚，缓倾部分较薄，在倾角陡缓过渡地带厚度一般较大；在走向上，平均厚度中间大，向东厚度剧减，迅速尖灭，向西厚度逐渐变薄而近消失。新桥矿床 1 号矿体主要矿物围绕矶头岩株呈现出明显的分带特点，具体表现为：矶头岩株→磁铁矿 ± 粒状黄铁矿带→黄铜矿 + 粒状黄铁矿带→粒状黄铁矿带。其粒状黄铁矿遍及全矿，从内到外均为主要组分，并且呈现由内到外粒度变粗、自形程度增高的规律，近矶头岩株的地段黄铁矿呈细粒状，远离矶头岩株的地段则为粗粒状。新桥铜－硫－铁矿床1号矿体的矿物分带与典型的岩浆热液矿床的温度分带一致，即近岩体区域形成中高温矿物（磁铁矿），远离岩体的区域则形成中低温矿物（王跃，2011）。另外，1号层状矿体下盘的五通组石英砂岩中普遍发育网脉状的石英黄铁矿脉（图12.1；图版Ⅱ.11），华力西期海底喷流沉积成因观点者认为，层状矿体下盘五通组石英砂岩中的网脉状矿化即为海底喷流通道的产物（阎学义等，1977；徐克勤等，1978；顾连兴等，1986；岳文浙等，1993；周涛发等，2000；Gu et al.，2000；肖新建等，2000；Xu et al.，2001；徐文艺等，2004；李红阳等，2005，2008）。野外实地调研发现，不仅仅是层状矿体下盘发育网脉状矿化，层状矿体上盘的栖霞组硅质岩中也发育有脉状黄铁矿，局部黄铁矿脉的表面经氧化后呈深红色（图版Ⅱ.12）。

5号矿体：位于矿区中部，赋存于栖霞组（P_1q）、黄龙组（C_2h）及船山组（C_3c）灰岩和矶头岩株的接触带中，接触带控制作用十分明显（图12.1）。赋存标高在74～－254 m之间。矿体呈透镜状或不规则状。延长1000 m，延倾斜方向长可达550 m，平均厚度20 m，其矿石量约占矿床总量的9%，基本由磁铁矿、黄铁矿、黄铜矿组成。该矿体目前尚未开采。

层状菱铁矿体：赋存于栖霞组（P_1q）底部，呈层状或透镜状（图12.1）。倾向、走向均较为稳定，厚度不一，较窄的地方约为3 m，较宽的地方则可达31 m左右，延长可达200 m。矿物成分以菱铁矿为主，也有少量的黄铁矿、方铅矿和闪锌矿，在矿体底板局部见有胶状黄铁矿矿石。

12.2 矿石特征

12.2.1 矿石类型

新桥铜－硫－铁矿床的矿石类型主要有以下5种类型：①铁矿型（图版Ⅱ.13a，b）；②铁矿－黄铜矿型（图版Ⅱ.13c）；③铁矿－黄铁矿型（图版Ⅱ.13d）；④铁矿型（图版Ⅱ.13e）；⑤铁矿－闪锌矿－方铅矿型（图版Ⅱ.13f）。

12.2.2 矿石组成

矿石矿物以黄铁矿、磁铁矿、黄铜矿、菱铁矿和磁黄铁矿等为主；也有少量穆磁铁矿、方铅矿、闪锌矿、赤铁矿、褐铁矿、镜铁矿以及一些金银类矿物等。其中黄铁矿遍布整个矿区，按结构可以划分为粗晶黄铁矿、细晶黄铁矿和胶状黄铁矿；按产出要素可以划分为层状矿体黄铁矿、层状矿体下盘脉状黄铁矿、层状矿体上盘脉状黄铁矿、矶头岩株中的浸染状或脉状黄铁矿、矽卡岩中的浸染状或脉状黄铁矿。

脉石矿物主要为石榴子石、透辉石和石英等，其次为方解石、白云石、绿泥石等。

12.2.3 矿石结构

新桥矿石结构较为丰富，主要有包含结构、出溶结构、放射状结构、交代结构、胶状结构、粒状结构、脉状结构、揉皱结构、填隙结构、网脉状结构、针状结构等，其中交代结构是新桥矿床最为常见的矿石结构，其包含有交代残余结构、交代假象结构、交代溶蚀结构和交代环边结构。各矿石结构典型特征描述如下：

粒状结构：常见的粒状结构为他形粒状黄铁矿，也可见立方体晶形和五角十二面体晶形的半自形—自形粒状黄铁矿和立方体晶形的磁铁矿（图版Ⅱ.14）。

包含结构：主要为黄铁矿中包含他形粒状磁铁矿（图版Ⅱ.15），推测部分为黄铁矿交代磁铁矿使其磁铁矿残余体被包含在黄铁矿之中形成。

出溶结构：新桥矿床中闪锌矿含量较少，但显微镜下观察发现，闪锌矿中均有黄铜矿的乳滴状出溶体存在（图版Ⅱ.16）。

放射状结构：为赤铁矿的典型结构，但放射状赤铁矿的外围被磁铁矿所交代，磁铁矿呈赤铁矿的假象结构，呈穆磁铁矿（图版Ⅱ.17）。

揉皱结构：为赤铁矿的典型结构（图版Ⅱ.18），推测为放射状或羽状赤铁矿在受到外力作用下发生应变所形成。

针状结构：与放射状结构和揉皱结构一样，针状结构主要为赤铁矿的结构类型，但针状赤铁矿多被磁铁矿所交代，使得磁铁矿呈赤铁矿假象，形成穆磁铁矿（图版Ⅱ.19）。

脉状结构：常见黄铁矿中穿插脉状黄铜矿，局部黄铜矿脉与石英共生，脉中黄铜矿呈不连续状（图版Ⅱ.20），局部磁铁矿中也见有脉状黄铜矿或黄铁矿穿插于其中。

网脉状结构：常见网脉状黄铜矿穿插交代结晶黄铁矿，黄铜矿脉形不规则（图版Ⅱ.21）。

胶状结构：胶状结构黄铁矿是新桥铜－硫－铁矿床的一类典型金属矿物，其成因上的争议也一直制约着矿床成因的研究。胶状黄铁矿无金属光泽，局部重结晶形成结晶黄铁矿，镜下多呈土黄色，表面粗糙，同心环状结构，胶粒大小一般为0.5～0.7mm（图版Ⅱ.22）。

填隙结构：在他形粒状的黄铁矿颗粒之间常常充填有他形黄铜矿（图版Ⅱ.23a），他形粒状的磁铁矿颗粒中局部也充填有他形的黄铜矿（图版Ⅱ.23b）。

交代结构：新桥铜－硫－铁矿床广泛发育交代结构，说明矿床的形成以交代作用为主，常见的有交代残余结构、交代环边结构、交代假象结构和交代溶蚀结构。交代残余结构主要为黄铁矿交代磁铁矿（图版Ⅱ.24a）、结晶黄铁矿交代胶状黄铁矿（图版Ⅱ.24b）而分别残余不规则状磁铁矿和胶状黄铁矿；交代环边结构常见的为黄铁矿沿着磁铁矿颗粒边缘交代，使磁铁矿外围镶嵌一层黄铁矿（图版Ⅱ.24c）；交代假象结构多为磁铁矿交代针状赤铁矿，使得磁铁矿呈赤铁矿假象，即穆磁铁矿（图版Ⅱ.24d）；交代溶蚀结构主要为磁铁矿受黄铜矿和黄铁矿交代溶蚀，使得磁铁矿颗粒中呈包含后期对其进行交代溶蚀的黄铜矿（图版Ⅱ.24e），还见有石英对黄铁矿进行条带状定向溶蚀的现象（图版Ⅱ.24f）。

12.2.4 矿石构造

新桥铜－硫－铁矿床的矿石构造主要有块状（图版Ⅱ.25a，b）、浸染状（图版Ⅱ.25c）、角砾状（图版Ⅱ.25d）、脉状（图版Ⅱ.25e，f）、蜂房状（图版Ⅱ.25g）、卷曲状（图版Ⅱ.25h）、条带状（图版Ⅱ.25i）等构造。

12.3 围岩蚀变

新桥矿区围岩蚀变较强，围岩蚀变类型主要有矽卡岩化、硅化、大理岩化、碳酸盐化、绢云母化、高岭石化、绿泥石化等，无明显分带特征。其主要蚀变类型特征分述如下：

矽卡岩化：多为石榴子石矽卡岩化、透辉石矽卡岩化、绿帘石矽卡岩化，多见于岩体与灰岩的接触带及其附近围岩，特别是5号矿体围岩中，在1号矿体围岩中则少见。其中石榴子石矽卡岩化多分布在矶头复式岩株与围岩接触面附近，主要与透辉石、硅灰石、绿帘石等伴生，多为近岩体一侧的内矽卡岩。局部石榴子石矽卡岩也分布于层状矿体上盘栖霞组中，与大理岩、石英砂岩、透辉石、硅灰石互层（图版Ⅱ.26）。

大理岩化：在围岩与岩体的外接触带，灰岩受热影响多发生大理岩化（图版Ⅱ.27），其在矿区内分布较为广泛。

硅化：多见于1号矿体底板五通组（D_3w）石英砂岩中（图版Ⅱ.28），表现为石英砂岩中石英发生重结晶，且随着离层状矿体距离的增大，硅化逐渐减弱，电气石化、绿泥－绿帘石化、钠长石化等海底喷流矿床下盘的典型蚀变（王玉奇，2009）在五通组石英砂岩中未出现。另外，矶头复式岩株也具有一定程度的硅化（图版Ⅱ.29）。

绢云母化：分布于岩体之中，呈蜡黄色，在显微镜下观察发现，矶头岩株石英闪长岩中的长石表面多发生绢云母化（图版Ⅱ.30）。

高岭石化：多见于地表出露的岩体中（图版Ⅱ.31），为后期蚀变，与成矿作用无明显关系。

绿泥石化：为近矿蚀变，见于矿体附近的岩体之中，镜下特征为角闪石发生绿泥石化（图版Ⅱ.32），可视为矿区内的找矿标志。

第 13 章　下盘网脉状矿化成因分析

新桥铜 - 硫 - 铁矿床层状矿体下盘发育网脉状的石英黄铁矿脉，这与海底喷流沉积矿床“上层下脉”的二元结构相似，矿床海底喷流沉积成因观点者认为下盘的网脉状矿化属于华力西期海底喷流通道的产物（阎学义等，1977；徐克勤等，1978；顾连兴等，1986；岳文浙等，1993；周涛发等，2000；Gu et al.，2000；肖新建等，2000；Xu et al.，2001；徐文艺等，2004；李红阳等，2005，2008），但不少学者也认为其为燕山期岩浆热液成因，且矿床的形成未经历华力西期海底喷流沉积作用（常印佛等，1983，1991；杨兵等，1985；翟裕生等，1992；Pan et al.，1999；黄志诚，1999；毛景文等，2009；Mao et al.，2011；Wang et al.，2011；王跃等，2009，2013）。可见，对下盘网脉状矿化的成因分析对解决矿床成因有着极其重要的科研意义。

13.1　下盘网脉状矿化地质特征

石英黄铁矿脉脉幅多为 2 cm 左右（图版Ⅱ.33a，b，c），延长多为数十米，小于海底喷流矿床下盘网脉状矿化的一般延长范围（肖新建等，2000）。矿脉排列较为杂乱，定向性较差，少量矿脉甚至与层状矿体产状相近，这与海底喷流矿床下盘网脉状矿化相对大角度与层状矿体相交的特征存在差异。脉中矿物仅见石英和黄铁矿，未见硬石膏等矿物，石英分布于脉侧与石英砂岩接触，呈乳白色，强油脂光泽，晶形较差，而黄铁矿分布于脉中呈脉状或不规则团块状（图版Ⅱ.33d），局部石英含量较少，呈黄铁矿脉形式出现，黄铁矿多呈他形粒状结构，局部晶形较好，脉中偶见晶洞发育。矿脉围岩（五通组石英砂岩）与层状矿体呈现出“一刀切”的突变接触关系，且其石英发生明显的重结晶，呈强硅化，随着离层状矿体距离的增大，硅化逐渐减弱，电气石化、绿泥 - 绿帘石化、钠长石化等海底喷流矿床下盘的典型蚀变（工玉奇，2009）在五通组石英砂岩中未出现。

13.2　下盘网脉状矿化石英流体包裹体 Rb - Sr 定年分析

新桥铜 - 硫 - 铁矿床海底喷流沉积成因观点与岩浆热液成因观点的区别还在于成矿时代不同：前者与容矿围岩——石炭系黄龙组—船山组的年龄相近，为华力西期形成，属于同生矿床；后者与矶头复式岩株成岩年龄相近，为燕山期形成，属于后生矿床。所以，判断下盘网脉状矿化的形成时期也可以直接判断该矿床是否经历过华力西期海底喷流成矿作用。

目前，由于该矿床缺乏合适的测年对象，众多学者只尝试过黄铁矿的定年测试。谢华光等（1995）对层状矿体中的黄铁矿开展 Rb - Sr 法和 Pb 等时线法测年，分别获得 313.2 ± 32.7 Ma 和 290 ± 10 Ma 的成矿年龄，但这与王彦斌等（2004）和谢建成等（2009）分别获得的层状黄铁矿 Rb - Sr 等时线年龄（112.6 ± 7.8 Ma）和 Re - Os 等时线年龄（126 ± 11 Ma）相差悬殊。如果存在华力西海底喷流沉积成矿作用，其层状矿体一定会受到燕山期岩浆热液的改造，加之黄铁矿定年技术尚不成熟，因此对层状矿体的定年并不能说明是否存在华力西期海底喷流沉积成矿作用。郭维民等（2011）对层状矿体下盘网脉状矿化中的黄铁矿开展 Re - Os 同位素定年，获得等时线年龄为 319 ± 13 Ma，下盘网脉状矿化形成于华力西期正好说明下盘网脉状矿化是华力西期海底喷流的通道，但黄铁矿 Re - Os 测年手段尚不成熟，其结果仍然值得商榷。

本次研究通过对新桥铜 - 硫 - 铁矿床层状矿体下盘网脉状矿中的石英流体包裹体开展 Rb - Sr 同

位素定年分析，以确定下盘网脉状矿化的形成时期，并厘定网脉状矿化是燕山期岩浆热液成因，还是华力西期海底喷流沉积作用的通道。

13.2.1 样品采集

本次测试所需要的石英均采自于1号层状矿体下盘围岩（五通组石英砂岩）中的石英黄铁矿脉，各样品具体采样位置见表13.1。为了避免岩浆热液的影响，样品采集尽可能选择远离层状矿体和矶头复式岩株的地段，而且优先采取石英黄铁矿脉脉幅较小的样品。

表13.1 下盘网脉状矿化中石英黄铁矿矿石样品采集位置表

序号	样号	野外描述	采样位置
1	XQ030-6-1	含石英的黄铁矿矿石	-300 m中段4号穿脉
2	XQ030-6-2	含石英的黄铁矿矿石	-300 m中段4号穿脉
3	XQ031-2	含石英的黄铁矿矿石	-300 m中段5号穿脉
4	D005-1	含石英的黄铁矿矿石	-300 m中段一分层W401采场
5	D011-1	含石英的黄铁矿矿石	-270 m中段二分层W513采场口
6	D011-2	含石英的黄铁矿矿石	-270 m中段二分层W513采场口

13.2.2 分析方法

石英的挑选在中国冶金总局一局测试分析中心完成。先将石英黄铁矿矿石手标本用水清洗干净，待风干后，进行粗碎，挑选出干净的石英颗粒，再细碎，分选出粒度为40~60目的石英细粒，用盐酸清洗掉表面的吸附物，再用蒸馏水清洗5次，最后在双目镜下仔细淘选纯净的石英样品，纯度近于100%。

石英流体包裹体Rb-Sr同位素测定在澳实欧洲同位素实验室（瑞典）完成。先将选纯的石英单矿物用6 mol/L的HCl清洗两次，再用蒸馏水清洗至中性并烘干，采用热爆超声洗涤法（120~180℃）消除次生包裹体对测试的影响，再加用四硼酸锂助熔剂熔融样品，用离子交换法分离和纯化Rb和Sr，采用ID-ICP-SFMS仪器测定Rb和Sr的含量，采用MC-ICP-MS仪器测定$^{87}Rb/^{86}Sr$和$^{87}Sr/^{86}Sr$，且在比值测试中采用内标和外标校正质量偏差。上述测试流程均在超净实验室内完成。

13.2.3 测试结果

新桥1号矿体下盘网脉状矿化中的石英流体包裹体Rb-Sr同位素测定结果见表13.2，其中Rb的含量为$1.250\times10^{-6}\sim9.020\times10^{-6}$，平均值为$5.389\times10^{-6}$，而Sr的含量为$2.723\times10^{-6}\sim5.710\times10^{-6}$，平均值为$3.987\times10^{-6}$。$^{87}Rb/^{86}Sr$和$^{87}Sr/^{86}Sr$分别为1.009~5.577和0.713 404~0.722 375，平均值分别为4.045和0.719 314。

表13.2 新桥铜-硫-铁矿床下盘网脉状矿化石英流体包裹体Rb-Sr同位素分析结果

样号	实验编号	$Rb/10^{-6}$	σ	$Sr/10^{-6}$	σ	$^{87}Rb/^{86}Sr$	$^{87}Sr/^{86}Sr$	σ
XQ030-6-1	U10973100	5.180	0.049	2.746	0.025	5.541	0.722 229	0.000 018
XQ030-6-2	U10973101	5.151	0.051	2.723	0.024	5.556	0.722 230	0.000 012
XQ031-2	U10973102	2.845	0.029	4.683	0.039	1.768	0.714 791	0.000 014
D005-1	U10973103	1.250	0.019	3.606	0.035	1.009	0.713 404	0.000 011
D011-1	U10973104	9.020	0.077	4.751	0.039	5.577	0.722 375	0.000 012
D011-2	U10973105	8.890	0.064	5.410	0.044	4.818	0.720 855	0.000 013

注：测试单位为澳实欧洲同位素实验室（瑞典），2014。

利用 ISOPLOT 软件（Ludwig，2001）对 Rb－Sr 同位素数据进行等时线拟合计算，输入$^{87}Rb/^{86}Sr$误差 1%，计算结果见图 13.1。6 个测试样品中，有 3 个 Rb－Sr 同位素组成相近，在 Rb－Sr 等时线图中近乎重合，但与其余 3 点仍然构成一条较好的等时线，Rb－Sr 等时线年龄为 138.0±2.3 Ma（MSWD＝5.4），$^{87}Sr/^{86}Sr$初始值为 0.711 38±0.000 14，说明成矿流体中的同位素达到均一化，流体包裹体中的 Rb－Sr 自其形成以来一直处于封闭体系。

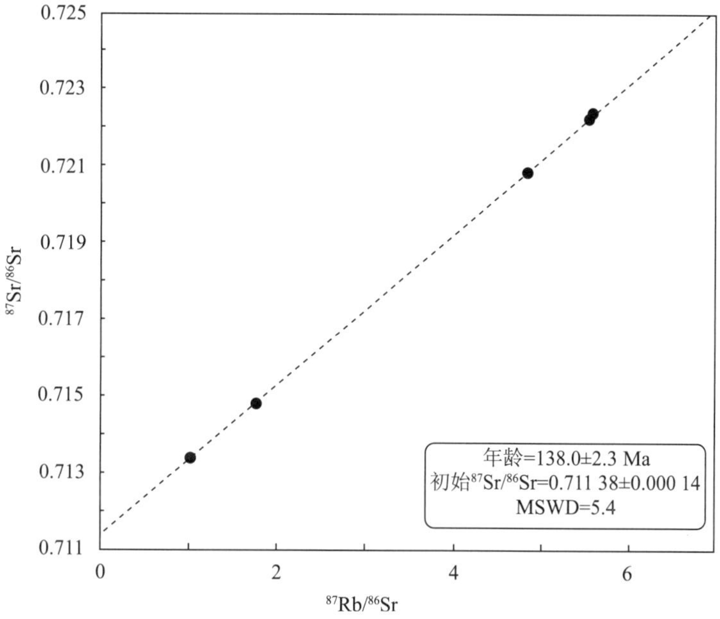

图 13.1 新桥铜－硫－铁矿床下盘网脉状矿化石英流体包裹体 Rb－Sr 同位素等时线图

13.2.4 下盘网脉状矿化年龄

石英中的 Rb－Sr 主要存在于其流体包裹体中，而进入石英晶格中的量极少（Rossman et al.，1987），加之采用热爆超声洗涤法消除了次生流体包裹体的影响，并使用石英全熔法提取 Rb 和 Sr，因此其 Rb－Sr 等时线年龄可以代表成矿流体成矿的年龄。

假设新桥下盘网脉状矿化是华力西期海底喷流的通道，那么由于石英黄铁矿脉脉幅较窄（多为 2 cm）、所采样品远离层状矿体（垂直距离大于 10 m）、围岩（石英砂岩）化学性质稳定等，使得燕山期岩浆活动对下盘网脉状矿化的改造程度就显得有限，相比于对层状矿体的改造作用就更显得微乎其微，因此下盘石英黄铁矿脉中石英的年龄可以代表其网脉状矿化的形成年龄。所以，新桥铜－硫－铁矿床层状矿体下盘网脉状矿化的形成年龄为 138.0±2.3 Ma，这与矶头复式岩株的成岩年龄（138.4±2.3 Ma）在误差范围内一致，均形成于燕山期早白垩世，这说明下盘网脉状矿化与矶头复式岩株的内在联系。

另外，下盘网脉状矿化石英流体包裹体中流体的$^{87}Sr/^{86}Sr$初始值（0.711 38± 0.000 14）与层状矿体$^{87}Sr/^{86}Sr$初始比值（稍大于 0.710）相近（李文达等，1997），但其稍微高于矶头岩株石英闪长岩的$^{87}Sr/^{86}Sr$初始比值（0.7065）（於崇文等，1998），而又明显低于黄龙组灰岩的$^{87}Sr/^{86}Sr$值为 0.7246（详见 16.1.2 节），由于碳酸钙矿物沉积后在没有遭受后生作用的影响下其$^{87}Sr/^{86}Sr$值等同于沉淀时水体的$^{87}Sr/^{86}Sr$值（周强强和胡文洁，2012），所以下盘网脉状矿化的成矿流体并非来自于华力西期海水，而是来自于燕山期的岩浆热液。下盘网脉状矿化石英流体包裹体中流体的$^{87}Sr/^{86}Sr$初始值稍微高于矶头岩株石英闪长岩的$^{87}Sr/^{86}Sr$初始比值应该是岩浆热液流经五通组（D_3w）石英砂岩与黄龙组（C_2h）灰岩之间的滑脱破碎带时与黄龙组灰岩发生水岩反应所致。

13.3 下盘网脉状矿化与层状矿体的对比分析

矿床海底喷流沉积成因观点和燕山期岩浆热液成因观点的共同点在于两者均认可燕山期岩浆热液对层状矿体的影响，即两者都认为层状矿体所保留的成矿信息为燕山期岩浆热液成矿信息，只是海底喷流沉积成因观点认为层状矿体形成于华力西期海底喷流沉积作用，但在燕山期受到了岩浆热液的改造和叠加，而下盘网脉状矿化由于其特定的地质环境使得其受到燕山期岩浆热液影响的程度较小，其仍旧保留华力西期海底喷流沉积成矿信息。所以，本次研究选取下盘网脉状矿化与指示燕山期岩浆热液成矿信息的层状矿体进行对比分析，探究其是否存在明显的区别。需要指出的是，野外调研发现，下盘网脉状矿化和层状矿体的地质宏观及微观特征无明显差别或无可比性，所以本次研究选择黄铁矿主微量元素、同位素等地球化学特征及石英流体包裹体特征开展对比分析。

13.3.1 石英流体包裹体对比

13.3.1.1 样品的采集

本次石英流体包裹体的测试采用层状矿体下盘五通组石英砂岩中的石英黄铁矿脉中的石英，为了避免下盘网脉状矿化与层状矿体在相同成因不同成矿阶段形成所导致的流体包裹体的差异，对比分析层状矿体流体包裹体的样品选择层状矿体中的脉状石英黄铁矿矿石。样品的具体特征见表13.3。

表13.3 下盘网脉状矿化与层状矿体流体包裹体对比分析样品特征表

类别	样号	采样地点	野外描述
下盘网脉状矿化	D011－1	－270 m 中段二分层 W513 采场口	五通组石英砂岩中脉状石英黄铁矿矿石
	D011－2		五通组石英砂岩中脉状石英黄铁矿矿石
层状矿体	D015－2	－300 m 中段二分层 W105 采场	层状矿体中含脉状石英黄铁矿矿石

13.3.1.2 测试方法

将样品D011－1、D011－2和D015－2中的石英部分进行初切割，再进行测温片的磨制，测温片由中南大学地球科学与信息物理学院磨片室完成。然后在显微镜下对包裹体测温片进行岩相学观察，观察流体包裹体岩相学特征，初步判断原生包裹体和次生包裹体，大致圈定流体包裹体显微测温的位置。

包裹体显微测温在中南大学有色金属成矿预测教育部重点实验室流体包裹体显微测温室完成。测试仪器为Linkam THMSG600型冷－热台，测试温度范围为－196～600℃，30～600℃范围内测试精度为±1℃，－196～30℃范围内，测试精度为±0.1℃。在测温过程中，温度升降变化速率控制在5～10℃/min，在接近气相或液相消失前，温度变化速率控制在0.1～1℃/min之间。

13.3.1.3 流体包裹体岩相学特征对比

依照包裹体岩相学观察，两类型石英流体包裹体特征如下：

下盘网脉状矿化：包裹体为Ⅰ型包裹体（气液两相水溶液包裹体）、未见含子矿物的多相包裹体，形状多为近椭圆形，少数为不规则状，大小多在5～15 μm之间，气液相比变化较大，为8%～50%，但多数为25%左右，属于富液相包裹体（图版Ⅱ.34a，b）。

层状矿体：包裹体为Ⅰ型包裹体（气液两相水溶液包裹体）、未见含子矿物的多相包裹体，形状多为近椭圆形，少数为不规则状，大小多在5～13μm之间，气液相比变化相对较小，为8%～32%，但多数为20%～25%，属于富液相包裹体（图版Ⅱ.34c，d）。

有岩相学观察发现，下盘网脉状矿化和层状矿体中石英流体包裹体特征并无明显区别，其在包裹体类型、形状、大小、气液相比等方面的特征均相似。

13.3.1.4 成矿物理化学条件对比

本次研究共测试下盘网脉状矿化石英流体包裹体40个，样品D011－1和D011－2各20个，层状矿体石英流体包裹体20个。流体包裹体显微测温结果见表13.4。利用Flincor软件（Brown，1989）对流体包裹体的盐度进行计算，计算结果见表13.4。

表13.4 下盘网脉状矿化及层状矿体石英流体包裹体显微测温结果统计表

类型	样号	冰点温度/℃（平均值）	气液均一温度/℃（平均值）	盐度/%（平均值）
下盘网脉状矿化	D011-1	-4.7～-1.3（-3.3）	201.1～378.9（301.6）	2.1～7.4（5.3）
	D011-2	-4.5～-1.1（-2.8）	227.2～321.4（277.9）	1.8～7.1（4.5）
平均值		-3.1	289.8	4.9
层状矿体	D015-1	-4.9～-3.0（-4.0）	259.1～399.7（341.9）	4.9～7.7（6.4）

对下盘网脉状矿化和层状矿体石英流体包裹体气液均一温度和盐度进行直方图统计（图13.2，图13.3）。统计显示，两者均一温度和盐度连续性较好，共同组成明显的“塔式”分布，暗示两者属于同一成矿流体演化的结果。对下盘网脉状矿化和层状矿体石英流体包裹体均一温度和盐度做散点关系图（图13.4），结果表明，两者在图中落点于相同区域，且排列紧密，层状矿体石英流体包裹体的均一温度和盐度平均值均稍高于下盘网脉状矿化石英流体包裹体的均一温度和盐度，结合下盘网脉状矿化石英流体包裹体的$^{87}Sr/^{86}Sr$初始比值与岩体和矿体$^{87}Sr/^{86}Sr$初始比值相近的结论，推测两者属于同一流体演化所形成，且层状矿体先于下盘网脉状矿化所形成。

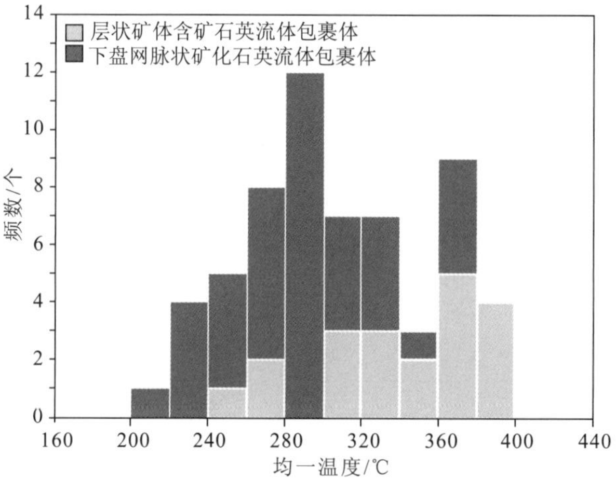

图13.2 下盘网脉状矿化及层状矿体石英流体包裹体均一温度直方图

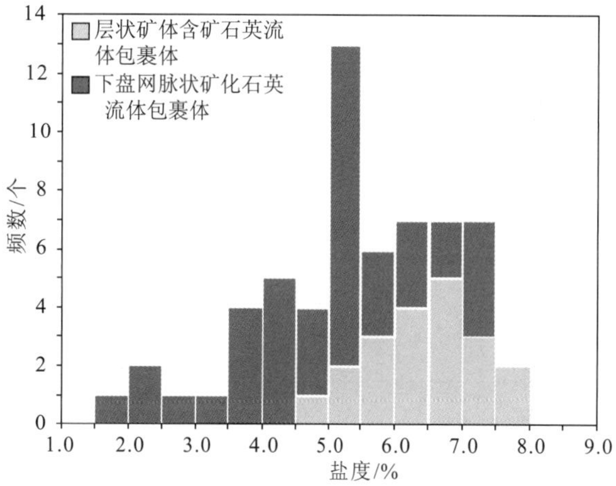

图13.3 下盘网脉状矿化及层状矿体石英流体包裹体盐度直方图

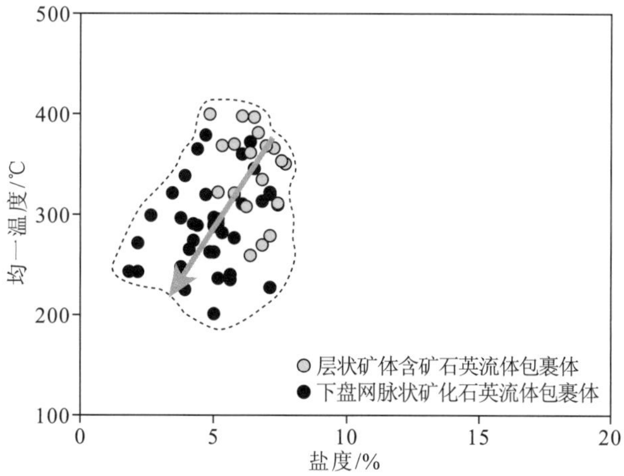

图13.4 下盘网脉状矿化及层状矿体石英流体包裹体盐度-均一温度散点关系图

利用 Flincor 软件（Brown，1989）对成矿流体的密度和压力进行计算得出：下盘网脉状矿化成矿流体的密度为 0.580 ~ 0.906 g/cm^3，平均值为 0.774 g/cm^3，压力为 $13\times10^5 \sim 219\times10^5$Pa，平均值为 80×10^5Pa；层状矿体石英黄铁矿脉形成期间，成矿流体的密度为 0.525 ~ 0.836 g/cm^3，平均值为 0.685 g/cm^3，压力为 $51\times10^5 \sim 271\times10^5$Pa，平均值为 162×10^5Pa。可见，两者成矿流体的密度相近，但层状矿体对应压力明显大于下盘网脉状矿化形成时期的压力，这正好说明层状矿体形成期间，当压力累积到一定程度时，五通组石英砂岩产生裂隙为下盘网脉状矿化的形成提供空间的同时，也释放了一定程度的压力。

13.3.2 黄铁矿同位素对比

本次研究选取层状矿体中结晶黄铁矿和下盘网脉状矿化中的结晶黄铁矿进行 S、Pb 同位素的对比测试分析，以判断两者是否为同一地质事件的产物。

13.3.2.1 S 同位素

本次研究选用层状矿体中结晶黄铁矿 10 件和下盘网脉状矿化中的结晶黄铁矿 5 件进行 S 同位素分析，分析结果见表 13.5，测试单位为核工业北京地质研究院分析测试中心。

表 13.5 下盘网脉状矿化及层状矿体中黄铁矿 S 同位素分析结果

矿化类型	样号	$\delta_{CDT}{}^{34}S$/‰	矿化类型	样号	$\delta_{CDT}{}^{34}S$/‰
层状矿体	D002	3.5	层状矿体	XQ011	1.0
	D007 - 6	4.4		XQ011 - 1	1.1
	XQ045 - 5	1.0		XQ011 - 2	1.0
	XQ045 - 6	3.6	下盘网脉状矿化	XQ045 - 8	3.8
	XQ008	3.2		D005 - 2	2.8
	XQ047 - 5	3.8		D006 - 2	3.0
	XQ012	3.0		D011 - 1	3.2
				D011 - 2	3.7

层状矿体中黄铁矿 $\delta^{34}S_{CDT}$变化范围为 1.0‰ ~ 4.4‰，平均值为 2.6‰；下盘网脉状矿化的 $\delta^{34}S_{CDT}$变化范围为 2.8‰ ~ 3.8‰，平均值为 3.3‰。层状矿体黄铁矿的 $\delta^{34}S_{CDT}$变化范围相对较大，下盘网脉状矿化的 $\delta^{34}S_{CDT}$平均值相对较高，但总体上两者组成相近。与自然界 S 同位素分布的对比图解（图 13.5）显示，两类黄铁矿的 $\delta^{34}S_{CDT}$组成近似一致，均呈岩浆硫的特征。

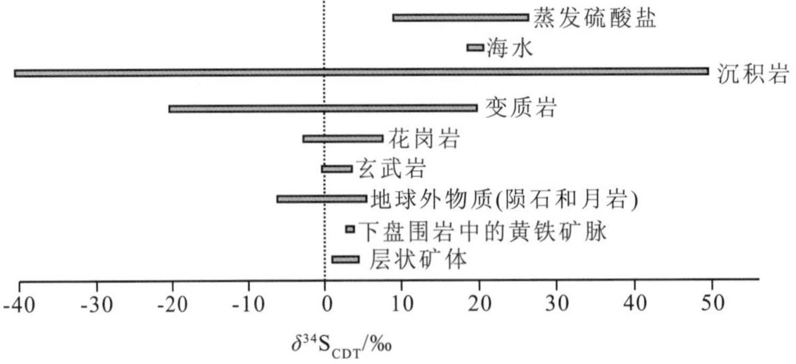

图 13.5 下盘网脉状矿化及层状矿体中黄铁矿 S 同位素组成对比图

13.3.2.2 Pb 同位素

本次研究选用层状矿体中结晶黄铁矿 5 件和下盘网脉状矿化中的结晶黄铁矿 3 件进行 Pb 同位素分析，分析结果见表 13.6，测试单位为核工业北京地质研究院分析测试中心。

表 13.6 下盘网脉状矿化及层状矿体中黄铁矿 Pb 同位素分析结果

矿化类型	样号	$^{208}Pb/^{204}Pb$	$^{207}Pb/^{204}Pb$	$^{206}Pb/^{204}Pb$	μ	ω	Th/U	$\Delta\alpha$	$\Delta\beta$	$\Delta\gamma$
层状矿体	XQ008	38.380	15.571	18.398	9.41	36.08	3.71	70.61	16.03	30.26
	XQ045-6	38.379	15.589	18.320	9.45	36.67	3.76	72.26	17.56	33.72
	XQ011	38.427	15.584	18.372	9.44	36.53	3.75	71.85	17.03	33.07
	XQ011-1	38.454	15.584	18.332	9.44	36.86	3.78	71.79	17.16	35.08
	XQ011-2	38.556	15.616	18.353	9.5	37.47	3.82	74.93	19.36	38.89
下盘网脉状矿化	XQ45-8	38.756	15.609	18.575	9.47	36.99	3.78	74.63	18.17	36.79
	D011-1	38.472	15.577	18.416	9.42	36.41	3.74	73.33	16.51	33.68
	D011-2	38.325	15.541	18.397	9.35	35.59	3.68	72.23	14.16	29.73

下盘网脉状矿化和层状矿体黄铁矿 Pb 同位素 Th/U 值变化范围分别为 3.68～3.78 和 3.71～3.82，平均值分别为 3.73 和 3.76，平均值相差 0.03；μ 特征值取值范围分别为 9.35～9.47 和 9.41～9.50，平均值分别为 9.41 和 9.45，平均值相差 0.04；ω 特征值取值范围分别为 35.59～36.99 和 36.08～37.47，平均值分别为 36.33 和 36.72，平均值相差 0.39。可见，下盘网脉状矿化和层状矿体黄铁矿 Pb 同位素的特征值组成相近，推测为同一地质事件的产物。

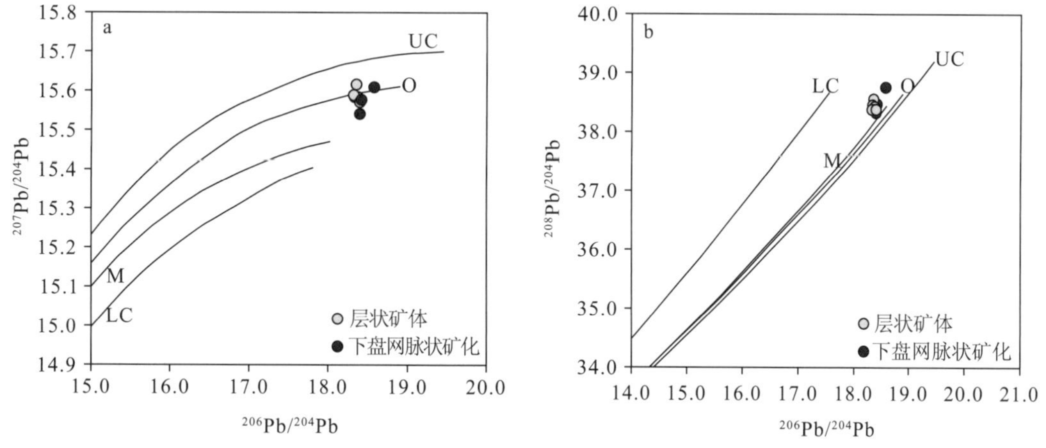

图 13.6 下盘网脉状矿化及层状矿体中黄铁矿铅同位素构组成图

UC—上地壳；O—造山带；M—地幔；LC—下地壳

为了进一步探讨下盘网脉状矿化和层状矿体黄铁矿 Pb 同位素是否具有亲缘性，将两者的铅同位素组成投影到铅同位素组成图中（图 13.6）。投图结果显示，下盘网脉状矿化和层状矿体黄铁矿 Pb 同位素投点排列紧密，在 $^{207}Pb/^{204}Pb-{}^{206}Pb/^{204}Pb$ 图解（图 13.6a）和 $^{208}Pb/^{204}Pb-{}^{206}Pb/^{204}Pb$ 图解（图 13.6b）中，所有投点均分布于造山带演化线上及其附近，与矶头岩株的铅同位素投图结果一致，说明下盘网脉状矿化和层状矿体黄铁矿与矶头复式岩株之间存在明显的亲缘关系，这与下盘网脉状矿化和层状矿体黄铁矿在铅同位素的 $\Delta\beta-\Delta\gamma$ 成因分类图解（图 13.7）中落点于壳幔混合岩浆作用铅范围内的结果一致。

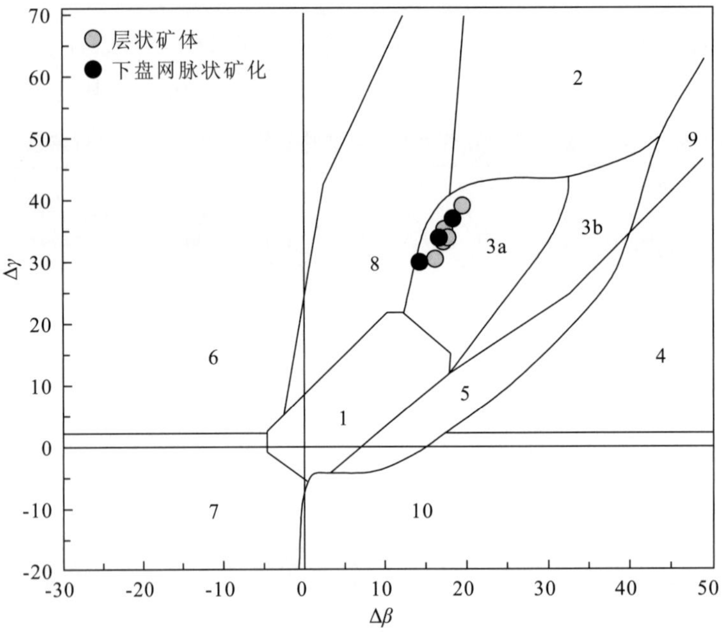

图 13.7　下盘网脉状矿化及层状矿体中黄铁矿矿石铅 Δβ－Δγ 成因分类图解

1—地幔源铅；2—上地壳铅；3—上地壳与地幔混合的俯冲带铅（3a—岩浆作用，3b—沉积作用）；4—化学沉积型铅；5—海底热水作用铅；6—中深变质作用铅；7—深变质下地壳铅；8—造山带铅；9—古老页岩上地壳铅；10—退变质铅

第 14 章　胶状黄铁矿成因分析

黄铁矿是新桥铜－硫－铁矿床最为主要的金属矿物，而矿区内的胶状黄铁矿则是新桥矿床的一独特金属矿物，其成因存在较大的争议，目前的成因观点有同生沉积（谢华光等，1995；杨道斐等，1982；刘裕庆，1991；唐永成等；1998）、海底喷流沉积（阎学义等，1977；徐克勤等，1978；顾连兴等，1986；岳文浙等，1993；周涛发等，2000；Gu et al.，2000；肖新建等，2000；Xu et al.，2001；徐文艺等，2004；李红阳等，2005；李红阳等，2008）和燕山期岩浆热液成因（常印佛等，1983，1991；杨兵等，1985；翟裕生等，1992；Pan et al.，1999），周涛发等（2010）基于胶状黄铁矿沉积成因的认识，利用 LA－ICP－MS 技术研究了胶状黄铁矿、细晶黄铁矿和粗晶黄铁矿的主、微量元素地球化学特征，但缺少对胶状黄铁矿沉积成因的解释，而且胶状黄铁矿 LA－ICP－MS 微量元素分析数据仅有 3 个，缺少统计意义。笔者通过对胶状黄铁矿开展主微量元素原位微区电子探针分析，通过黄铁矿的标型特征厘定了胶状黄铁矿的热液成因（张宇等，2013b），但受制于电子探针微量元素分析的精确性较低，其结论有待进一步证明。王跃等（2009，2013）、Wang 等（2011）通过对新桥胶状黄铁矿的 Fe 同位素开展研究，指出胶状黄铁矿富集铁的轻同位素，结晶黄铁矿富集铁的重同位素，而且这两者的铁同位素变化范围均落入 Granham（2004）研究得出的矽卡岩型矿床中黄铁矿铁同位素组成范围内（$\delta^{57}Fe = -2.58‰ \sim 1.62‰$），说明胶状黄铁矿为岩浆热液成因，但谢杰（2012）通过对胶状黄铁矿单矿物进行 S 同位素测试，指出其 $\delta^{34}S_{CDT}$ 变化范围为 3.53‰～4.37‰，明显大于岩浆硫组成范围，胶状黄铁矿为正常沉积成因。但需要指出的是，本区虽然胶状黄铁矿分布较多，但胶状黄铁矿较为疏散，颗粒较小，且显微镜鉴定发现其胶粒均受到热液改造发生局部重结晶，未见有完整的胶粒出现，所以对胶状黄铁矿进行单矿物选取并不能保证纯度，王跃等（2009，2013）、Wang 等（2011）和谢杰（2012）所进行的胶状黄铁矿单矿物同位素测试仍需进一步验证。所以，对胶状黄铁矿的成因研究目前只能借助于具有高效性、精确性等优势的电子探针（EPMA）原位微区主量元素分析、LA－ICP－MS 原位微区微量元素分析和离子探针（SHRIMP）原位微区同位素等测试技术。

14.1　胶状黄铁矿矿物学特征

新桥矿床独特的胶状黄铁矿分布于 1 号矿体底板五通组顶部的局部地段和层状菱铁矿体底板的局部地段，在水平方向上属于 1 号矿体的远端，远离矶头复式岩株，其含量较少。

胶状黄铁矿手标本呈块状、较疏松，浅灰色，无金属光泽，局部重结晶形成结晶黄铁矿（图版Ⅱ.22b，图版Ⅱ.35a，b）。镜下观察发现，胶状黄铁矿多呈暗黑色到灰白色，胶状结构，同心环状结构，胶粒大小一般为 0.5～0.7mm（图版Ⅱ.22a，b），由于受后期构造变形的影响，单个胶状黄铁矿颗粒均有不同程度的结晶黄铁矿重结晶形成（图版Ⅱ，22b），且胶状黄铁矿的形态有多种多样。利用扫描电镜对胶状黄铁矿进行放大 50000 倍观察可以发现，胶状黄铁矿并不是不具晶形，而是由不足 1 μm 的立方体微晶黄铁矿组成（图版Ⅱ.35e，f）

对胶状黄铁矿进行 X 衍射矿物组成分析和扫描电镜定性分析发现，多数胶状黄铁矿中不含交生的菱铁矿（图 14.1a，图 14.2a），但局部胶状黄铁矿中含有交生的菱铁矿（图 14.1b，图 14.2b），但这类胶状黄铁矿含量较少。

胶状黄铁矿手标本较难保存，其在正常存放条件下，极易氧化。经过氧化的胶状黄铁矿由块状变

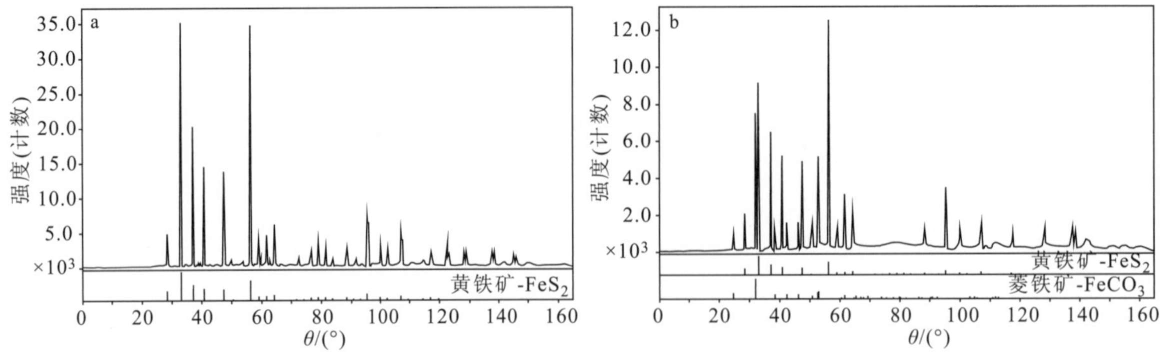

图 14.1 新桥矿区胶状黄铁矿的 X 衍射谱图

（测试单位：中南大学地球科学与信息物理学院 X 衍射实验室；测试人：谷湘平）

a—不含菱铁矿的胶状黄铁矿；b—与菱铁矿交生的胶状黄铁矿

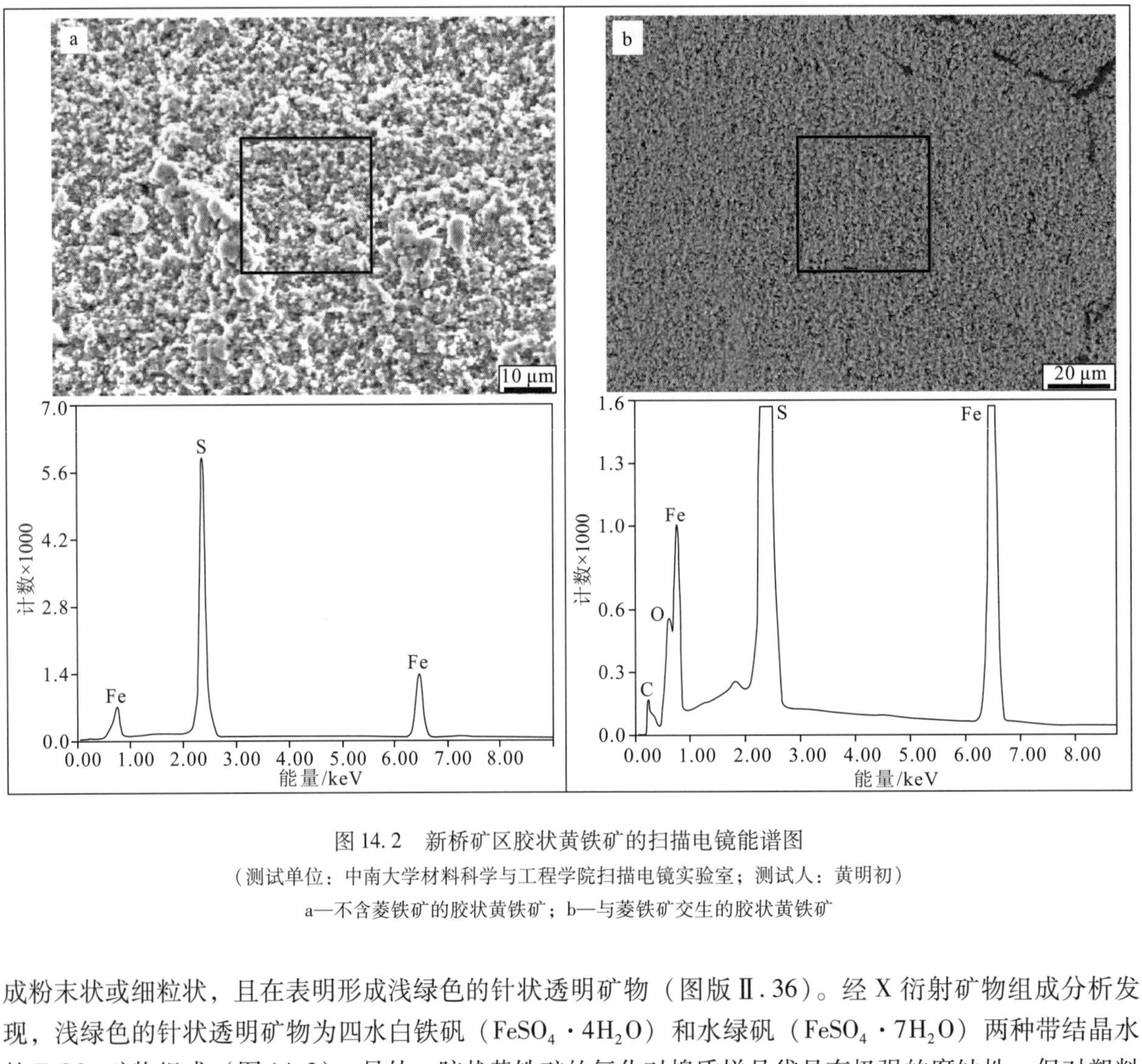

图 14.2 新桥矿区胶状黄铁矿的扫描电镜能谱图

（测试单位：中南大学材料科学与工程学院扫描电镜实验室；测试人：黄明初）

a—不含菱铁矿的胶状黄铁矿；b—与菱铁矿交生的胶状黄铁矿

成粉末状或细粒状，且在表明形成浅绿色的针状透明矿物（图版Ⅱ.36）。经 X 衍射矿物组成分析发现，浅绿色的针状透明矿物为四水白铁矾（$FeSO_4 \cdot 4H_2O$）和水绿矾（$FeSO_4 \cdot 7H_2O$）两种带结晶水的 $FeSO_4$ 矿物组成（图 14.3）。另外，胶状黄铁矿的氧化对棉质样品袋具有极强的腐蚀性，但对塑料样品袋腐蚀性则相对较弱。

显微镜下发现，与胶状黄铁矿伴生的结晶黄铁矿有两种，一种为粒度较小的细晶黄铁矿，另一种为粒度较大的粗晶黄铁矿。细晶黄铁矿可能是胶状黄铁矿经历了后期变形重结晶－热液叠加交代而形

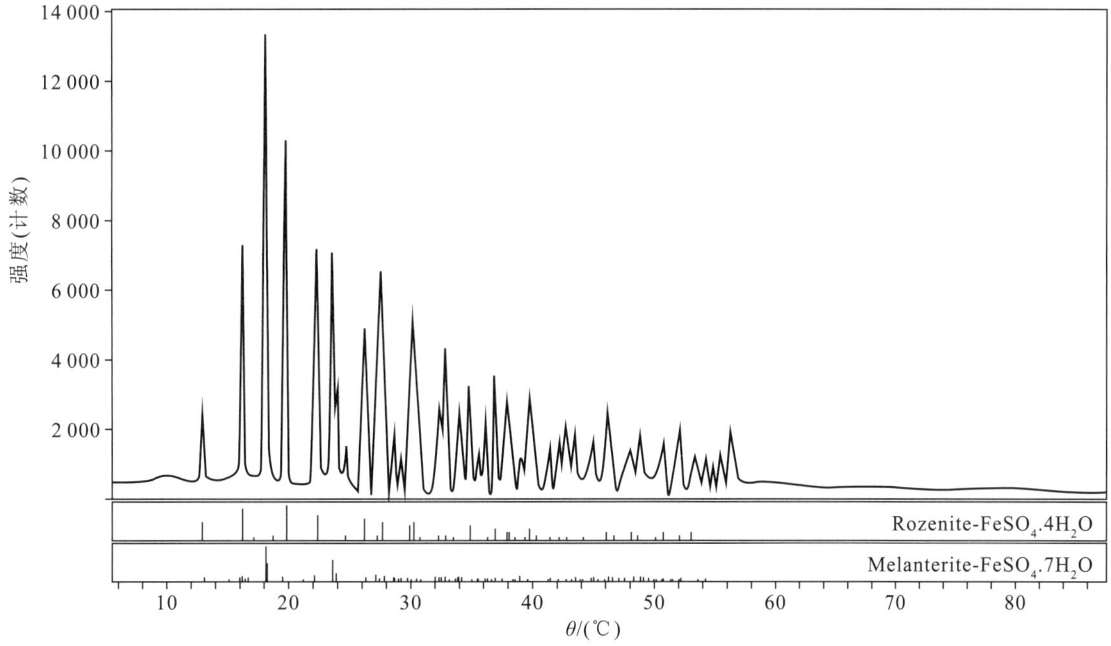

图 14.3 浅绿色透明针状矿物的 X 衍射谱图

（测试单位：中南大学地球科学与信息物理学院 X 衍射实验室；测试人：谷湘平）

成的，因为边部或者核部往往保留了未完全重结晶的胶状黄铁矿，并且局部仍保留胶状黄铁矿的胶状结构特征，呈交代残余结构和变余胶状结构（图版Ⅱ.37）；粗晶黄铁矿自形程度较高，呈立方体自形晶、不规则他形粒状或细脉状穿插于胶状黄铁矿和细晶黄铁矿之中（图版Ⅱ.22b）。经显微观察鉴定可以发现，3 种结构的黄铁矿生成顺序为：胶状黄铁矿→细晶黄铁矿→粗晶黄铁矿。

14.2 样品采集及测试方法

本次测试的样品为含结晶黄铁矿的胶状黄铁矿矿石（图版Ⅱ.35a，b），样品采自新桥铜-硫-铁矿床-300 m 中段 5 号穿脉内底沿 1 号矿体底部，测试矿物除了胶状黄铁矿，还对与其共生的细晶黄铁矿和粗晶黄铁矿进行对比测试分析，分析手段主要为电子探针（EPMA）原位微区常量元素分析、激光剥蚀电感耦合等离子体质谱（LA-ICP-MS）原位微区微量元素分析和离子探针（SHRIMP）原位微区 S 同位素组成分析。

样品的 EPMA 分析和 LA-ICP-MS 原位分析工作均在日本秋田大学完成。首先对样品进行显微镜观察，选出要分析的颗粒或区域进行电子探针分析。电子探针分析的条件为：实验的负荷为20 kV，电子束能量为 20 nA，斑束直径为 5 μm，大多数元素的分析精度高于 1%。在对电子探针分析结果进行校正计算之后，对同一颗粒进行 LA-ICP-MS 分析，分析仪器为 Agilent 7500i 型四极杆质谱仪和 New Wave Research 5906 激光剥蚀系统。实验过程中采用 He 作为剥蚀物质的载气。实验过程中采用 45 μm 的激光束对分析样品进行斑点式剥蚀，频率为 6 Hz，激光的能量约为 6.5 J/cm^2。每个样品分析点的分析时间为 90 s，其中包括 30 s 的剥蚀前的背景值测定，接下来对标样进行 30 s 剥蚀来测定校正标准值，然后对测定样品进行 30 s 剥蚀，从而得到有效的分析数据。所有的分析数据都必须用 USG 的 MASS-1 标样值来进行校正，在每分析 10 个样之后，必须再测定一次背景值和标样值。

样品的 SHRIMP 原位 S 同位素组成分析工作在澳大利亚国立大学地球科学研究院离子探针实验室完成。具体测试方法及其参数见 Daniel 等（2015），测试仪器型号为 SHRIMP-SI。将胶状黄铁矿矿石制作成直径为 25 mm 的环氧树脂靶，在显微镜下对胶状黄铁矿进行显微特征观察，初步圈定测试的胶状黄铁矿颗粒位置。环氧树脂靶测试面镀金约0.01 μm，以分散在测试过程中所产生的电荷，并维持样品 -10 kV 的电势以让从样品表面发射出的二次电子有一个特定的电势。离子源室压力维持在 10^{-6}Pa。样品表面电势维持在 -10 kV 的同时，原发性 Cs^+ 在 Kimball Physics IGS -4 型离子枪中生成并被加到 +5 kV 的电势，这可以使其冲击能量达到15 keV。原离子束束斑大小为25 μm。测试点周围区域在经过预消融后有120 s的空白时间确保在数据获得前两次离子束的稳定。测试中包含10个10秒数据采集时间间隔。$^{32}S^-$、$^{33}S^-$和$^{34}S^-$分别由630 MHz、5 MHz和28 MHz的计算率进行测试，不同的S同位素利用法拉第杯进行测试（Ireland et al.，2014），每测试7个点后进行两次标准样品测试。

14.3 测试结果

电子探针测试结果见表14.1。胶状黄铁矿、细晶黄铁矿和粗晶黄铁矿S含量变化范围分别为50.839% ~ 52.623%、51.667% ~ 53.834%和52.150% ~ 54.444%，平均值分别为52.007%、52.848%和53.742%；胶状黄铁矿、细晶黄铁矿和粗晶黄铁矿Fe含量变化范围分别为46.509% ~ 47.679%、45.578% ~ 48.450%和46.132% ~ 48.099%、平均值分别为47.006%、47.131%和47.342%。按照胶状黄铁矿→细晶黄铁矿→粗晶黄铁矿的顺序，S含量的下限值、上限值和平均值均逐步增大，Fe含量平均值也呈现同步增大的趋势。

表14.1 新桥铜硫铁矿床黄铁矿电子探针分析数据 $w(B)/\%$

测点	测试矿物	S	Fe	测点	测试矿物	S	Fe
E-1	粗晶黄铁矿	53.83	47.47	E-23	细晶黄铁矿	52.71	47.46
E-2	粗晶黄铁矿	54.24	47.74	E-24	细晶黄铁矿	53.45	47.59
E-3	粗晶黄铁矿	53.76	47.04	E-25	细晶黄铁矿	52.92	47.79
E-4	粗晶黄铁矿	53.83	47.39	E-26	细晶黄铁矿	53.18	47.06
E-5	粗晶黄铁矿	54.04	47.12	E-27	细晶黄铁矿	52.47	46.97
E-6	粗晶黄铁矿	54.35	47.06	E-28	细晶黄铁矿	53.40	47.34
E-7	粗晶黄铁矿	53.73	47.03	E-29	细晶黄铁矿	53.04	47.20
E-8	粗晶黄铁矿	53.86	47.24	E-30	细晶黄铁矿	52.01	46.55
E-9	粗晶黄铁矿	53.50	46.71	E-31	细晶黄铁矿	52.62	46.46
E-10	粗晶黄铁矿	52.15	46.13	E-32	细晶黄铁矿	51.67	45.58
E-11	粗晶黄铁矿	52.76	46.51	E-33	细晶黄铁矿	52.25	46.48
E-12	粗晶黄铁矿	53.08	46.69	E-34	细晶黄铁矿	53.47	47.79
E-13	粗晶黄铁矿	53.46	47.41	E-35	细晶黄铁矿	53.83	48.45
E-14	粗晶黄铁矿	54.44	47.40	E-36	胶状黄铁矿	52.37	47.08
E-15	粗晶黄铁矿	54.21	47.48	E-37	胶状黄铁矿	51.85	46.54
E-16	粗晶黄铁矿	53.55	47.35	E-38	胶状黄铁矿	50.84	46.89
E-17	粗晶黄铁矿	53.59	47.77	E-39	胶状黄铁矿	52.62	47.68
E-18	粗晶黄铁矿	53.49	47.86	E-40	胶状黄铁矿	52.58	47.33
E-19	粗晶黄铁矿	54.09	48.10	E-41	胶状黄铁矿	51.79	46.51
E-20	粗晶黄铁矿	53.97	48.04				
E-21	粗晶黄铁矿	54.15	48.02				
E-22	粗晶黄铁矿	54.27	47.99				

LA-ICP-MS测量结果见表14.2。胶状黄铁矿测试结果显示，元素V、Mn、Co、Ni、Cu、As、Mo、Ag、Sn、Sb、Ba、W、Au、Tl、Pb和Bi均超过检测限，元素Ga、In、Cr、Se和Hg有少量测试点的含量低于检测限，而元素Zn、Cd和Te在多数测量点的含量均低于检测限；5个细晶黄铁矿的

LA－ICP－MS 测量点中，元素 V、Mn、Co、Ni、Cu、As、Ag、Sb、Ba、Tl、Pb 和 Bi 均高于检测限，而元素 Cr、Zn、Ga、Se、Mo、Cd、In、Sn、Te、W、Au 和 Hg 在部分测试点的含量低于检测限；粗晶黄铁矿测量结果显示，元素 V、Co、Ni、Cu 和 Ag 均超过检测限，元素 Mn、Ga、As、Mo、Sb、Ba、W、Tl、Pb 和 Bi 有少量测试点的含量低于检测限，而元素 Cr、Zn、Se、Cd、In、Sn、Te、Au 和 Hg 在多数测量点的含量均低于检测限。可见，元素 V、Co、Ni、Cu 和 Ag 在 3 种结构的黄铁矿中含量均较为稳定。

表 14.2　新桥铜硫铁矿床黄铁矿 LA－ICP－MS 分析数据　　$w(B)/10^{-6}$

测点编号	测试矿物	V	Cr	Mn	Co	Ni	Cu	Zn	Ga	As	Se	Mo	Ag
L－1	粗晶黄铁矿	6.696	2.349	169.206	1.686	1.109	192.784	13.286	0.227	2525.705	1.642	11.683	10.703
L－2	粗晶黄铁矿	4.751	—	112.959	1.834	0.822	64.941	4.925	0.350	793.020	—	0.283	6.316
L－3	粗晶黄铁矿	10.559	1.171	297.791	1.783	1.362	157.036	4.218	0.189	1994.823	0.654	10.860	18.129
L－4	粗晶黄铁矿	0.626	0.157	102.258	0.820	0.614	8872.702	—	0.262	484.228	4.474	1.158	19.455
L－5	粗晶黄铁矿	2.102	—	86.924	0.924	0.632	77.421	—	—	391.005	—	0.766	2.546
L－6	粗晶黄铁矿	0.136	—	3.175	1.343	1.280	1956.462	—	0.140	—	—	0.069	1.099
L－7	粗晶黄铁矿	4.518	0.261	99.939	1.106	0.557	136.744	—	0.585	1680.894	—	2.198	7.166
L－8	粗晶黄铁矿	0.560	0.900	9.715	3.069	2.437	1276.497	—	0.300	87.745	—	0.071	2.942
L－9	粗晶黄铁矿	8.548	0.068	165.767	1.353	0.889	411.361	—	0.227	406.942	2.186	1.907	8.593
L－10	粗晶黄铁矿	7.702	0.783	191.413	1.460	1.361	258.741	10.891	1.864	168.836	—	0.670	18.877
L－11	粗晶黄铁矿	3.855	1.445	9.097	1.692	1.255	7.054	—	9.629	15.297	0.774	0.047	3.234
L－12	粗晶黄铁矿	0.066	—	—	1.365	1.168	2.896	3.076	—	9.863	14.924	—	0.043
L－13	粗晶黄铁矿	0.832	1.112	6975.447	63.323	19.533	43.497	5.238	0.437	310.971	—	0.050	1.932
L－14	粗晶黄铁矿	0.198	0.304	10.420	24.030	11.225	1145.129	49.506	0.110	13.282	—	—	0.507
L－15	粗晶黄铁矿	0.125	—	11.311	36.647	7.846	2.934	2.737	0.094	13.147	13.561	0.294	0.085
L－16	细晶黄铁矿	44.929	1.951	2671.823	2.523	1.924	243.419	112.355	1.156	659.202	0.579	20.015	10.019
L－17	细晶黄铁矿	4.422	40.963	1435.425	2.127	2.072	345.036	15.117	2.050	3015.455	—	0.985	10.787
L－18	细晶黄铁矿	1.832	2.482	2362.089	0.761	0.628	1250.225	—	1.134	481.385	1.553	17.252	9.318
L－19	细晶黄铁矿	1.062	0.277	1200.433	0.938	0.762	1765.303	—	14.886	383.010	3.132	26.149	11.974
L－20	细晶黄铁矿	0.869	0.322	1073.309	1.310	1.180	1108.194	—	0.836	361.516	5.720	7.589	8.679
L－21	细晶黄铁矿	0.008	—	1.749	13.707	13.091	4.329	—	—	237.875	—	—	0.863
L－22	胶状黄铁矿	4.025	0.797	237.357	1.127	1.606	1166.575	34.758	0.348	624.751	—	289.622	57.317
L－23	胶状黄铁矿	2.310	—	139.596	2.256	1.063	1129.452	1.475	0.189	730.025	0.792	188.433	60.021
L－24	胶状黄铁矿	3.022	0.366	246.043	2.022	1.134	985.634	2.889	0.265	639.710	—	155.649	52.467
L－25	胶状黄铁矿	5.692	0.167	114.155	1.635	1.066	663.222	1.327	0.587	401.029	1.486	43.917	48.072
L－26	胶状黄铁矿	2.106	—	65.176	1.410	0.479	726.238	-	0.134	219.787	1.070	47.463	60.348
L－27	胶状黄铁矿	1.586	—	55.449	0.898	0.525	887.929	-	-	266.454	-	30.687	60.975
L－28	胶状黄铁矿	5.998	0.332	65.221	2.330	3.461	972.553	-	0.918	373.638	-	31.013	68.462
L－29	胶状黄铁矿	56.580	0.759	1352.665	1.352	1.237	250.531	144.549	2.960	608.399	4.635	50.472	8.647
L－30	胶状黄铁矿	34.035	0.483	563.137	2.262	1.348	329.585	17.661	4.120	751.994	2.579	36.878	16.385
L－31	胶状黄铁矿	7.805	1.157	345.550	2.191	1.219	277.368	21.289	1.087	782.988	2.181	14.172	20.333
L－32	胶状黄铁矿	10.653	4.235	257.237	2.072	1.385	450.721	1.564	9.926	238.592	1.740	0.446	30.224
L－33	胶状黄铁矿	2.734	1.336	24.488	2.306	2.072	703.678	—	2.572	430.152	1.784	3.547	40.259
L－34	胶状黄铁矿	24.804	0.818	243.106	1.847	0.641	591.090	4.159	10.462	867.954	0.974	1.106	27.991

续表

测点编号	测试矿物	Cd	In	Sn	Sb	Te	Ba	W	Au	Hg	Tl	Pb	Bi
L-1	粗晶黄铁矿	—	0.006	0.041	5.917	—	10.612	0.935	0.112	1.130	17.518	111.118	90.019
L-2	粗晶黄铁矿	—	0.008	—	0.850	0.125	9.863	1.431	0.033	0.425	2.918	50.584	30.266
L-3	粗晶黄铁矿	—	0.004	0.062	1.646	0.808	0.788	1.220	0.221	0.877	5.211	101.582	134.169
L-4	粗晶黄铁矿	0.275	0.076	—	6.664	—	—	0.089	0.583	—	5.075	93.410	5.156
L-5	粗晶黄铁矿	0.050	—	—	0.377	0.223	0.033	0.077	—	0.614	0.854	10.504	4.969
L-6	粗晶黄铁矿	—	—	0.111	0.121	0.649	—	0.080	—	0.329	0.179	5.519	0.988
L-7	粗晶黄铁矿	—	0.007	0.034	1.308	0.001	0.029	0.125	—	0.027	6.639	60.364	18.527
L-8	粗晶黄铁矿	—	—	0.195	1.867	0.133	0.034	0.144	—	—	0.335	48.721	5.021
L-9	粗晶黄铁矿	—	—	—	3.547	—	4.211	0.441	0.011	1.629	56.399	127.223	5.834
L-10	粗晶黄铁矿	—	—	0.150	20.139	—	4.466	0.723	0.086	0.615	22.963	367.902	224.754
L-11	粗晶黄铁矿	—	—	0.058	0.181	—	2.747	—	0.045	—	0.557	13.832	5.149
L-12	粗晶黄铁矿	—	0.016	—	0.046	2.285	1.934	0.012	—	0.341	—	—	—
L-13	粗晶黄铁矿	—	0.076	0.388	1.109	—	2.833	0.298	—	—	—	49.444	2.348
L-14	粗晶黄铁矿	0.612	0.275	0.038	—	10.463	0.315	0.506	0.405	1.818	0.194	3.296	4.821
L-15	粗晶黄铁矿	—	—	0.282	—	—	0.671	0.771	0.576	1.939	0.310	0.496	1.626
L-16	细晶黄铁矿	0.394	0.291	0.313	34.554	—	0.149	4.561	—	0.649	11.445	547.739	123.806
L-17	细晶黄铁矿	0.305	0.247	0.917	1.959	6.477	0.257	0.460	0.652	0.600	3.360	52.786	59.100
L-18	细晶黄铁矿	0.135	0.104	1.362	333.984	0.172	7.818	8.891	0.054	0.178	4.289	1260.685	4.653
L-19	细晶黄铁矿	—	0.019	3.452	263.120	—	6.769	3.458	0.047	0.373	4.869	1358.743	4.346
L-20	细晶黄铁矿	—	0.006	0.642	276.633	—	8.988	4.588	—	0.485	3.825	1277.802	3.148
L-21	细晶黄铁矿	0.789	—	—	0.054	5.685	0.118	—	—	—	0.044	2.512	9.543
L-22	胶状黄铁矿	0.416	0.016	0.073	182.244	0.080	2.434	0.483	0.049	0.316	6.893	938.351	296.242
L-23	胶状黄铁矿	0.028	0.001	0.405	160.246	0.326	0.413	0.610	0.103	0.314	5.218	1060.322	275.531
L-24	胶状黄铁矿	0.072	0.027	0.571	203.282	—	0.237	0.620	0.033	—	5.106	880.355	324.756
L-25	胶状黄铁矿	—	0.036	0.178	88.738	0.149	0.147	0.854	0.028	0.078	5.004	1790.015	252.051
L-26	胶状黄铁矿	—	0.016	0.146	95.921	0.214	0.032	0.157	0.016	0.159	3.302	885.141	267.986
L-27	胶状黄铁矿	—	0.019	0.103	105.373	0.658	0.014	0.085	0.050	0.262	3.914	1028.720	266.802
L-28	胶状黄铁矿	0.038	0.030	0.051	137.061	0.338	0.113	0.645	0.051	0.239	4.875	1536.280	435.920
L-29	胶状黄铁矿	—	0.179	1.381	31.322	—	20.621	12.986	0.034	1.159	6.579	734.583	174.610
L-30	胶状黄铁矿	0.257	0.062	1.932	35.206	—	6.555	9.965	0.043	0.520	5.539	677.004	201.485
L-31	胶状黄铁矿	—	0.009	0.292	32.541	—	8.731	1.099	0.011	0.299	6.216	507.111	196.277
L-32	胶状黄铁矿	—	0.030	0.803	30.549	0.119	4.643	1.561	0.051	0.546	17.581	767.497	342.975
L-33	胶状黄铁矿	—	—	0.311	41.655	—	14.057	1.534	0.089	0.435	13.828	1951.789	500.466
L-34	胶状黄铁矿	—	0.056	1.186	41.233	—	14.246	2.768	0.043	0.914	31.451	1217.788	525.754

注：—表示所测元素含量低于检测限。

SHRIMP 测量结果见表 14.3 和图版Ⅱ.38。粗晶黄铁矿、细晶黄铁矿和胶状黄铁矿分别测试了 5 点、4 点和 21 点的原位 S 同位素分析，其 $\delta^{34}S_{CDT}$变化范围分别为 1.88‰~4.38‰、1.75‰~2.45‰和 -4.61‰~2.74‰，平均值分别为 3.54‰、2.05‰和 0.58‰。由 S 同位素直方图（图 14.4），胶状黄铁矿主要变化范围为 -0.50‰~2.50‰，与粗晶黄铁矿和细晶黄铁矿 S 同位素组成近似一致。

表 14.3　新桥黄铁矿离子探针原位 S 同位素分析结果

测试点号	测试矿物	$\delta^{34}S_{CDT}$/‰	标准误差	测试点号	测试矿物	$\delta^{34}S_{CDT}$/‰	标准误差
1	细晶黄铁矿	1.75	0.05	16	细晶黄铁矿	1.93	0.05
2	粗晶黄铁矿	4.38	0.05	17	胶状黄铁矿	-4.32	0.05
3	粗晶黄铁矿	4.16	0.05	18	胶状黄铁矿	2.44	0.04
4	细晶黄铁矿	2.05	0.05	19	胶状黄铁矿	0.82	0.05
5	胶状黄铁矿	-0.62	0.04	20	胶状黄铁矿	2.74	0.05
6	粗晶黄铁矿	3.74	0.05	21	胶状黄铁矿	1.29	0.04
7	胶状黄铁矿	1.71	0.05	22	胶状黄铁矿	0.50	0.04
8	胶状黄铁矿	2.29	0.05	23	胶状黄铁矿	0.85	0.04
9	胶状黄铁矿	-0.06	0.05	24	胶状黄铁矿	1.79	0.04
10	粗晶黄铁矿	3.55	0.05	25	胶状黄铁矿	1.99	0.05
11	胶状黄铁矿	0.74	0.04	26	胶状黄铁矿	1.15	0.04
12	细晶黄铁矿	2.45	0.04	27	胶状黄铁矿	-0.67	0.04
13	胶状黄铁矿	1.36	0.04	28	胶状黄铁矿	-4.61	0.05
14	胶状黄铁矿	2.25	0.04	29	胶状黄铁矿	-0.21	0.06
15	粗晶黄铁矿	1.88	0.05	30	胶状黄铁矿	0.77	0.06

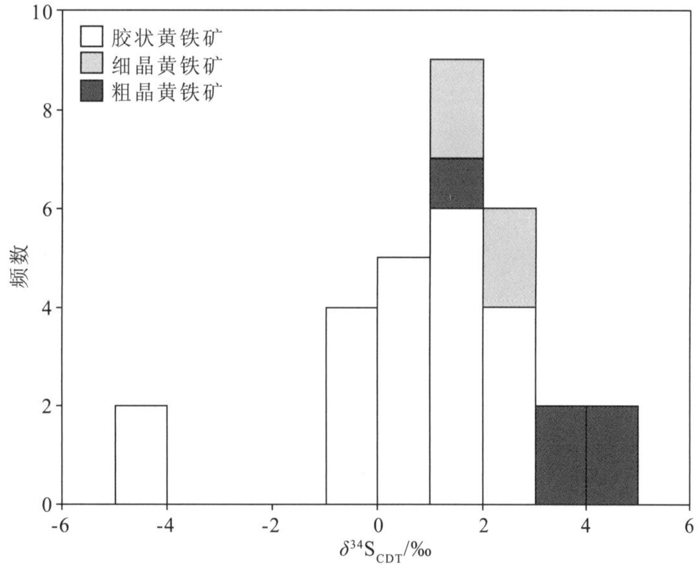

图 14.4　新桥黄铁矿离子探针原位 S 同位素频数直方图

14.4　讨论

14.4.1　胶状黄铁矿成因分析

黄铁矿中 Fe/S 的理论值 0.875，黄铁矿的实际值与理论值的比较具有可靠的指示意义。沉积成因黄铁矿铁、硫含量同理论值相近或硫的含量略多，内生黄铁矿型铜（多金属）矿床中的黄铁矿与理论值相比亏硫，而且黄铁矿的活化随形成时温度的增高而增大，而且形成温度越高使其越富铁贫硫（梅建明，2000）。新桥胶状黄铁矿、细晶黄铁矿和粗晶黄铁矿的 Fe/S 取值范围分别为 0.90 ~ 0.92、

0.88～0.90、0.87～0.90，平均值分别为0.90、0.89、0.88，3 种黄铁矿的 Fe/S 值均大于理论值（0.875），说明该区胶状黄铁矿具有内生成因特征。另外，按照粗晶黄铁矿→细晶黄铁矿→胶状黄铁矿的顺序，Fe、S 含量的下限值、上限值和平均值均逐步增大，富 Fe 贫 S 的趋势逐渐明显（图 14.5），说明胶状黄铁矿、细晶黄铁矿和粗晶黄铁矿的形成温度逐渐减小，按照内生矿床温度梯度原理，3 种黄铁矿的生成顺序应该为胶状黄铁矿→细晶黄铁矿→粗晶黄铁矿，这与镜下显微鉴定结果一致。

A. Bralia 等（1979）对多种不同成因类型黄铁矿的 Co、Ni 含量进行系统研究后认为：沉积黄铁矿 Co/Ni＜1；热液型黄铁矿的 Co、Ni 含量变化较大，1＜Co/Ni＜5；火山喷气块状硫化物矿床 Co/Ni 值变化范围一般为 5～50。新桥胶状黄铁矿、细晶黄铁矿和粗晶黄铁矿的 Co/Ni 值分别为 0.70～1.66、1.03～1.31 和 1.05～4.67，平均值分别为 0.66、1.16 和 1.82，胶状黄铁矿 13 个 Co/Ni 值中仅有 2 个数据小于 1，且均小于 5（图 14.6），具热液成因特征。

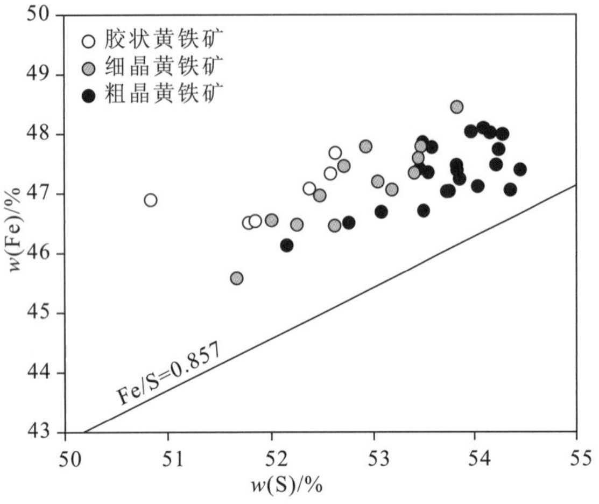

图 14.5 新桥矿区黄铁矿 Fe－S 关系图

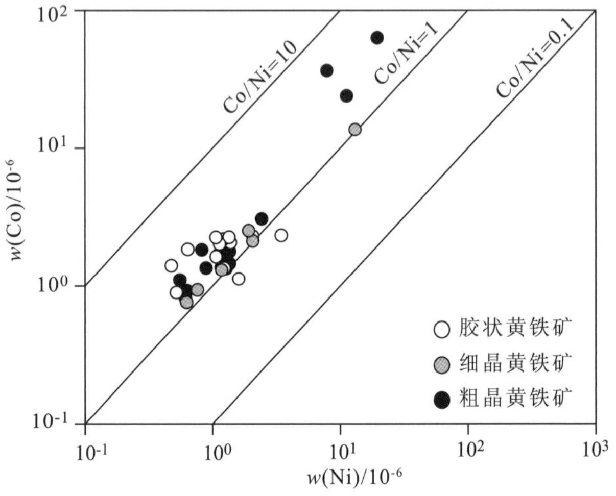

图 14.6 新桥矿区黄铁矿 Co－Ni 关系图

宋学信和张景凯（1986）通过对我国众多矿床开展黄铁矿微量元素地球化学特征研究指出，我国沉积黄铁矿的 Se/Te 变化范围为 0.2～4.0，而矽卡岩－热液矿床黄铁矿的 Se/Te 变化幅度较大，为 0.4～75。新桥矿床胶状黄铁矿的 Se/Te 变化范围为 2.43～14.62，平均值为 8.01，与矽卡岩－热液矿床黄铁矿相似。

黄铁矿离子探针原位 S 同位素组成分析结果显示，胶状黄铁矿 $\delta^{34}S_{CDT}$ 21 个测试值中，仅有 2 个测试值（－4.32‰、－4.61‰）分布在主要变化范围－0.50‰～2.50‰之外，而且胶状黄铁矿 $\delta^{34}S_{CDT}$ 主要取值范围与细晶黄铁矿和粗晶黄铁矿的 $\delta^{34}S_{CDT}$ 值在直方图中连续分布，具有较好的均一性，而且"塔式"分布明显（图 14.4），显示其具有较好的亲缘性，为同一地质作用的产物，这与谢杰（2012）通过对胶状黄铁矿单矿物获得的 $\delta^{34}S_{CDT}$ 值（3.53‰～4.37‰）不同。将胶状黄铁矿 $\delta^{34}S_{CDT}$ 与新桥矽卡岩矿体和赋矿地层（黄龙组）灰岩的 S 同位素进行组成对比（图 14.7），结果显示胶状黄铁矿与代表岩浆热液成矿信息的矽卡岩矿体（详见 16.1.2 节）具有相近的 S 同位素组成，而与赋矿地层的 S 同位素组成（臧文拴等，2004）具有明显差异，说明胶状黄铁矿属于岩浆热液成因。需要说明的是，胶状黄铁矿 SHRIMP 原位微区 S 同位素组成分析结果中的 2 个异常值（－4.32、－4.61）对胶状黄铁矿的成因判别不据统计意义，推测其可能是表面粗糙的胶状黄铁矿混有地层物质的结果。

胶状黄铁矿 Fe/S、Co/Ni、Se/Te 值分别为 0.898～0.922、0.702～1.656、2.43～14.62，其 $\delta^{34}S_{CDT}$ 主要变化范围为－0.50‰～2.50‰，S 同位素组成与代表岩浆热液成矿信息的矽卡岩矿体相近，而与赋矿地层区别明显，这都显示其具有热液成因的特征，与新桥矿区发现的胶状黄铁矿（胶状黄铁矿局部重结晶为结晶黄铁矿）胶结磁铁矿角砾（图版Ⅱ.25d）的现象相吻合。

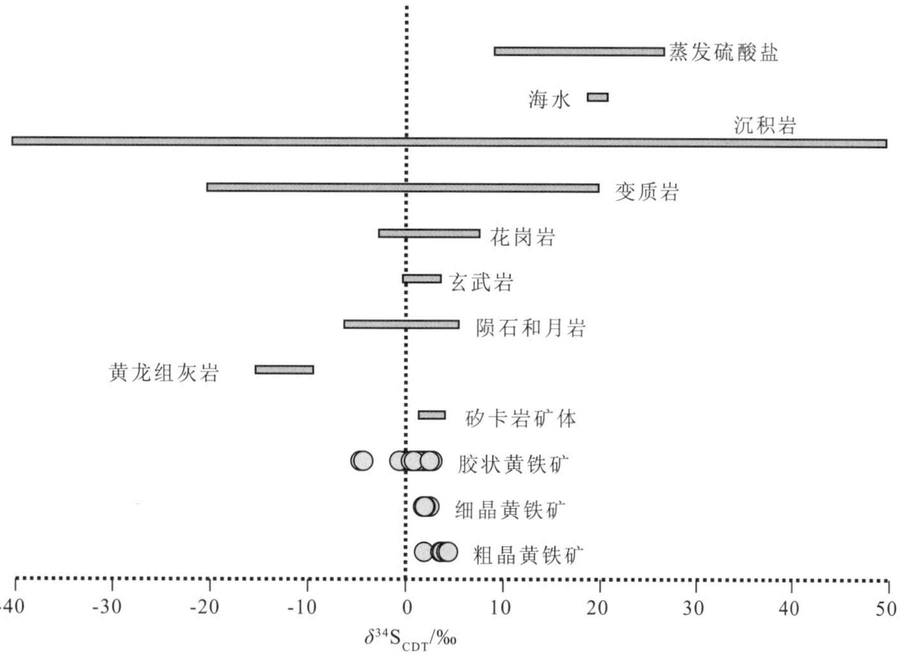

图 14.7 胶状黄铁矿、细晶黄铁矿和粗晶黄铁矿 S 同位素组成对比图

14.4.2 黄铁矿微量元素相关性分析

胶状黄铁矿的热液成因，使得我们可以利用黄铁矿的微量元素含量变化特征来探讨胶状黄铁矿、细晶黄铁矿和粗晶黄铁矿形成期间成矿热液中微量元素的变化规律。对黄铁矿 LA－ICP－MS 分析出的微量元素含量数据进行相关性分析，可以推测元素在含矿热液中的相对变化。为此，作出新桥胶状黄铁矿、细晶黄铁矿和粗晶黄铁矿微量元素的散点关系图（图 14.8）。

Co－Ni 关系图（图 14.6）中，胶状黄铁矿 Co 和 Ni 的含量较为稳定，而细晶黄铁矿和粗晶黄铁矿 Co、Ni 的含量明显具有分组特征，多数与胶状黄铁矿的一致，少数则表现出更高含量的 Co 和 Ni，即细晶黄铁矿和粗晶黄铁矿不仅继承了胶状黄铁矿 Co 和 Ni 的特征，也表现出了新的特征，说明胶状黄铁矿形成后，成矿热液经历了物理化学条件的明显波动，导致 Co 和 Ni 在黄铁矿中的含量得到提高。

Pb－Bi 关系图（图 14.8a）显示，胶状黄铁矿 Pb、Bi 含量稳定，而细晶黄铁矿和粗晶黄铁矿 Pb、Bi 含量范围较宽，但均低于胶状黄铁矿的含量，说明胶状黄铁矿形成后，黄铁矿中的 Pb、Bi 持续降低，且元素 Pb、Bi 在 3 种黄铁矿中均表现出正相关的特征，推测元素 Pb 和 Bi 在黄铁矿中主要以方铅铋矿（$2PbS \cdot Bi_2S$）微细包裹体形式存在。

V－Cu 关系图（图 14.8b）、As－Ag 关系图（图 14.8c）和 Mn－Tl 关系图（图 14.8d）显示，元素 V、Cu、Ag、Mn 和 Tl 在胶状黄铁矿中含量稳定，而在细晶黄铁矿和粗晶黄铁矿中含量变化较大。元素 As、V、Ag、Mn 和 Tl 含量在胶状黄铁矿、部分细晶黄铁矿和部分粗晶黄铁矿相当，而在一部分细晶黄铁矿和粗晶黄铁矿中含量又发生明显较低，说明细晶黄铁矿和粗晶黄铁矿中 As、V、Ag、Mn 和 Tl 含量在其形成期间发生了明显的下降。细晶黄铁矿和粗晶黄铁矿中 Cu 的含量较不稳定。

W－Mo 关系图（图 14.8e）显示，胶状黄铁矿和细晶黄铁矿 Mo 的含量高于粗晶黄铁矿，元素 W 在三者中的含量一致；元素 Cr、Sn、Ba、Hg、Ga、In 含量在 3 类黄铁矿中的含量相近（图 14.8f，g，h，i）；元素 Sb 在胶状黄铁矿中含量较高，但在细晶和粗晶黄铁矿中发生明显下降（图 14.8g），相反，元素 Au 在细晶和粗晶黄铁矿中却发生明显提高（图 14.8i）。

综上分析，在胶状黄铁矿形成期间，各微量元素的含量也较为稳定。细晶黄铁矿和粗晶黄铁矿形

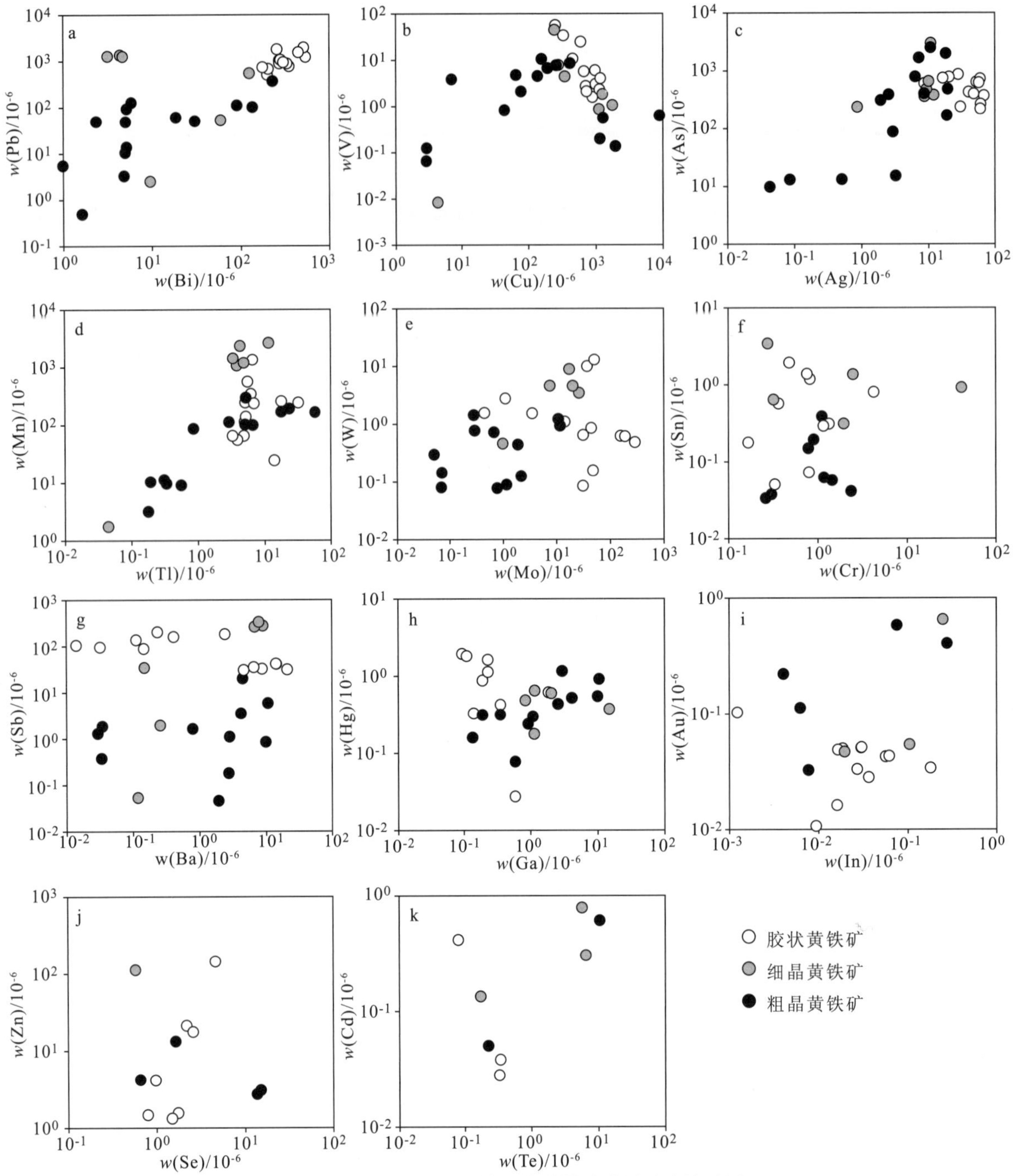

图 14.8 新桥铜-硫-铁矿床黄铁矿微量元素关系图

成期间各微量元素的含量发生了如下变化：元素 Pb 和 Bi 在细晶黄铁矿和粗晶黄铁中的含量逐步下降；元素 Au 含量却逐步提高；元素 Co、Ni、As、V、Ag、Mn、Tl 和 Sb 在早期含量较为稳定，继承了胶状黄铁矿的特征，而随着成矿的进行，其含量逐步下降；元素 Cr、Sn、Ba、Hg、Ga 和 In 在成矿热液中含量较为稳定，而元素 Cu 含量波动较大。

第 15 章　成矿物理化学条件分析

15.1　成矿期与成矿阶段

通过下盘网脉状矿化成因分析和胶状黄铁矿成因分析，判断新桥铜 - 硫 - 铁矿床的形成并没有经历华力西期的海底喷流沉积作用和正常的海洋沉积成矿作用。结合矿床地质特征（特别是矿物组合特征）以及成矿物质来源分析，将新桥铜 - 硫 - 铁矿床的成矿期次划分为矽卡岩期和石英 - 硫化物期（表 15.1）。矽卡岩期又划分为矽卡岩阶段、退化蚀变阶段和金属氧化物阶段，石英硫化物期又划分为早硫化物阶段、晚硫化物阶段和碳酸盐岩阶段。各成矿期和成矿阶段主要特征阐述如下：

表 15.1　新桥铜 - 硫 - 铁矿床矿物生成顺序表

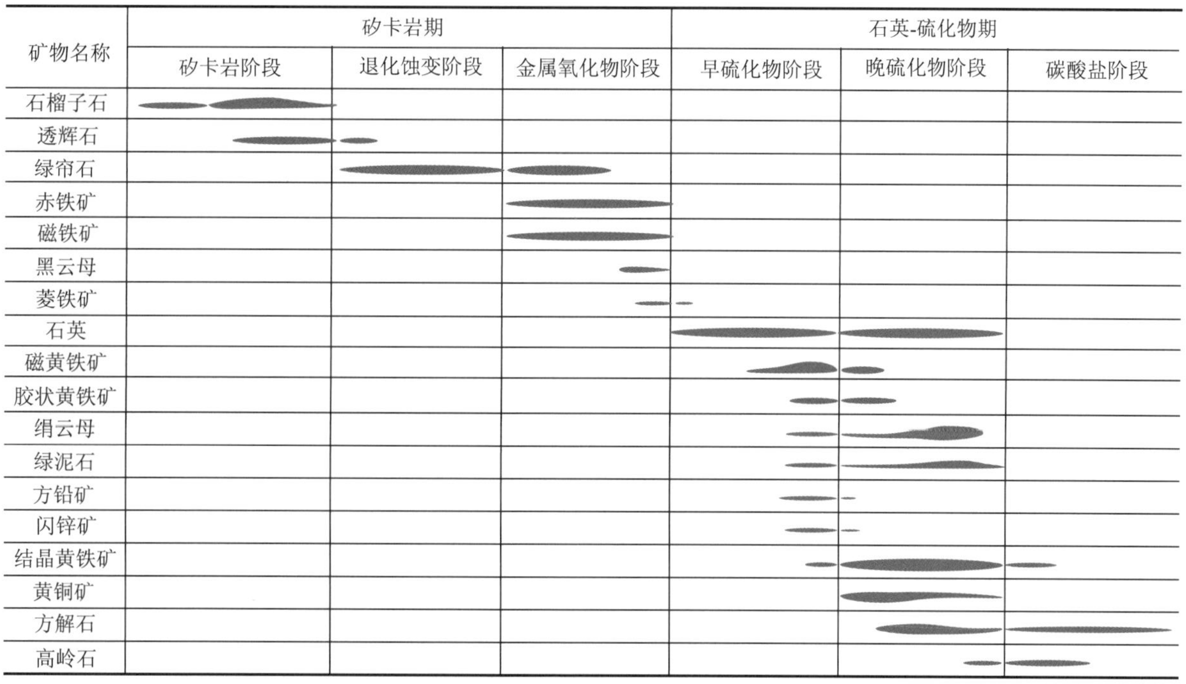

15.1.1　矽卡岩期

1）矽卡岩阶段：为矽卡岩的主要形成阶段，主要矿物组合为石榴子石和透辉石。

2）退化蚀变阶段：为矽卡岩的重要形成阶段，主要的矽卡岩为绿帘石，同时形成少量的透辉石和角闪石。

3）金属氧化物阶段：矿物组合主要为少量的绿帘石、角闪石、黑云母及少量的石英等；金属矿物有磁铁矿、赤铁矿和极少量的菱铁矿等，矿石构造以块状为主。

15.1.2　石英 - 硫化物期

1）早硫化物阶段：该阶段 SiO_2 不再生成矽卡岩矿物，而是生成石英，并伴随有其他矿物如绿泥石、绢云母等的生成。金属矿物以胶状黄铁矿、磁黄铁矿及少量的闪锌矿、方铅矿和黄铁矿为主，矿石构造以块状和脉状为主。

2）晚硫化物阶段：该阶段生成的金属矿物有黄铜矿、结晶黄铁矿及磁黄铁矿等；非金属矿物有石英、绿泥石、绢云母和方解石等，矿石构造以块状和脉状为主。

3）碳酸盐岩阶段：本阶段金属矿化较弱，仅见少量的黄铁矿形成，主要形成碳酸盐矿物——方解石，矿石构造以浸染状为主。

15.2 流体包裹体特征研究

15.2.1 样品采集及描述

本次流体包裹体研究按照成矿期次与阶段选取与金属矿物共生的石榴子石、石英、方解石等样品，样品具体特征见表15.2。本次实验测试的样品包括矽卡岩期矽卡岩阶段2件、石英－硫化物期晚硫化物阶段3件、石英－硫化物期碳酸盐岩阶段2件，其对应的流体包裹体测试矿物分别为石榴子石、石英和方解石。

表15.2 流体包裹体测试样品特征表

样号	样品描述	采样位置	成矿期次及阶段	测试矿物
XQ007－1	稀疏浸染状黄铁矿化透辉石石榴子石矽卡岩	露天采场南东侧底部	矽卡岩期矽卡岩阶段	石榴子石
XQ006	含石英与方解石的条带状石榴子石绿帘石矽卡岩	露天采场南东侧底部	矽卡岩期矽卡岩阶段	石榴子石
D011－1	五通组石英砂岩中的脉状石英黄铁矿矿石	－270 m中段二分层W513采场口	石英－硫化物期晚硫化物阶段	石英
D011－2	五通组石英砂岩中的脉状石英黄铁矿矿石	－270 m中段二分层W513采场口	石英－硫化物期晚硫化物阶段	石英
D015－2	脉状石英黄铁矿矿石	－300 m中段二分层W105采场	石英－硫化物期晚硫化物阶段	石英
D006－6	浸染状黄铁矿化方解石	－300 m中段二分层W105采场	石英－硫化物期碳酸盐岩阶段	方解石
D016－11	含浸染状自形晶黄铁矿的方解石	露天采场北西侧底部	石英－硫化物期碳酸盐岩阶段	方解石

15.2.2 样品处理及测试方法

将样品中准备进行流体包裹体测温研究的脉石矿物部分进行初切割，再进行测温片的磨制，测温片由中南大学地球科学与信息物理学院磨片室完成。然后在显微镜下对包裹体测温片进行岩相学观察，观察流体包裹体岩相学特征，初步判断原生包裹体和次生包裹体，大致圈定流体包裹体显微测温的位置。

包裹体显微测温在中南大学有色金属成矿预测教育部重点实验室流体包裹体显微测温室完成。测试仪器为Linkam THMSG600型冷－热台，测试温度范围为－196～600℃，30～600℃范围内测试精度为±1℃，－196～30℃范围内，测试精度为±0.1℃。在测温过程中，温度升降变化速率控制在5～10℃/min，在接近气相或液相消失前，温度变化速率控制在0.1～1℃/min之间。

15.2.3 流体包裹体岩相学特征

对测温片进行显微镜镜下观察发现，流体包裹体除了原生包裹体和假次生包裹体，也包括在寄主矿物中主要呈串珠状分布的次生包裹体。本次研究的流体包裹体主要为与成矿作用关系密切的原生包裹体。各阶段矿化中原生流体包裹体多少不一，依据室温下流体包裹体的各相态成分、比例及组合关系得出所测包裹体均为气液两相水溶液包裹体，仅在石榴子石中偶见含子矿物的流体包裹体。石榴子石、石英和方解石中的原生流体包裹体特征分述如下：

1）石榴子石：石榴子石样品中包裹体较为发育，其大小不一，形态多样且分布不均。总体看，其最小只有几个微米，最大不足 20 μm。包裹体多呈近圆形、近椭圆形、近三角形、近方形等较为规则的形态（图版Ⅱ.39a，b），偶见包裹体被拉伸现象。样品中包裹体主要为成群主，也可见包裹体沿矿物晶体生长带分布，孤立状分布者较少。包裹体类型以富液相包裹体为主，气相比为 10% ~ 30%，可见少量含 CO_2 的包裹体。

2）石英：包裹体常温下由气相和液相组成，气相成分一般为圆形气泡，颜色相对较深，气液两相包裹体之间界线明显。包裹体形状多为近椭圆形（图版Ⅱ.39c，d），少数为不规则状，大小多在5 ~ 15 μm 之间，气相比变化较大，为 7% ~ 50%，但多数为 20% ~ 25%，属于富液相包裹体。

3）方解石：包裹体常温下由气相和液相组成，气相成分一般为圆形气泡，颜色相对较深，气液两相包裹体之间界线明显（图版Ⅱ.39e，f）。多数包裹体颜色较浅，但也有一些包裹体颜色较深。包裹体形状多为近椭圆形（图版Ⅱ.39f）、浑圆状、长条形（图版Ⅱ.39e）和不规则状，少数长条形包裹体见“卡脖子”现象分割成两个次生包裹体，也有一些包裹体具有尖状突起部分。大小多在 5 ~ 15 μm之间，少数包裹体可达 19 μm，气相比变化较大，为 5% ~ 30%，但多数为 25% 左右，属于富液相包裹体。

15.2.4 显微测温结果

本次研究共测试石榴子石流体包裹体 21 个（样品 XQ007 - 1 和 XQ006 分别测试 10 个和 11 个），石英流体包裹体 60 个（样品 D011 - 1，D011 - 2 和 D015 - 1 分别测试 20 个），方解石流体包裹体 62 个（样品 D006 - 6 和 D016 - 1 分别测试 24 个和 38 个）。流体包裹体显微测温结果见表 15.3。测温结果显示：矽卡岩阶段的石榴子石流体包裹体均一温度变化范围为 324 ~ 380℃，主要集中 330 ~ 360℃（图 15.1），平均值为 348℃；晚硫化物阶段石英流体包裹体均一温度变化范围为 201.1 ~ 399.7℃，主要集中在 260 ~ 340℃之间（图 15.2），平均值为 307.2℃；碳酸盐岩阶段方解石流体包裹体均一温度变化范围为 198.7 ~ 275.3℃，主要集中在 220 ~ 280℃之间（图 15.3），平均值为 252.5℃。由此说明，矽卡岩阶段、晚硫化物阶段和碳酸盐岩阶段成矿流体的温度范围分别为 324 ~ 380℃、201.1 ~ 399.7℃和 198.7 ~ 275.3℃，平均值分别为 348℃、307.2℃和 252.5℃，随着成矿的进行成矿温度逐渐降低，成矿温度总体属于中高温范围。

表 15.3 新桥矿床流体包裹体显微测温结果统计表

成矿阶段	样号	测试矿物	冰点温度/℃（平均值）	气液均一温度/℃（平均值）
矽卡岩阶段	XQ007 - 1	石榴子石	-5.2 ~ -4.3（-4.8）	329 ~ 366（342.1）
	XQ006	石榴子石	-6.7 ~ -4.5（-5.6）	324 ~ 380（353.4）
晚硫化物阶段	D011 - 1	石英	-4.7 ~ -1.3（-3.3）	201.1 ~ 378.9（301.6）
	D011 - 2	石英	-4.5 ~ -1.1（-2.8）	227.2 ~ 321.4（277.9）
	D015 - 1	石英	-4.9 ~ -3.0（-4.0）	259.1 ~ 399.7（341.9）
碳酸盐岩阶段	D006 - 6	方解石	-2.7 ~ -2.2（-2.4）	198.7 ~ 270.1（250.2）
	D016 - 1	方解石	-3.8 ~ -0.9（-2.9）	228.1 ~ 275.3（255.6）

早硫化物阶段样品 D002 利用矿物对硫同位素进行硫同位素矿物对地质温度计算，计算结果为 356℃，稍微高于晚硫化物阶段的均一温度上限值，说明样品 D002 的闪锌矿和黄铁矿 S 同位素达到平衡，硫同位素矿物对地质温度计算结果与流体包裹体测温结果吻合。

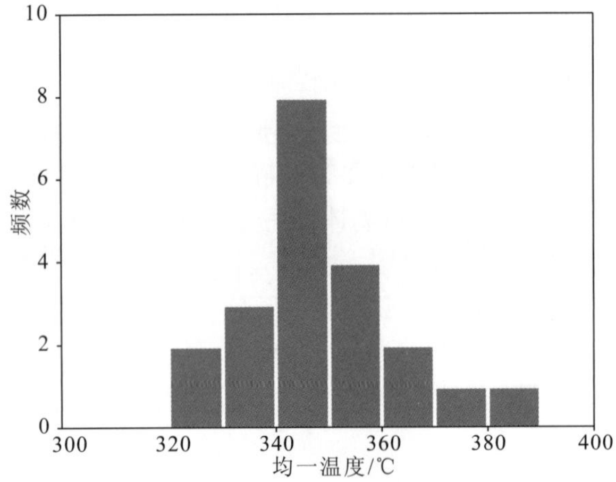

图 15.1　石榴子石流体包裹体均一温度直方图

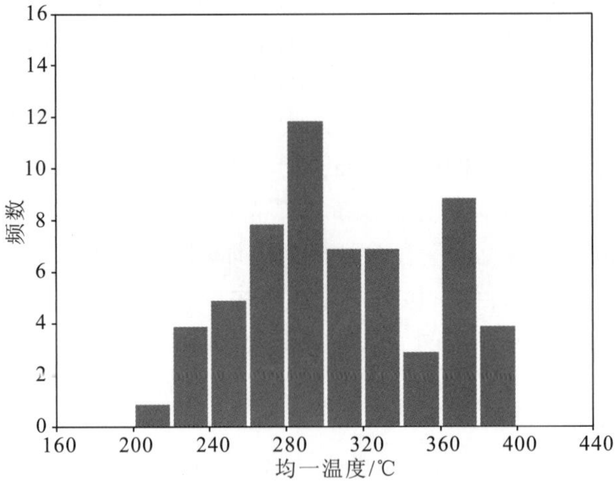

图 15.2　石英流体包裹体均一温度直方图

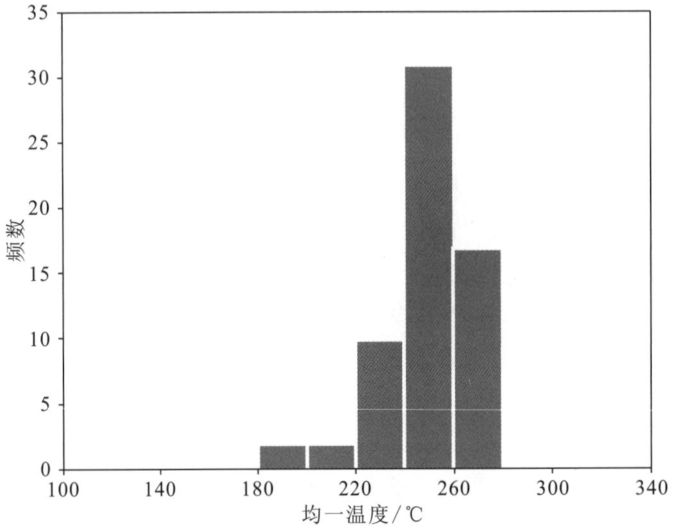

图 15.3　方解石流体包裹体均一温度直方图

15.2.5　群体包裹体成分分析

在对包裹体进行显微测温的同时，选取合适的矽卡岩（透辉石和石榴子石）和方解石样品进行单矿物分选以进行群体流体包裹体成分分析，测试单位为中南大学教育部有色金属成矿预测教育部重点实验室，仪器型号为 Varian－3400 型气相色谱仪（美国），测试结果见表 15.4。由测试结果可以看出：流体包裹体气相成分主要为 H_2O，其次为 CO_2，还含有少量的 H_2 和 CH_4；流体包裹体液相成分中主要含 F^-、Cl^-、SO_4^{2-}、Na^+、K^+ 和 Ca^{2+}。总体上看，阳离子中 Ca^{2+} 含量最高，其次为 Na^+，K^+ 含量最少；而阴离子中 SO_4^{2-} 含量最高，其次为 Cl^-，F^- 含量最少。Ca^{2+} 的高含量可能是岩浆热液与黄龙组—船山组中的灰岩发生强烈的交代反应所致。

15.2.6　讨论

根据显微测温结果利用 FLINCOR 程序（Brown，1989）计算包裹体中水溶液的盐度、均一压力及密度，计算结果见表 15.5。

表 15.4　新桥铜－硫－铁矿床流体包裹体气液相成分分析结果

样号	矿物名称	包裹体气相成分/10^{-6}										
		H_2	O_2	N_2	CH_4	CO	CO_2	C_2H_2	C_2H_6	H_2O		
XQ19－7	透辉石	0.823	无	痕	3.338	未检测	122.011	痕	9.459	1185		
XQ38－1	透辉石	2.950	无	痕	19.848	未检测	347.286	0.244	9.527	1521		
XQ37－1	石榴子石	3.257	无	0.023	32.446	未检测	191.157	3.038	痕	1172		
XQ37－1	方解石	1.706	无	痕	12.013	未检测	38.889	0.041	7.198	1003		
样号	矿物名称	包裹体液相成分/10^{-6}										
		F^-	Cl^-	NO_3^-	PO_4^{3-}	SO_4^{2-}	Li^+	Na^+	NH_4^+	K^+	Mg^{2+}	Ca^{2+}
XQ19－7	透辉石	0.078	2.169	无	无	5.353	无	0.763	无	0.260	无	4.917
XQ38－1	透辉石	0.069	3.346	无	无	6.291	无	0.899	无	0.179	无	6.492
XQ37－1	石榴子石	0.064	3.296	无	无	8.892	无	0.825	无	0.315	无	5.708
XQ37－1	方解石	0.032	2.176	无	无	6.727	无	0.678	无	0.201	无	5.539

表 15.5　新桥矿床成矿流体盐度、密度和均一压力计算结果

成矿阶段	测试矿物	盐度/%（平均值）	密度/（$g \cdot cm^{-3}$）（平均值）	均一压力/MPa（平均值）
矽卡岩阶段	石榴子石	6.815～10.101（8.120）	0.662～0.761（0.720）	11～22（16）
晚硫化物阶段	石英	1.816～7.677（5.420）	0.525～0.906（0.744）	13～271（107）
碳酸盐岩阶段	方解石	1.487～6.076（4.244）	0.794～0.909（0.836）	13～55（38）

15.2.6.1　成矿盐度

通过计算得出：矽卡岩阶段石榴子石流体包裹体中水溶液的盐度为6.815%～10.101%，主要集中在7.000 %～8.500%之间（图15.4），平均值为8.120 %；晚硫化物阶段石英流体包裹体中水溶液的盐度为1.816%～7.677%，主要集中在5.000 %～7.500 %之间（图15.5），平均值为5.420 %；碳酸盐岩阶段方解石流体包裹体中水溶液的盐度为1.487%～6.076%，主要集中在3.500%～5.500%之间（图15.6），平均值为4.244%。可见，随着成矿的进行，成矿流体的盐度逐渐降低。

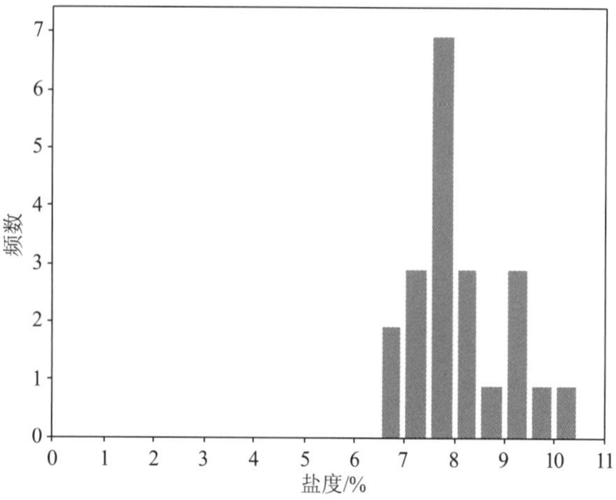

图 15.4　石榴子石流体包裹体盐度直方图

15.2.6.2　成矿流体密度

通过计算得出：矽卡岩阶段石榴子石流体包裹体中水溶液的密度为0.662～0.761 g/cm³，平均值为0.720 g/cm³；晚硫化物阶段石英流体包裹体中水溶液的密度为0.525～0.906 g/cm³，变化范围不大，平均值为0.744 g/cm³；碳酸盐岩阶段方解石流体包裹体中水溶液的密度为0.794～0.909 g/cm³，变化范围不大，平均值为0.836 g/cm³。可见，随着成矿作用的进行，成矿流体的密度变化不大，但流体密度总体上呈低密度（<1.0 g/cm³）流体特征。

15.2.6.3　流体包裹体均一压力

通过计算得出：石榴子石流体包裹体均一压力范围为11～22 MPa，平均值为16 MPa；石英流体

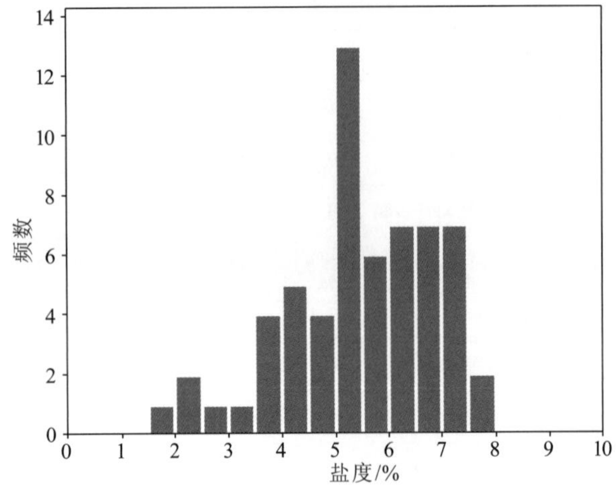

图 15.5　石英流体包裹体盐度直方图

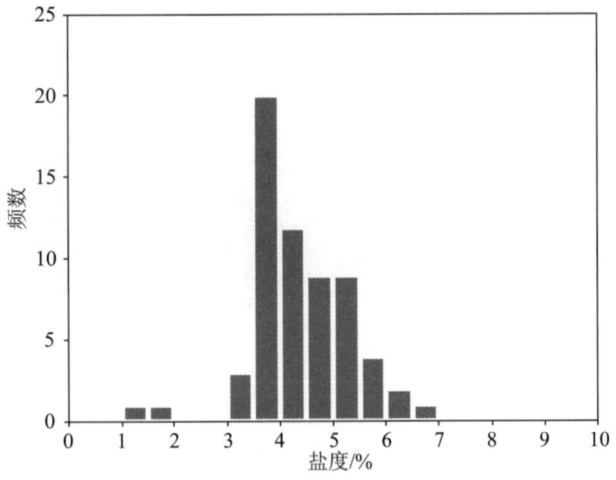

图 15.6　方解石流体包裹体盐度直方图

包裹体均一压力范围为 13～271 MPa，变化范围较大，平均值为 107 MPa；方解石流体包裹体的均一压力范围为 13～55 MPa，变化范围不大，平均值为 38 MPa。

15.2.6.4　成矿流体演化规律

通过对矽卡岩阶段的石榴子石、晚硫化物阶段的石英和碳酸盐岩阶段的方解石开展流体包裹体显微测温研究，反演成矿流体物理化学条件。研究结果显示，新桥铜－硫－铁矿床成矿流体属于中高温（198.7～399.7℃）、低盐度（1.487%～10.101%）、低密度（0.525～0.919 g/cm^3）流体。随着成矿作用的进行，成矿流体的温度、盐度均逐渐降低（图 15.7），而成矿流体的密度变化不大。

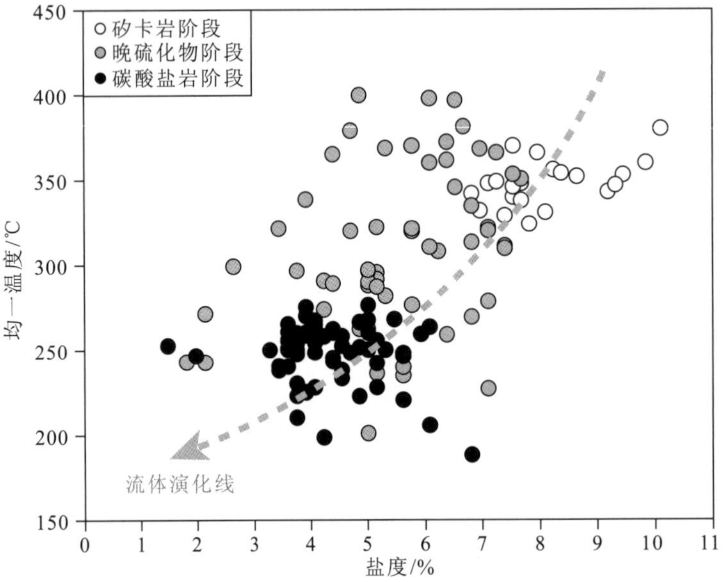

图 15.7　新桥矿床流体包裹体均一温度－盐度关系图

15.3　石榴子石标型特征研究

15.3.1　样品采集与处理

新桥矿床石榴子石矽卡岩多分布在矶头复式岩株与围岩接触面附近，特别是矿体上盘，主要与透辉石、硅灰石、绿帘石等伴生，多为近岩体一侧的内矽卡岩，如 -300 m 中段 5 号穿脉入口处、-270 m 中段措施井巷道等。局部石榴子石矽卡岩也分布于层状矿体上盘栖霞组中，与大理岩、石英砂岩互层。

本次所要测试的样品采自新桥矿区露天采场西南角 25 m 平台运输通道旁侧，为 1 号层状矿体上盘栖霞组中的绿帘石石榴子石矽卡岩（样号 XQ006，图版Ⅱ.40），该矽卡岩在地层中与石英砂岩和大理岩互层（图版Ⅱ.41）。观察手标本可以发现，石榴子石主要呈暗绿色，也见有少部分石榴子石呈紫红色。镜下鉴定显示，石榴子石呈半自形—他形粒状晶形，高突起，均质性，偏光显微镜下未发现明显的振荡环带，粒径为 0.05 ~ 1 mm，大部分集中在 0.3 ~ 0.6 mm 之间，局部颗粒呈碎裂状（图版Ⅱ.42），部分颗粒表面蚀变为绿帘石和碳酸盐矿物。

将绿帘石石榴子石矽卡岩样品（XQ006 -2）进行破碎，初选粒径约为 2 mm 的半自形—自形石榴子石，然后在双目镜下进行精选，石榴子石纯度达 99%。将石榴子石放入环氧树脂磨具底部，磨具内部涂凡士林，将 1∶1 配合的环氧树脂和凝固剂加入磨具中，在真空和 70℃ 恒温的环境下进行轻微搅拌直至环氧树脂中无明显气泡，并放置 3h 后取出进行粗磨、细磨、抛光。将制作好的石榴子石靶（图版Ⅱ.43）在光学显微镜下观察，圈定并标记所要测试的石榴子石。然后在靶的测试面镀一层碳导电膜。

15.3.2 测试方法

石榴子石微区主量元素点分析和面分析测试工作在中南大学地球科学与信息物理学院教育部有色金属成矿预测重点实验室电子探针微区分析实验室完成。应用日本岛津公司生产的 EPMA -1720 型电子探针（EPMA），加速电压（acc. voltage）选择为 15 kV，电子束流（probe current）大小为 2.0×10^{-8}A，束斑大小一般为 1 μm，检出限 0.001%，校正方法为 ZAF 校正。元素的峰值计数时间和背景计数时间分别为 20 s 和 10 s。测试元素有 MgO、SiO_2、TiO_2、Al_2O_3、CaO、Cr_2O_3、MnO、FeO 共 8 种元素。再对石榴子石颗粒进行背散射图像观察的基础上，选取合适的颗粒进行元素 Al 和 Fe 的面分析。

LA - ICP - MS 石榴子石微量元素测试在中国冶金地质总局山东局测试中心实验室完成，测试采用的仪器型号为 Thermo Xeries 2，配置 Coherent 公司生产的 COMPexPro CO_2F Geolas 193nm ArF 准分子激光剥蚀系统，分析过程激光束斑直径为 30 μm，频率为 8Hz，能量密度 8.5 J/cm^2，剥蚀时间 110 s（前 30 s 空白信号，55s 剥蚀时间，25 s 吹扫残留信号时间）。分析数据的离线处理（包括对样品和空白信号的选择）采用软件 ICPMSDataCal（Chen et al.，2011）完成。测试元素有稀土元素和 12 种微量元素（Cs、Rb、Ba、Th、U、Nb、Ta、Pb、Sr、Zr、Hf、Ti）。

15.3.3 测试结果

15.3.3.1 背散射图像观察及元素面分析

电子探针微区分析选取 6 个石榴子石颗粒（图版Ⅱ.44），颗粒 1（图版Ⅱ.44a）晶形较好，但其背散射照片显示无明显环带，颗粒 2 ~ 6（图版Ⅱ.44b，c，d，e，f）则具有明显的环带。对颗粒 2、3、5 石榴子石进行元素 Al 和 Fe 的扫面分析（扫面位置见图版Ⅱ.44 红框部分，图版Ⅱ.45 至图版Ⅱ.47），结合其背散射图片可以看出，背散射照片中较暗的部分 Al 含量相对较高，Fe 元素也具有一定的含量，而较明亮的部分 Fe 含量较高，但几乎不含 Al。对石榴子石进行系统的背散射图像观察可以得出，本区石榴子石主要分为两个世代：

第一世代：石榴子石主要呈熔蚀核分布在第二世代石榴子石的核部中，无明显的振荡环带发育，且被第二世代核部石榴子石交代呈交代残余状，背散射图像颜色较暗，Al 含量较高，如颗粒 2（图版Ⅱ.44b；图版Ⅱ.45）以及颗粒 3（图版Ⅱ.44c，图版Ⅱ.46）。

第二世代：该世代的石榴子石核部和边部较为分明，两者呈渐变过渡。核部背散射图像相对较深，相对富 Fe 贫 Al，无明显的振荡环带，如颗粒 2、3、5（图版Ⅱ.44b，c，e）；边部石榴子石具有明显的振荡环带，即明暗条纹相间排列，条纹形状规则，说明第二世代边部石榴子石形成的物理化学条件相对稳定，如颗粒2（图版Ⅱ.44b），但也有一些边部石榴子石不具有明显的环带，如颗粒1、3、5（图版Ⅱ.44a，c，e）。需要注意的是，由于石榴子石切面未穿过石榴子石晶体核部，致使部分第二世代石榴子石未见核部，仅见边部，如颗粒4和6（图版Ⅱ.44d，f）。

另外，颗粒2、3、5石榴子石的背散射照片（图版Ⅱ.44b，c，e）显示石榴子石核部具暗色矿物，局部在核部以外按照石榴子石的生长环带产状排列。对颗粒5（图版Ⅱ.44e）核部两种暗色矿物进行电子探针定性4通道元素分析定性分析，结果显示石榴子石核部两种暗色矿物元素组成分别为石英和方解石，由于该样品矽卡岩与大理岩和石英砂岩互层，推测其为形成时期地层中石英和方解石的残留体。

15.3.3.2 电子探针主量元素微区原位定量分析

对5个颗粒（颗粒2~6，图版Ⅱ.44b，c，d，e，f）的石榴子石从核部至边部按照环带数连续进行MgO、SiO_2、TiO_2、Al_2O_3、CaO、Cr_2O_3、MnO、FeO共8种元素的定量分析。颗粒1（图版Ⅱ.44a）由于未见明显环带，从核部至边部适当选择6点位置进行定量分析。各颗粒测点位置详见图版Ⅱ.44，分析结果见表15.6。从数据中可以看出，SiO_2、CaO、FeO和Al_2O_3为主要的4种元素含量，其变化范围分别为32.93%~36.38%、32.34%~34.91%、15.38%~28.88%和0~9.17%，平均值含量分别为34.77%、33.33%、25.89%和1.63%。其余元素含量几乎为0。

表15.6 新桥矿床石榴子石主量元素含量特征

颗粒号		颗粒1						颗粒2						颗粒3			
测试点号		1	2	3	4	5	6	7	8	9	10	11	12	13	14	15	16
w(B)/%	SiO_2	33.94	32.93	33.39	34.34	34.44	34.24	36.39	36.08	35.68	35.64	35.15	35.64	36.31	35.36	34.15	34.48
	TiO_2	0.00	0.00	0.00	0.00	0.03	0.00	0.85	0.80	0.03	0.15	0.03	0.01	0.94	1.24	0.83	0.01
	Al_2O_3	0.00	0.00	0.00	0.03	0.13	0.21	8.41	4.15	0.07	3.69	0.17	3.03	9.17	3.13	2.94	0.09
	Cr_2O_3	0.01	0.00	0.02	0.00	0.00	0.03	0.00	0.05	0.01	0.00	0.00	0.00	0.17	0.13	0.02	0.00
	FeO	28.39	28.79	27.49	28.41	27.85	27.86	15.87	21.69	28.88	23.36	27.85	23.90	15.38	22.79	24.01	28.52
	MnO	0.39	0.48	0.42	0.36	0.34	0.30	0.60	0.33	0.25	0.32	0.19	0.35	0.89	0.31	0.30	0.33
	MgO	0.03	0.00	0.01	0.02	0.03	0.02	0.29	0.13	0.06	0.07	0.05	0.04	0.31	0.20	0.19	0.01
	CaO	32.34	32.76	32.85	33.47	33.24	33.25	34.91	34.27	33.14	33.63	33.29	33.61	34.28	33.76	33.51	33.19
	合计	95.09	94.95	94.18	96.62	96.06	95.90	97.31	97.49	98.12	96.85	96.73	96.58	97.45	96.91	95.95	96.62
Si		2.94	2.88	2.93	2.93	2.95	2.94	2.97	2.98	2.98	2.98	2.98	2.99	2.95	2.96	2.90	2.94
Ti		0.00	0.00	0.00	0.00	0.00	0.00	0.05	0.05	0.00	0.01	0.00	0.00	0.06	0.08	0.05	0.00
Al		0.00	0.00	0.00	0.00	0.01	0.02	0.81	0.40	0.01	0.36	0.02	0.30	0.88	0.31	0.29	0.01
Cr		0.00	0.00	0.00	0.00	0.00	0.00	0.00	0.00	0.00	0.00	0.00	0.00	0.01	0.01	0.00	0.00
Fe^{3+}		2.04	2.08	2.02	2.03	2.00	2.00	1.08	1.50	2.00	1.63	1.98	1.68	1.04	1.59	1.71	2.03
Fe^{2+}		0.02	0.02	0.00	0.00	0.00	0.00	0.00	0.00	0.02	0.00	0.00	0.00	0.00	0.00	0.00	0.00
Mn		0.03	0.04	0.03	0.03	0.02	0.02	0.04	0.02	0.02	0.02	0.01	0.02	0.06	0.02	0.02	0.02
Mg		0.00	0.00	0.00	0.00	0.00	0.00	0.04	0.02	0.01	0.01	0.01	0.00	0.04	0.02	0.02	0.00
Ca		3.00	3.07	3.09	3.06	3.05	3.06	3.05	3.04	2.97	3.01	3.03	3.02	2.98	3.02	3.05	3.03
Ura		0.05	0.00	0.07	0.00	0.00	0.09	0.00	0.17	0.02	0.00	0.00	0.00	0.52	0.41	0.06	0.00
And		99.95	100.00	96.94	98.48	97.17	97.35	51.92	73.15	99.64	80.51	97.33	82.45	50.84	77.84	82.66	99.56
Pyr		0.11	0.00	0.06	0.07	0.13	0.08	1.13	0.52	0.24	0.27	0.19	0.15	1.23	0.80	0.79	0.05
Spe		0.93	1.13	1.00	0.85	0.80	0.70	1.33	0.75	0.59	0.74	0.44	0.81	1.98	0.71	0.69	0.77
Gro		−1.73	−1.81	1.93	0.61	1.91	1.78	45.62	25.41	−1.10	18.47	2.04	16.59	45.44	20.24	15.80	−0.47
Alm		0.69	0.68	0.00	0.00	0.00	0.00	0.00	0.00	0.61	0.00	0.00	0.00	0.00	0.00	0.00	0.09

续表

颗粒号		颗粒4					颗粒5				颗粒6					
测试点号		17	18	19	20	21	22	23	24	25	26	27	28	29	30	31
$w(B)/\%$	SiO_2	33.30	35.00	34.53	35.15	34.52	96.90	0.62	34.43	34.51	34.56	34.35	34.97	34.63	35.23	34.96
	TiO_2	0.07	0.57	0.02	0.18	0.00	0.00	0.00	0.82	0.00	0.06	0.00	0.10	0.00	0.03	0.03
	Al_2O_3	0.69	3.08	0.37	2.31	0.12	0.30	0.45	2.73	0.19	0.03	0.00	1.95	0.08	0.56	0.07
	Cr_2O_3	0.00	0.00	0.00	0.00	0.06	0.00	0.03	0.10	0.00	0.01	0.00	0.00	0.00	0.00	0.00
	FeO	27.15	23.68	27.83	25.14	27.87	0.26	2.40	23.26	28.74	28.46	27.79	25.46	28.83	27.01	28.50
	MnO	0.32	0.32	0.22	0.24	0.35	0.00	1.13	0.38	0.32	0.28	0.26	0.26	0.32	0.22	0.44
	MgO	0.09	0.12	0.05	0.11	0.12	0.00	0.53	0.20	0.01	0.05	0.06	0.05	0.09	0.08	0.01
	CaO	32.44	32.87	33.32	33.49	33.34	0.07	56.06	33.63	33.19	33.01	33.24	33.72	33.21	32.94	32.85
	合计	94.06	95.63	96.34	96.61	96.37	97.53	61.22	95.53	96.95	96.46	95.70	96.52	97.15	96.06	96.84
Si		2.91	2.96	2.95	2.96	2.95	5.97	0.11	2.93	2.93	2.95	2.96	2.96	2.94	3.00	2.97
Ti		0.00	0.04	0.00	0.01	0.00	0.00	0.00	0.05	0.00	0.00	0.00	0.01	0.00	0.00	0.00
Al		0.07	0.31	0.04	0.23	0.01	0.02	0.09	0.27	0.02	0.00	0.00	0.19	0.01	0.06	0.01
Cr		0.00	0.00	0.00	0.00	0.00	0.00	0.00	0.01	0.00	0.00	0.00	0.00	0.00	0.00	0.00
Fe^{3+}		1.98	1.68	1.99	1.77	1.99	0.00	0.36	1.66	2.03	2.03	2.00	1.80	2.03	1.92	2.01
Fe^{2+}		0.00	0.00	0.00	0.00	0.00	0.01	0.00	0.00	0.02	0.00	0.00	0.00	0.01	0.00	0.01
Mn		0.02	0.02	0.02	0.02	0.03	0.00	0.17	0.03	0.02	0.02	0.02	0.02	0.02	0.02	0.03
Mg		0.01	0.01	0.01	0.01	0.02	0.00	0.14	0.02	0.00	0.01	0.01	0.01	0.01	0.01	0.00
Ca		3.04	2.98	3.05	3.02	3.05	0.00	10.78	3.07	3.02	3.02	3.06	3.05	3.02	3.00	2.99
Ura		0.00	0.00	0.01	0.00	0.19	0.00	0.05	0.32	0.00	0.02	0.00	0.00	0.00	0.00	0.00
And		96.54	83.30	97.05	87.00	96.59	0.00	4.88	79.64	99.08	99.82	97.02	87.69	99.61	95.17	99.68
Pyr		0.40	0.48	0.22	0.45	0.49	0.00	1.27	0.79	0.05	0.19	0.27	0.22	0.38	0.34	0.03
Spe		0.78	0.76	0.51	0.55	0.81	0.00	1.55	0.87	0.76	0.67	0.61	0.60	0.75	0.53	1.03
Gro		2.16	15.45	2.21	11.99	1.91	14.59	92.24	18.37	-0.48	-0.80	2.10	11.49	-1.09	3.96	-1.07
Alm		0.12	0.00	0.00	0.00	0.00	41.53	0.00	0.00	0.59	0.11	0.00	0.00	0.35	0.00	0.33
备注							石英	方解石								

注：以12个氧原子和8个阳离子为基础计算。Ura—钙铬榴石；And—钙铁榴石；Pyr—镁铝榴石；Spe—锰铝榴石；Gro—钙铝榴石；Alm—铁铝榴石。

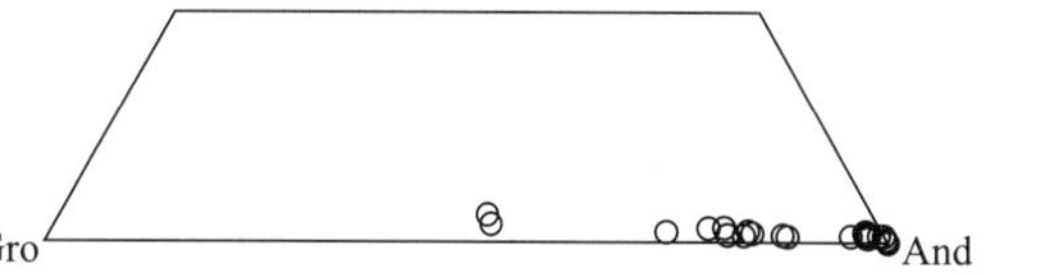

图15.8 新桥石榴子石三端元图解

利用Geokit软件（路远发，2004）计算所测石榴子石的端元成分含量，得到本区石榴子石的化学式为$Gro_{45.44}And_{50.84}-And_{100}$，为钙铝石榴子石-钙铁石榴子石的连续固溶体（图15.8）。

在所有测试的数据中，颗粒2的7号测点和颗粒3的13号测点Al含量分别为8.41%和9.17%，是所有测试数据中Al含量最高的点，而Fe含量分别为15.87%和15.38%，是所有测试数据中Fe含量最低的点。40号测点和46号测点在背散射照片（图版Ⅱ.44b，c）中颜色相对较暗，为第一世代石榴子石在第二世代石榴子石核部的交代残余。所以，第一世代的石榴子石相比第二世代核部石榴子石富Al贫Fe。而且测试数据显示，第二世代核部石榴子石也比边部石榴子石相对富Al贫Fe。

15.3.3.3 LA-ICP-MS微量元素微区原位定量分析

（1）稀土元素

由于LA-ICP-MS激光束斑直径为30 μm，远大于电子探针的1 μm，所以稀土元素和微量元素的LA-ICP-MS原位测试需要选取电子探针测试点中符合测试需求的点，本次测试选取颗粒2～5中11个点进行测试，包括第一世代石榴子石、第二世代石榴子石的边部和核部，稀土元素测试结果见表15.7（测点号与电子探针测点号相对应）。

表 15.7 新桥矿床石榴子石稀土元素含量及特征值

类别		第一世代石榴子石		第二世代石榴子石核部				第二世代石榴子石边部				
测试点号		7	13	8	14	15	24	16	17	19	21	25
$w(B)/10^{-6}$	La	1.783	1.795	0.448	0.583	0.464	0.459	3.725	13.962	8.114	7.912	5.251
	Ce	12.910	12.206	3.419	2.424	2.448	2.369	5.517	14.277	9.264	13.868	3.510
	Pr	3.709	4.146	1.389	0.901	0.875	0.793	0.689	1.861	1.376	1.640	0.433
	Nd	19.648	29.032	11.438	6.240	6.473	6.228	1.979	3.792	3.551	3.758	1.442
	Sm	4.323	7.292	3.132	2.268	2.342	2.760	0.258	0.411	0.556	0.367	0.215
	Eu	1.198	1.970	0.864	0.529	0.551	0.521	0.159	0.308	0.266	0.129	0.098
	Gd	6.883	9.342	4.403	3.988	3.745	3.625	0.155	0.467	0.612	0.093	0.243
	Tb	1.104	1.567	0.760	0.777	0.732	0.730	0.025	0.035	0.061	0.054	0.049
	Dy	7.994	10.156	5.825	6.352	5.568	6.033	0.241	0.303	0.322	0.255	0.256
	Ho	1.880	2.343	1.409	1.527	1.413	1.525	0.028	0.041	0.077	0.034	0.102
	Er	5.147	6.358	3.995	4.984	4.461	4.975	0.111	0.176	0.182	0.079	0.238
	Tm	0.660	1.082	0.636	0.763	0.667	0.697	0.012	0.016	0.031	0.016	0.029
	Yb	5.330	6.229	4.323	5.322	4.593	4.909	0.065	0.123	0.202	0.138	0.199
	Lu	0.758	0.985	0.693	0.764	0.711	0.759	0.011	0.025	0.046	0.021	0.041
	Y	76.448	91.460	57.332	66.158	57.547	63.689	1.467	2.132	3.104	2.307	3.037
	ΣREE	149.775	185.964	100.066	103.580	92.589	100.074	14.442	37.928	27.763	30.671	15.144
	ΣLREE	43.571	56.441	20.690	12.946	13.153	13.130	12.327	34.611	23.126	27.674	10.949
	ΣHREE	106.205	129.523	79.376	90.635	79.436	86.944	2.115	3.317	4.637	2.997	4.195
ΣLREE/ΣHREE		0.410	0.436	0.261	0.143	0.166	0.151	5.828	10.435	4.988	9.233	2.610
$(La/Yb)_N$		0.199	0.171	0.062	0.065	0.060	0.056	33.881	67.611	23.881	33.948	15.663
δEu		0.749	0.810	0.792	0.599	0.634	0.560	2.434	2.367	1.531	1.653	1.451
δCe		0.753	0.647	0.561	0.553	0.596	0.627	0.675	0.514	0.535	0.769	0.373

测试结果显示：第一世代石榴子石∑REE、∑LREE/∑HREE、La_N/Yb_N、δEu、δCe 特征值的取值范围分别为 $149.775\times10^{-6}\sim185.964\times10^{-6}$、0.410 ~ 0.436、0.171 ~ 0.199、0.749 ~ 0.810、0.647 ~ 0.753；第二世代石榴子石核部的∑REE、∑LREE/∑HREE、$(La/Yb)_N$、δEu、δCe 特征值的取值范围分别为 $92.589\times10^{-6}\sim103.580\times10^{-6}$、0.143 ~ 0.261、0.056 ~ 0.065、0.560 ~ 0.792、0.553 ~ 0.627；第二世代石榴子石边部的∑REE、∑LREE/∑HREE、$(La/Yb)_N$、δEu、δCe 特征值的取值范围分别为 $14.442\times10^{-6}\sim37.928\times10^{-6}$、2.610 ~ 10.435、15.663 ~ 67.611、1.451 ~ 2.434、0.373 ~ 0.769。可见，第一世代石榴子石和第二世代石榴子石核部稀土元素具有共性，即稀土总量高、轻稀土亏损、重稀土富集、负 Eu 异常，而第二世代石榴子石边部的稀土元素特征正好相反，即稀土总量低、轻稀土富集、重稀土亏损、正 Eu 异常。另外，第一世代和第二世代石榴子石都呈负 Ce 异常。将稀土元素测试值经 Hermann（1971）球粒陨石标准化得到的稀土元素配分图解（图 15.9）也显示出相同的稀土元素特征。本区石榴子石符合富 Al 石榴子石（镁铝石榴子石、钙铝石榴子石、铁铝石榴子石、锰铝石榴子石）重稀土富集、轻稀土亏损（Graunch, 1989；Mckay, 1989；Harris et al., 1992；Hickmott and Spear, 1992；Schwandt et al., 1993；Bea et al., 1994, 1997；Hoal et al., 1994；Skublov and Drugova, 2000；Zhang et al., 2000；Boyd et al., 2004），而富 Fe 石榴子石轻稀土富集、重稀土亏损（Jamtveit and Hervig, 1994；Nicolescu et al., 1998；Whitney and Olmsted, 1998；Smith et al., 2004）的特点。

（2）微量元素

微量元素分析结果见表 15.8。大离子亲石元素 Cs、Rb、Ba 和高场强元素 Th、U 在各世代各位

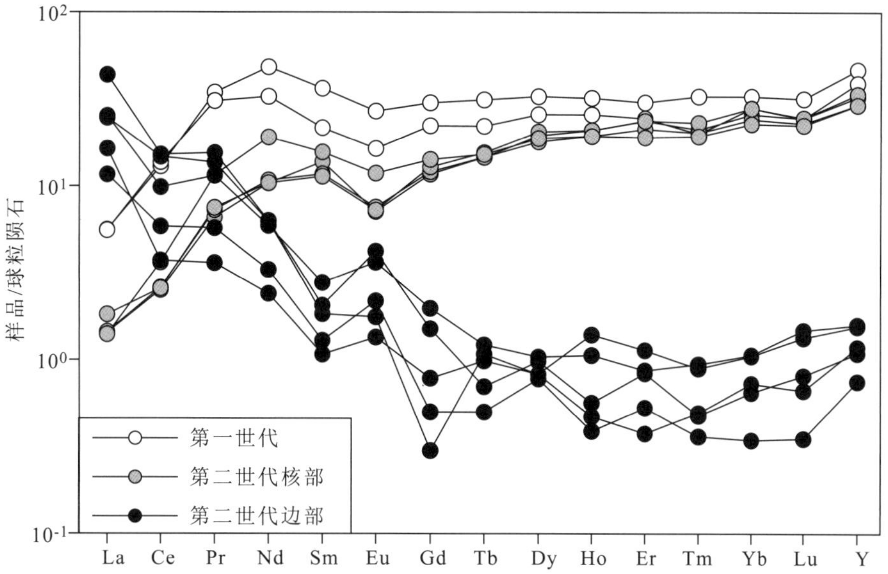

图 15.9 新桥石榴子石稀土元素配分图

置石榴子石中的含量大致相当。而大离子亲石元素 Sr 和高场强元素 Nb、Ta、Pb、Zr、Hf、Ti 在石榴子石中的含量与稀土元素的特征相似，这些元素在第一世代石榴子石和第二世代石榴子石核部中的含量相当，但明显高于在第二世代石榴子石边部中的含量，高场强元素 Nb、Ta、Zr、Hf 和 Ti 的这种特征尤其明显。Nb、Ta、Zr、Hf 和 Ti 在第一世代石榴子石和第二世代石榴子石核部中的平均含量分别为 2.309×10^{-6}、0.518×10^{-6}、0.038×10^{-6}、10.531×10^{-6} 和 4875.549×10^{-6}，而在第二世代石榴子石边部的平均含量则为 0.009×10^{-6}、0.002×10^{-6}、0.000、0.010×10^{-6} 和 25.244×10^{-6}，除元素 Ti 外，基本低于检测限。将微量元素测试值经 Sun and McDonough（1989）原始地幔标准化得到的微量元素蛛网图（图 15.10）也显示出相同的微量元素特征。微量元素蛛网图也显示，本区石榴子石高场强元素 U、Hf、Pb 处于配分曲线的“波峰”，呈富集态，而大离子亲石元素 Ba 和高场强元素 Zr 处于配分曲线的“波谷”，呈亏损态。与原始地幔相比，本区石榴子石明显富集大离子亲石元素 Cs 和高场强元素 Th、U、Pb，亏损大离子亲石元素 Rb、Ba、Sr 和高场强元素 Zr，而高场强元素 Nb、Ta 和 Hf 在第一世代石榴子石和第二世代石榴子石核部较为富集，在第二世代石榴子石的边部却相对亏损。

表 15.8 新桥矿床石榴子石微量元素含量 $w(B)/10^{-6}$

类别	第一世代石榴子石		第二世代石榴子石核部				第二世代石榴子石边部				
测试点号	7	13	8	14	15	24	16	17	19	21	25
Cs	0.042	0.729	0.340	0.081	0.000	0.267	0.000	0.125	0.000	0.000	0.031
Rb	0.026	1.198	1.227	0.380	0.300	1.310	0.023	0.437	0.000	0.256	0.267
Ba	0.201	4.012	0.740	0.857	0.342	1.204	0.020	0.170	0.019	0.000	0.021
Th	0.291	0.399	0.664	1.498	1.197	1.592	0.591	1.652	2.195	0.298	0.009
U	6.230	7.143	5.054	4.590	4.702	5.193	9.615	16.667	19.416	7.646	2.217
Nb	3.000	2.581	1.740	2.059	1.850	2.626	0.014	0.012	0.000	0.017	0.000
Ta	0.341	0.326	0.474	0.668	0.551	0.744	0.000	0.001	0.002	0.000	0.006
Pb	1.257	1.250	5.619	1.735	1.362	2.663	0.121	0.168	0.533	0.157	0.055
Sr	1.030	13.545	1.753	1.845	5.621	1.231	0.167	0.299	0.174	0.188	0.140
Zr	0.024	0.038	0.032	0.053	0.041	0.044	0.000	0.000	0.000	0.000	0.000
Hf	4.591	11.436	8.144	15.633	11.618	11.763	0.000	0.037	0.000	0.000	0.015
Ti	4021.725	4315.785	4233.375	6001.759	4903.679	5776.972	9.625	15.902	23.040	69.077	8.578

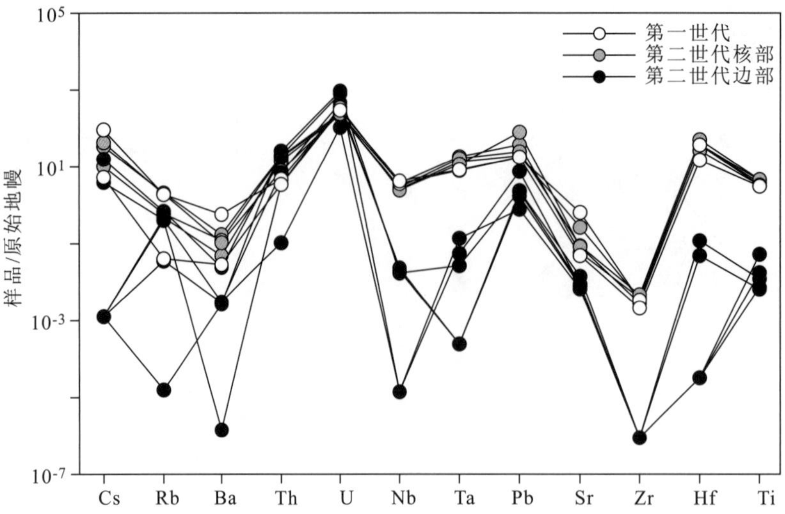

图 15.10　新桥石榴子石微量元素蛛网图

15.3.4　讨论

15.3.4.1　第二世代边部石榴子石主量元素变化规律

为了探讨第二世代边部石榴子石连续生长过程中较明的环带（富 Fe 环带）和较暗环带（相对富 Al 环带）内部是否呈现主量元素的规律性变化，选择石榴子石颗粒 2、4、6 晚期环带中 Fe、Al 含量进行对比分析，分析结果见图 15.11。

明环带（富 Fe 环带）中，颗粒 2 从核部至边部 Al 含量逐渐升高，Fe 含量逐渐降低，而颗粒 4 正好相反，Al 含量逐渐降低，Fe 含量逐渐升高，颗粒 6 则无明显规律。暗环带（相对富 Al 环带）

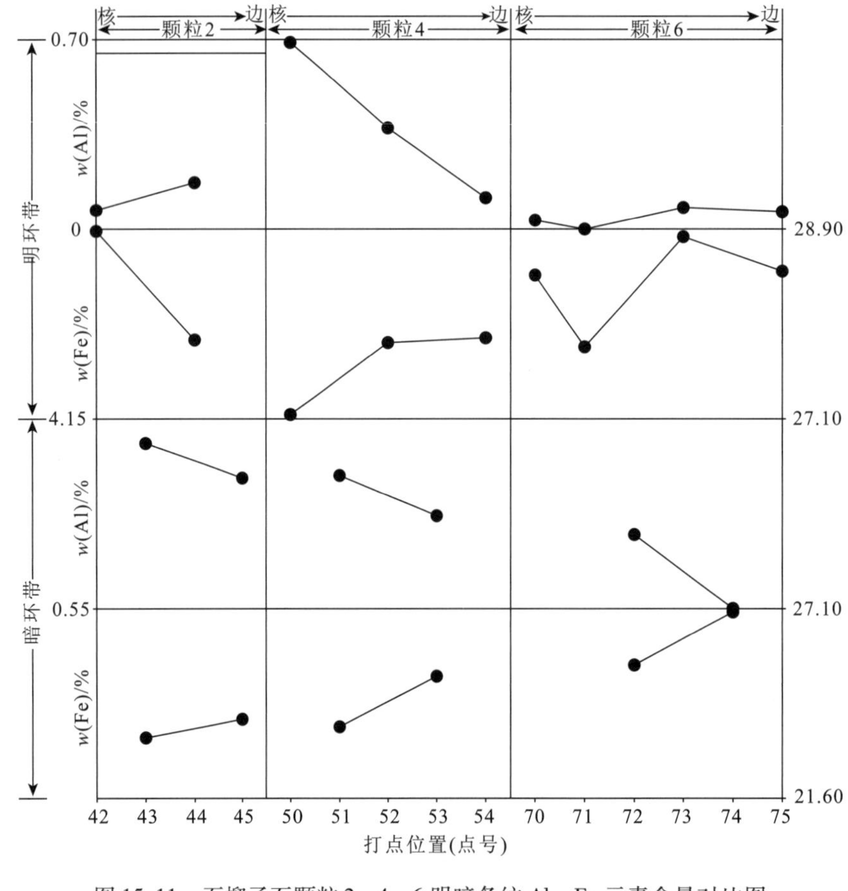

图 15.11　石榴子石颗粒 2、4、6 明暗条纹 Al、Fe 元素含量对比图

中，Al、Fe 含量从核部至边部表现出共性规律，即 Al 含量逐渐降低，而 Fe 含量逐渐升高。

15.3.4.2 矽卡岩成矿阶段成矿物理化学条件演化

第一世代和第二世代核部的石榴子石重稀土富集，说明其形成时的成矿热液富集重稀土、亏损轻稀土；第二世代边部石榴子石富集轻稀土，说明其形成时的成矿热液富集轻稀土、亏损重稀土。可见，矽卡岩阶段成矿热液发生了由重稀土富集向轻稀土富集的转换，这种转换可能是成矿热液化学成分发生了明显的变化，也有可能是第二世代石榴子石边部在形成期间，成矿热液中形成了一些将重稀土元素从稀土元素中分馏出来的矿物，即重稀土富集型矿物，如锆石和磷钇矿等。

Bau（1991）通过研究流体与岩石的交代反应指出，成矿热液中稀土元素的分馏主要受 pH 值控制：在弱酸性条件下，流体的稀土配分模式主要受稀土元素离子的吸附过程控制，也就是受稀土元素离子半径控制，此时如果元素 Eu 主要以 Eu^{2+} 形式，那么流体将会呈现正铕异常；在近中性至弱碱性条件下，流体的稀土配分模式主要受配合反应机制所控制，即受成矿热液中的活化剂控制，如 Cl^- 等。成矿热液中 Cl^- 是 Eu^{2+} 的有效载体，两者通常结合为［$EuCl_4^{2-}$］的配合离子，大大提高 Eu^{2+} 在热液中的溶解度，而 Cl^- 对 +3 价的稀土元素离子却无该配合反应机制（Gaspar et al.，2008；Mayanovic et al.，2002，2007；Allen and Seyfried，2005），Cl^- 以配合离子形式提高 Eu^{2+} 在溶液中溶解度的同时，热液矿物在形成期间进入晶体的元素 Eu 则相对减少，导致矿物出现负铕异常。

对本区矿石显微镜鉴定发现，本区在矽卡岩阶段有赤铁矿和磁铁矿生成，赤铁矿呈针状结构，而磁铁矿常交代赤铁矿，呈交代假象结构，即穆磁铁矿。磁铁矿交代赤铁矿有两种反应机制：一种为氧化还原反应；另一种为非氧化还原反应，即赤铁矿成分中 Fe^{2+} 的加入致使其转变为磁铁矿（翟德高等，2010）。两种反应机制的化学反应式分别为：

$$6Fe_2O_3 = 4Fe_3O_4 + O_2 \uparrow \quad (15.1)$$

$$Fe_2O_3 + Fe^{2+} + H_2O = Fe_3O_4 + 2H^+ \quad (15.2)$$

磁铁矿交代赤铁矿的非氧化还原反应（式 15.2）可导致体积增加 47.55%，这一数值表明该反应几乎不会在岩石中发生。这样的反应只有可能发生在原岩为铁建造的沉积物中（Mucke et al.，2005）。因此，本区磁铁矿交代赤铁矿的反应属于氧化还原反应，这说明矽卡岩成矿阶段的成矿热液环境为赤铁矿 - 磁铁矿氧逸度缓冲区氧逸度相对较低的环境。在这种环境下，稀土元素 Eu 主要以 Eu^{2+} 存在于成矿热液中，而不是 Eu^{3+}（Gaspar et al.，2008）。另外，成矿热液中的 Eu^{3+}/Eu^{2+} 氧化还原电势大小主要取决于成矿热液的温度，而 pH 值和压力对其影响相对较小，而且当温度大于 250℃ 时，成矿热液中的元素 Eu 主要以 Eu^{2+} 形式存在（Bau，1991；Sverjensky，1984）。矽卡岩成矿阶段温度较高，本区石榴子石中流体包裹体均一温度均大于 300℃，这也说明，本区矽卡岩成矿阶段成矿热液中元素 Eu 主要以 Eu^{2+} 形式存在。另外，石榴子石流体包裹体群体成分离子色谱分析显示，其成矿流体中 Cl^- 达 3.296×10^{-6}，可见矽卡岩成矿阶段成矿热液中元素 Eu 主要以配合离子［$EuCl_4^{2-}$］的形式存在。石榴子石稀土元素测试结果显示，第一世代和第二世代核部的石榴子石呈现出明显的负铕异常，而第二世代边部石榴子石却呈现出明显的正铕异常，根据 Bau（1991）对成矿热液 pH 对稀土元素分馏控制的研究可以推测，第一世代和第二世代核部石榴子石形成期间，成矿热液呈近中性至弱碱性，且重稀土元素较为富集，而到第二世代边部石榴子石形成期间，成矿热液转变为弱酸性，其重稀土变为亏损。

石榴子石的化学通式为 $X_3Y_2Si_3O_{12}$，其中 X 为 Ca^{2+}、Mg^{2+}、Mn^{2+} 和 Fe^{2+} 等二价阳离子，Y 为 Fe^{3+}、Al^{3+} 和 Cr^{3+} 等 3 价离子（Menzer，1926），而微量元素有 4 种方式存在于石榴子石中：表面吸附、吸留、类质同象和固溶体（McIntire，1963），前两者受控于矿物生长过程中的动力学效应，而后两者受控于晶体化学。元素 U、Y 和 3 价稀土元素进入石榴子石主要是耦合置换十二面体中 Ca^{2+} 等 2 价阳离子（Dziggel et al.，2009；Gaspar et al.，2008；Shannon，1976；Smith et al.，2004），而 Eu^{2+} 与 Ca^{2+} 晶体化学性质相似，其通常以类质同象的形式等价替换 Ca^{2+}。两种置换的化学反应式为

$$Ca_3(Al, Fe)_2Si_3O_{12} + 3REE^{3+}_{(aq)} + 3(Al^{3+}, Fe^{3+}) = REE_3(Al, Fe)_2(Al, Fe)_3O_{12} + 3Ca^{2+}_{(aq)} + 3Si^{2+}_{(aq)} \quad (15.3)$$

$$Ca_3(Al, Fe)_2Si_3O_{12} + 3Eu^{2+}_{(aq)} = Eu_3(Al, Fe)_2Si_3O_{12} + 3Ca^{2+}_{(aq)} \quad (15.4)$$

新桥石榴子石中元素 U、Y、REE（稀土元素总体）、Eu 与 CaO 散点图（图 15.12）显示，元素

U、Y、REE（稀土元素总体）、Eu 和 CaO 具有明显的成群特点，第一世代石榴子石和第二世代石榴子石核部中 U、Y、REE（稀土元素总体）、Eu 和 CaO 含量相当，与第二世代石榴子石边部的含量明显不同，这与稀土元素配分图和微量元素蛛网图具有相似的特征。总体而言，第一世代石榴子石和第二世代核部石榴子石呈现出相对富集 Ca、Y、Eu、REE（稀土元素总体）和相对亏损 U 的特点，第二世代石榴子石边部则相反。但是元素 U、Y、REE（稀土元素总体）、Eu 与 CaO 的含量并无明显的相关性，说明这些元素进入石榴子石中并不仅仅是遵循化学反应式（式 15.3）和反应式（式 15.4）的等价替换和耦合置换，还可能同时有表面吸附、固溶体等存在形式。

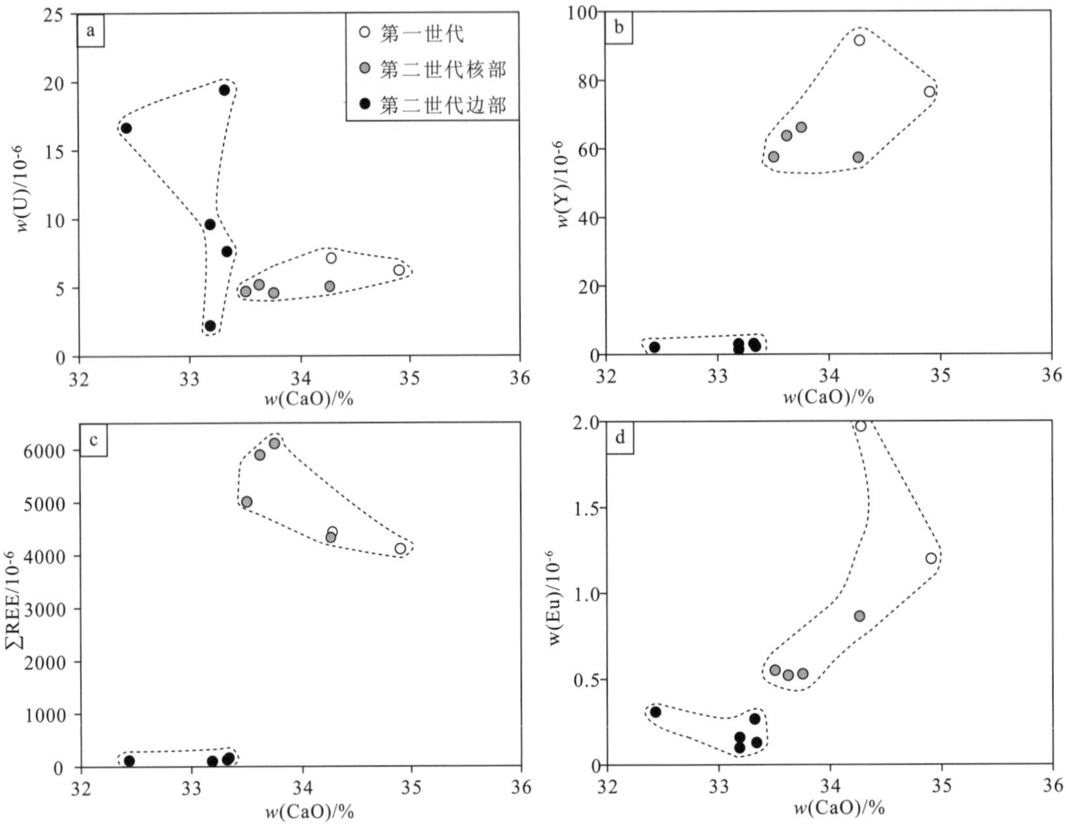

图 15.12　石榴子石相关微量元素散点图

Smith 等（2004）研究指出，U^{4+} 容易进入石榴子石晶体中，而 U^{6+} 却较难进入。本区第一世代石榴子石和第二世代石榴子石核部的 U 元素含量明显低于第二世代石榴子石边部 U 的含量，说明第一世代石榴子石和第二世代石榴子石形成期间，成矿热液处于氧逸度相对较高的环境，然后在第二世代石榴子石边部形成期间氧逸度降低，这种氧逸度的转变使得元素 U 更多地以 U^{4+} 存在于热液中，从而使得第二世代石榴子石边部相对富集元素 U。成矿热液氧逸度的降低符合热液矿床中成矿热液氧逸度的一般演化规律。

15.4　闪锌矿标型特征研究

15.4.1　样品采集及特征

新桥铜－硫－铁矿床中闪锌矿含量较少，1 号层状矿体中未见有明显的闪锌矿矿化出现。本次研究的样品（XQ23－2）采自－270 m 中段 E00 采场，野外描述为块状含黄铜矿的黄铁矿矿石，未见明显的闪锌矿出现。但在显微镜下观察发现，块状含黄铜矿的黄铁矿矿石中含有不规则状的闪锌矿，闪锌矿中有乳滴状的黄铜矿呈现，并交代溶蚀结晶黄铁矿（图版Ⅱ.48）。

15.4.2 测试方法

电子探针原位微区元素定量分析测试工作在中南大学地球科学与信息物理学院教育部有色金属成矿预测重点实验室完成。应用日本岛津公司生产的 EPMA－1720 型电子探针（EPMA），加速电压（acc. voltage）选择为 15 kV，电子束流（probe current）大小为 2.0×10^{-8}A，束斑大小一般为 1 μm，检出限 0.001%，校正方法为 ZAF 校正。元素的峰值计数时间和背景计数时间分别为 20s 和 10s。测试元素有 As、S、Fe、Mn、Cd、Cu 和 Zn 共 7 种元素。

15.4.3 测试结果

闪锌矿电子探针原位微区元素定量分析测试结果见表 15.9。测试结果显示，除了部分测量点的 As 和 Cu 含量低于检测限外，其余元素的含量均高于检测限 0.01%。其中，S 元素含量变化范围为 31.91%～34.24%，平均值为 33.51%，略大于闪锌矿 S 的理论含量（32.99%），轻微富 S；Zn 元素含量变化范围为 58.13%～67.18%，平均值为 63.60%，小于闪锌矿中 Zn 的理论含量（67.01%），具贫 Zn 的特征；Fe 元素含量变化范围为 0.46%～4.35%，平均值为 1.72%；Cd 元素含量变化范围为 0.18%～0.36%，平均值为 0.25%。

表 15.9 新桥闪锌矿电子探针测试结果 w(B)/%

测试点号	As	S	Mn	Cd	Fe	Zn	Cu	合计
1	0.02	33.87	0.05	0.30	1.84	65.47	—	101.54
2	0.03	33.27	0.11	0.23	1.14	66.41	—	101.18
3	0.02	33.59	0.13	0.21	3.13	62.74	—	99.82
4	0.02	33.48	0.06	0.36	1.28	64.70	—	99.89
5	0.02	33.22	0.10	0.29	1.64	64.65	—	99.91
6	—	34.06	0.03	0.26	1.62	64.57	—	100.53
7	0.01	34.24	0.02	0.22	0.75	66.28	—	101.51
8	0.09	32.75	0.10	0.23	0.92	64.29	—	98.38
9	0.01	33.40	0.09	0.24	1.29	65.35	—	100.37
10	—	33.26	0.15	0.26	1.41	64.08	—	99.16
11	0.09	33.62	0.04	0.30	1.13	65.18	—	100.37
12	0.02	31.91	0.06	0.25	1.10	65.55	—	98.88
13	0.01	33.60	0.04	0.19	1.11	64.05	—	99.00
14	—	33.42	0.10	0.26	1.21	65.27	—	100.26
15	0.04	33.70	0.16	0.25	2.26	63.44	—	99.85
16	—	34.04	0.03	0.18	0.46	67.18	—	101.89
17	—	33.77	0.06	0.29	0.86	64.78	—	99.76
18	—	34.05	0.32	0.20	1.69	63.86	—	100.12
19	0.05	33.23	0.06	0.22	0.90	63.61	—	98.07
20	0.10	33.60	0.08	0.32	2.07	61.38	1.36	98.91
21	0.01	32.64	0.04	0.26	1.79	62.61	1.12	98.47
22	0.01	33.33	0.06	0.29	2.54	60.27	1.76	98.27
23	0.02	33.80	0.61	0.23	3.90	58.13	2.55	99.23
24	0.14	33.69	0.37	0.21	4.11	59.10	2.88	100.51
25	0.05	33.59	0.18	0.20	4.35	58.33	3.69	100.39
26	—	32.92	0.06	0.22	2.23	60.23	2.56	98.21
27	0.04	33.88	0.10	0.26	0.81	62.83	0.31	98.23
28	—	33.84	0.06	0.24	1.56	63.94	—	99.64
29	—	33.90	0.04	0.23	0.73	66.28	—	101.18

注："—"表示含量低于检测限 0.01%。

15.4.4 讨论

卢焕章（1975）指出闪锌矿中 Fe 元素的含量可作为地质温度计估算闪锌矿的成矿温度。但 Scott 等（1971）通过实验证实，在一定温度范围内，闪锌矿中的 Fe 元素含量与成矿温度并没有明显的关系，而是与成矿压力密切相关，即闪锌矿的 Fe 元素含量地质温度计具有一定的局限性。

新桥铜－硫－铁矿床闪锌矿 Zn/Cd 变化范围为 189.24～321.13，平均值为 255.62，Zn/Cd 值较大，属于中高温条件下形成的闪锌矿 Zn/Cd 范围（刘英俊等，1984），这与流体包裹体显微测温结果吻合。

本区闪锌矿中元素 Cd 与 Zn/Cd 呈明显的负相关性（图 15.13），负相关方程为：Zn/Cd = 503.2 − 969.8 × Cd（$R = 89.3\%$），此特征与典型的岩浆热液矿床中闪锌矿的特征相类似（司荣军等，2006）。

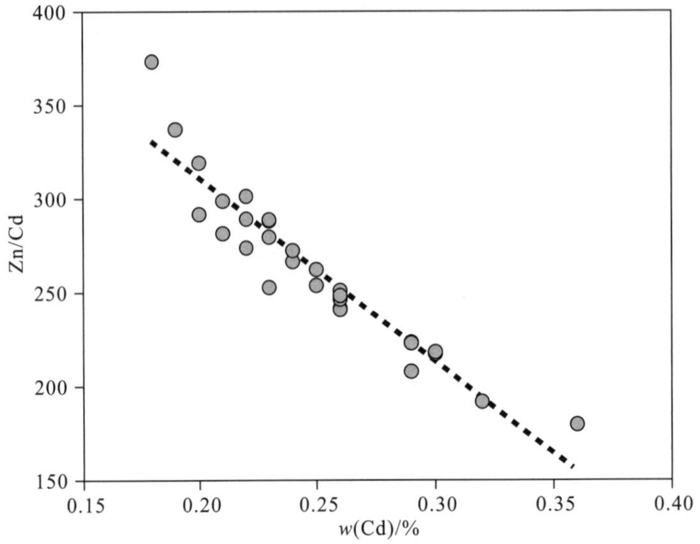

图 15.13　新桥矿床闪锌矿 Zn/Cd－Cd 散点关系图

第16章　矿床成因及成矿模型

16.1　成矿物质来源分析

16.1.1　宏观地质特征证据

新桥矿床1号矿体主要矿物围绕矶头岩株呈现出明显的分带特点，具体表现为：矶头岩株→磁铁矿±粒状黄铁矿带→黄铜矿+粒状黄铁矿带→粒状黄铁矿带。其粒状黄铁矿遍及全矿体，从内到外均为主要组分，并且呈现由内到外粒度变粗、自形程度增高的规律，近矶头岩株的地段黄铁矿呈细粒状，远离矶头岩株的地段则为粗粒状（图版Ⅱ.49）。新桥铜-硫-铁矿床1号矿体的这种矿物分带特征与典型的岩浆热液矿床的矿物分带一致，即近岩体区域形成中高温矿物（磁铁矿）；远离岩体的区域则形成中低温矿物（黄铁矿）（王跃，2011）。

16.1.2　同位素地球化学证据

不少学者均对新桥矿床开展过S、Pb同位素研究（张德贵，1982；刘心兵，2002；陈彬，2003；臧文拴等，2004，2007；李红阳等，2005），但其分析方法仅考虑1号层状矿体与矶头复式岩株和地层之间的关系。本次研究针对矿床5种不同产状的矿化类型（层状矿体、层状矿体上盘栖霞组硅质岩中的脉状矿化、层状矿体下盘五通组石英砂岩中的脉状矿化、矽卡岩中的浸染状和脉状矿化、矶头岩株中的浸染状和脉状矿化）开展S、Pb同位素分析，同时结合Sr同位素组成分析成矿物质来源。

16.1.2.1　S同位素

本次硫同位素测试选用层状矿体、层状矿体上盘栖霞组硅质岩中的脉状矿化、层状矿体下盘五通组石英砂岩中的脉状矿化、矽卡岩中的浸染状和脉状矿化、矶头岩株中的浸染状和脉状矿化共5种矿化产出类型的金属硫化物，测试矿物除层状矿体中少量的方铅矿、闪锌矿和磁黄铁矿外，其余均为黄铁矿。测试单位为核工业北京地质研究院分析测试研究中心，测试结果见表16.1。

层状矿体、层状矿体上盘栖霞组硅质岩中的脉状矿化、层状矿体下盘五通组石英砂岩中的脉状矿化、矽卡岩中的浸染状和脉状矿化、矶头岩株中的浸染状和脉状矿化共5种矿化产出类型的金属硫化物$\delta^{34}S_{CDT}$值变化范围分别为1.0‰~4.4‰、0.5‰~4.0‰、2.8‰~3.8‰、2.7‰~4.3‰和2.8‰~4.5‰，平均值分别为2.5‰、2.6‰、3.3‰、3.3‰和3.4‰，5类矿化类型的$\delta^{34}S_{CDT}$变化范围和平均值变化范围均较小，具有较好的均一性，显示其具有较好的亲缘性，为同一地质事件的产物。从硫同位素组成图（图16.1）各类型矿石的$\delta^{34}S_{CDT}$显示其岩浆硫的特征，即矿石硫应均来自于岩浆。而近矿围岩（黄龙组—船山组灰岩）的$\delta^{34}S_{CDT}$则显示出较大的负值，富^{32}S，生物成因特征明显，这与矿石硫同位素组成明显不同，说明本区成矿物质应主要来源于岩浆，地层并未提供主要的成矿物质。另外，下盘网脉状矿化、层状矿体、上盘网脉状矿化$\delta^{34}S_{CDT}$平均值未按照层位从下至上呈逐渐减小的规律，这与海底喷流型矿床的特征不符（尹观等，2009）。

表 16.1 新桥铜－硫－铁矿床硫同位素组成

样号	测试矿物	$\delta^{34}S_{CDT}$/‰	采样位置	资料来源
D001－1	方铅矿	1.7	层状矿体	本书
D001－2	方铅矿	1.3	层状矿体	
D002	黄铁矿	3.5	层状矿体	
D002	闪锌矿	2.6	层状矿体	
D007－6	黄铁矿	4.4	层状矿体	
D007－6	磁黄铁矿	4.4	层状矿体	
XQ045－5	黄铁矿	1.0	层状矿体	
XQ045－6	黄铁矿	3.6	层状矿体	
XQ008	黄铁矿	3.2	层状矿体	
XQ047－5	黄铁矿	3.8	层状矿体	
XQ012	黄铁矿	3.0	层状矿体	
XQ011	黄铁矿	1.0	层状矿体	
XQ011－1	黄铁矿	1.1	层状矿体	
XQ011－2	黄铁矿	1.0	层状矿体	
D005－2	黄铁矿	2.8	下盘石英砂岩中的脉状黄铁矿	
D006－2	黄铁矿	3.0	下盘石英砂岩中的脉状黄铁矿	
D011－1	黄铁矿	3.2	下盘石英砂岩中的脉状黄铁矿	
D011－2	黄铁矿	3.7	下盘石英砂岩中的脉状黄铁矿	
XQ045－8	黄铁矿	3.8	下盘石英砂岩中的脉状黄铁矿	
D010－1	黄铁矿	3.3	上盘硅质岩中的脉状黄铁矿	
D010－2	黄铁矿	4.0	上盘硅质岩中的脉状黄铁矿	
D010－3	黄铁矿	0.5	上盘硅质岩中的脉状黄铁矿	
D007－5a	黄铁矿	4.3	矽卡岩中的黄铁矿	
XQ007	黄铁矿	2.8	矽卡岩中的黄铁矿	
D012－1	黄铁矿	2.7	矽卡岩中的黄铁矿	
D013－1	黄铁矿	2.9	闪长岩中的脉状黄铁矿	
D016－3	黄铁矿	2.8	闪长岩中的脉状黄铁矿	
D016－4	黄铁矿	4.5	闪长岩中的团块状黄铁矿	
XQ045－3	灰岩	－9.47～－15.42	黄龙组—船山组灰岩	唐永成等，1998

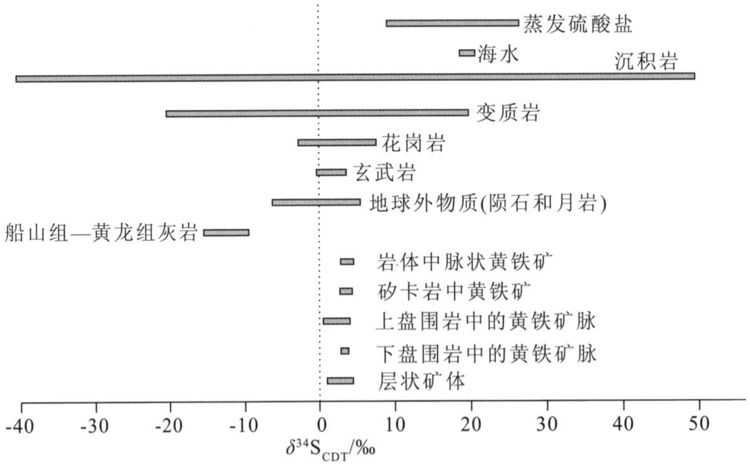

图 16.1 新桥铜－硫－铁矿床 $\delta^{34}S_{CDT}$组成图

将矿床中所有金属硫化物的$\delta^{34}S_{CDT}$做硫同位素频数直方图（图 16.2）。三直方图结果显示，本区硫同位素$\delta^{34}S_{CDT}$均在 0.5‰ ~5.0‰之间，组成较为均一，显示出同源的特征。

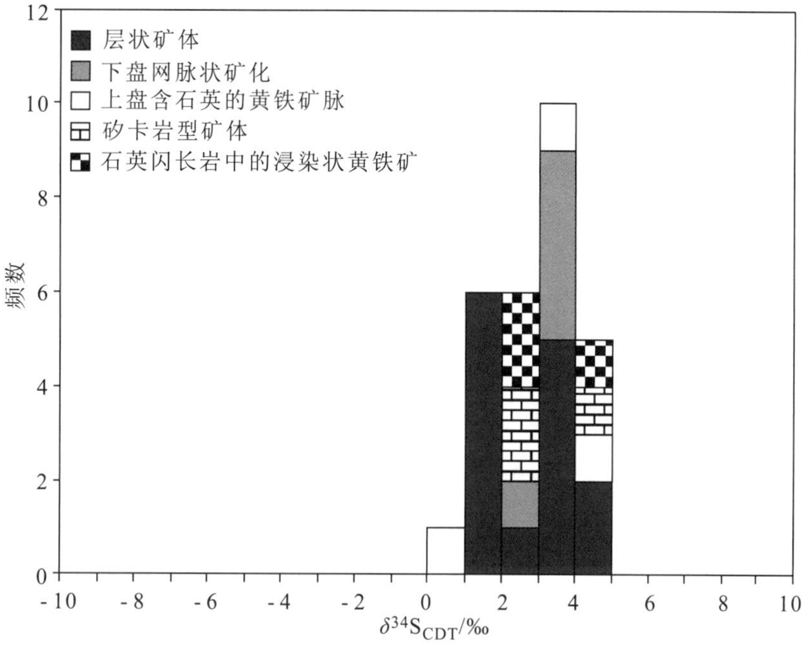

图 16.2　新桥矿床金属硫化物硫同位素频数直方图

样品 D002 和 D007－6 尝试进行矿物对硫同位素测试，分别测试了黄铁矿－闪锌矿和黄铁矿－磁黄铁矿两个矿物对，样品 D002 中黄铁矿$\delta^{34}S_{CDT}$（3.5‰）值大于闪锌矿$\delta^{34}S_{CDT}$值（2.6‰），初步判断硫同位素达到平衡。而样品 D007－6 中黄铁矿和磁黄铁矿$\delta^{34}S_{CDT}$值均为 4.4，未达到平衡，不满足矿物对硫同位素地质温度计计算要求。利用 Geokit 软件（路远发，2004）对样品 D002 中黄铁矿－闪锌矿进行硫同位素矿物对地质温度计算，计算结果为 356℃，即黄铁矿－闪锌矿硫同位素平衡温度为 356℃。

16.1.2.2　Pb 同位素

本次选用层状矿体、层状矿体上盘栖霞组硅质岩中的脉状矿化、层状矿体下盘五通组石英砂岩中的脉状矿化、矽卡岩中的浸染状和脉状矿化、矶头岩株中的浸染状和脉状矿化共 5 种矿化产出类型和矶头岩株、黄龙组—船山组灰岩进行铅同位素测试。测试单位为核工业北京地质研究院分析测试研究中心，测试结果及铅同位素特征值见表 16.2。

新桥矿床各产状的矿石和矶头岩株的铅同位素 Th/U 值变化范围分别为 3.59 ~3.83 和 3.63 ~3.71，平均值分别为 3.72 和 3.66，弱小于地壳和球粒陨石的 Th/U 值（约为 4），揭示了两者 Pb 的多源特征。Pb 同位素特征值μ的变化能提供地质体经历地质作用的信息，反映铅的来源。本区各产状的矿石和矶头岩株的铅同位素μ值变化范围分别为 9.35 ~9.51 和 9.24 ~9.45，均分布于上地壳铅（μ=12.24）和地幔铅（μ=8.92）之间，推测本区矿石铅和岩体铅均属壳幔混合铅。

在$^{207}Pb/^{204}Pb-^{206}Pb/^{204}Pb$散点图（图 16.3）和$^{208}Pb/^{204}Pb-^{206}Pb/^{204}Pb$散点图（图 16.4）中，矿石和矶头岩株的铅同位素投点排列紧密，显示出较强的亲缘性，而与黄龙组—船山组灰岩的铅同位素组成存在明显差异，这与张乾等（2000）对夏山、桓仁武山—城门山等典型矽卡岩矿床的铅同位素组成研究结果（尹观等，2009）相似，说明新桥矿床的成矿物质主要来自于岩浆，地层并未提供主要的成矿物质。

表 16.2 新桥矿床铅同位素组成及特征值

样号	类别	测试矿物	$^{208}Pb/^{204}Pb$	$^{207}Pb/^{204}Pb$	$^{206}Pb/^{204}Pb$	μ	ω	Th/U	V1	V2	$\Delta\alpha$	$\Delta\beta$	$\Delta\gamma$	资料来源
D001－1	层状矿体	方铅矿	38.551	15.607	18.484	9.47	36.64	3.74	66.20	56.68	77.30	18.47	35.80	本书
D007－5b	层状矿体	磁铁矿	37.879	15.570	18.213	9.43	35.00	3.59	43.03	50.01	61.50	16.06	17.74	
XQ008	层状矿体	黄铁矿	38.38	15.571	18.398	9.41	36.08	3.71	58.28	52.5	70.61	16.03	30.26	
XQ045－6	层状矿体	黄铁矿	38.379	15.589	18.320	9.45	36.67	3.76	62.11	52.99	72.26	17.56	33.72	
XQ011	层状矿体	黄铁矿	38.427	15.584	18.372	9.44	36.53	3.75	61.35	52.72	71.85	17.03	33.07	
XQ011－1	层状矿体	黄铁矿	38.454	15.584	18.332	9.44	36.86	3.78	63.12	51.89	71.79	17.16	35.08	
XQ011－2	层状矿体	黄铁矿	38.556	15.616	18.353	9.5	37.47	3.82	67.93	53.72	74.93	19.36	38.89	
XQ045－7	层状矿体	磁铁矿	38.281	15.557	18.557	9.37	34.73	3.59	50.17	54.57	69.50	14.58	21.77	
D010－2	顶板硅质岩中的脉状黄铁矿	黄铁矿	38.353	15.577	18.564	9.40	35.16	3.62	63.48	62.13	81.96	16.51	30.48	
D010－3	顶板硅质岩中的脉状黄铁矿	黄铁矿	38.491	15.615	18.279	9.51	37.61	3.83	59.48	47.47	65.35	18.99	34.19	
D011－1	底板石英砂岩中的脉状黄铁矿	黄铁矿	38.472	15.577	18.416	9.42	36.41	3.74	62.54	53.55	73.33	16.51	33.68	
D011－2	底板石英砂岩中的脉状黄铁矿	黄铁矿	38.325	15.541	18.397	9.35	35.59	3.68	58.51	53.43	72.23	14.16	29.73	
XQ45－8	底板石英砂岩中的脉状黄铁矿	黄铁矿	38.756	15.609	18.575	9.47	36.99	3.78	65.91	53.93	74.63	18.17	36.79	
D012－1	矽卡岩中的黄铁矿	黄铁矿	38.300	15.545	18.374	9.36	35.65	3.69	57.32	52.67	70.89	14.42	29.05	
XQ007	矽卡岩中的黄铁矿	黄铁矿	38.472	15.565	18.452	9.39	36.11	3.72	58.43	51.70	70.11	15.44	30.67	
D013－1	闪长岩中的脉状黄铁矿	黄铁矿	38.272	15.542	18.409	9.35	35.32	3.66	57.54	54.63	72.93	14.23	28.30	
D016－3	闪长岩中的脉状黄铁矿	黄铁矿	38.386	15.567	18.385	9.4	36.14	3.72	58.42	51.92	70.20	15.79	30.62	
XQ45－3	船山组—黄龙组灰岩	全岩	38.781	15.659	19.317	9.5	33.84	3.45	81.21	88.08	113.05	21.22	34.97	
XQ33－10	岩体	全岩	38.435	15.594	18.457	9.45	36.2	3.71	60.09	54.61	72.95	17.47	31.12	
	岩体	钾长石	38.244	15.488	18.421	9.24	34.66	3.63	57.17	54.31	73.62	10.71	27.55	臧文拴等,2007
	岩体	钾长石	38.225	15.512	18.363	9.30	35.10	3.65	55.23	52.22	70.24	12.27	27.04	
	岩体	钾长石	38.090	15.482	18.273	9.25	34.76	3.64	49.66	48.62	65.00	10.31	23.41	

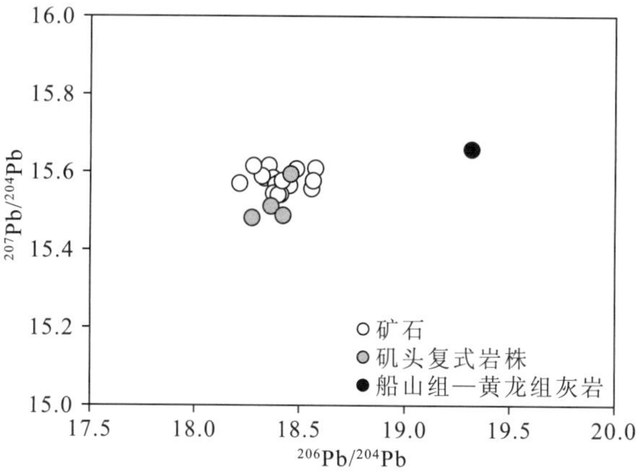

图 16.3 新桥矿床$^{207}Pb/^{204}Pb - ^{206}Pb/^{204}Pb$ 图

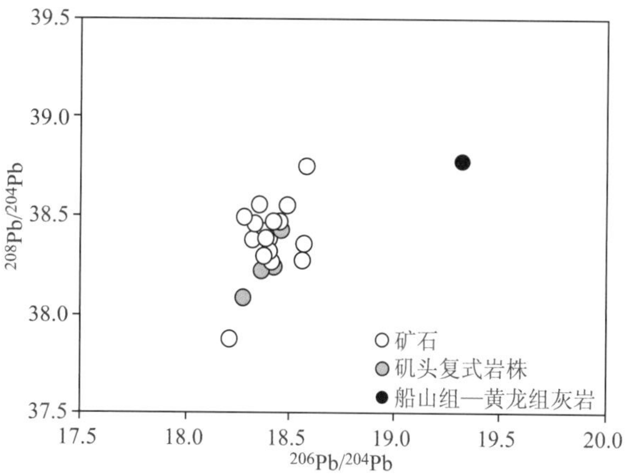

图 16.4 新桥矿床$^{208}Pb/^{204}Pb - ^{206}Pb/^{204}Pb$ 图

在铅同位素构造分配模式图解（图 16.5）中，矶头岩株铅同位素的$^{207}Pb/^{204}Pb$ 和$^{208}Pb/^{204}Pb$ 与张理刚（1995）年提出的铜陵岩体铅同位素组成范围一致，但其$^{206}Pb/^{204}Pb$ 则相对较小。矶头岩株和矿石的铅同位素在构造分配模式图解中的投点主要分布于造山带和地幔之间，反映了两者铅同位素系壳幔混合铅。

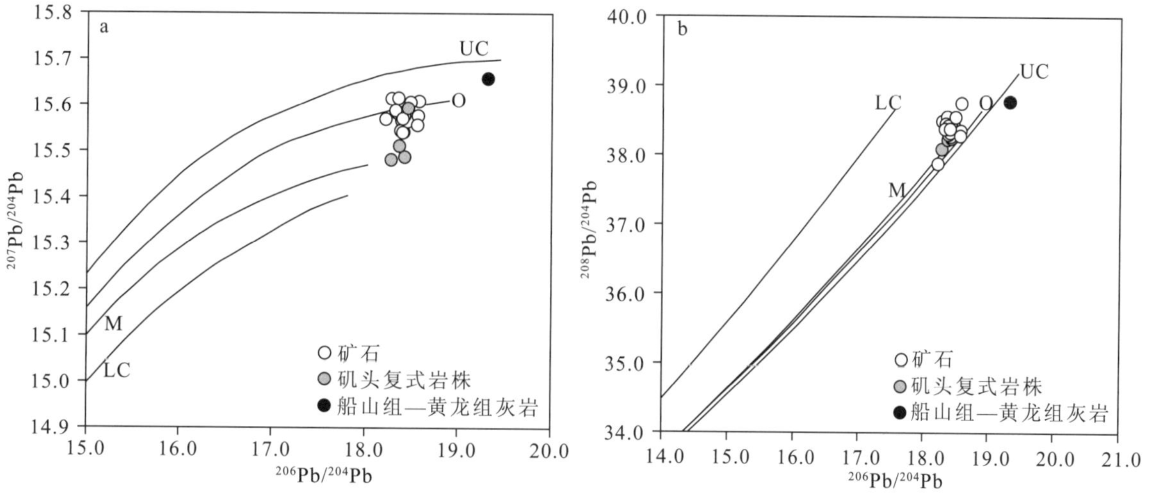

图 16.5 新桥矿床$^{206}Pb/^{204}Pb - ^{207}Pb/^{204}Pb$ 和$^{206}Pb/^{204}Pb - ^{208}Pb/^{204}Pb$ 构造分配模式图解

M—地幔；O—造山带；UC—上地壳；LC—下地壳

铅同位素的 $\Delta\beta - \Delta\gamma$ 成因分类图解（图 16.6）投图结果说明，矿石铅的投影点绝大多数落于上地壳与地幔混合的俯冲带铅岩浆作用区域内，说明新桥矿床的形成与岩浆的演化具有十分密切的关系，成矿物质应主要来自于岩浆，且同位素铅为壳幔混合铅。另外，图解中无投影点落于海底热水作用铅和化学沉积型铅区域内，说明新桥矿床的形成与海相火山作用无关，并非为海底喷流沉积作用所形成。

在$^{207}Pb/^{204}Pb - ^{206}Pb/^{204}Pb$ 和$^{208}Pb/^{204}Pb - ^{206}Pb$ ^{204}Pb 铅同位素构造环境判别图（图 16.7）中，新桥矿床矿石和矶头岩株的铅同位素投点均落在下地壳和造山带公共范围内，也说明本区铅同位素均为壳幔混合铅，岩体主要为地幔物质混染地壳而形成。

综上所述，新桥矿床岩石铅和岩体铅具有较好的亲缘性，其组成特征明显不同于黄龙组—船山组灰岩的铅同位素组成，岩体铅和矿石铅均为壳幔混合性铅，成矿物质主要来源于岩浆，而并非地层。

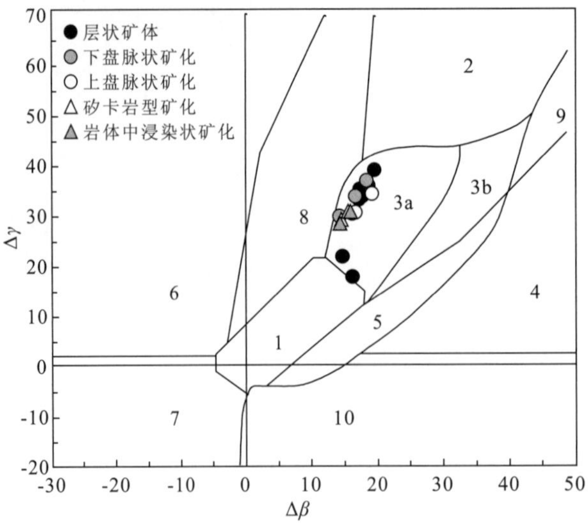

图 16.6　新桥铜－硫－铁矿床矿石铅同位素 Δγ－Δβ 成因分类图解

（底图据朱炳泉，1998）

1—地幔源铅；2—上地壳铅；3—上地壳与地幔混合的俯冲带铅（3a—岩浆作用，3b—沉积作用）；4—化学沉积型铅；5—海底热水作用铅；6—中深变质作用铅；7—深变质下地壳铅；8—造山带铅；9—古老页岩上地壳铅；10—退变质铅

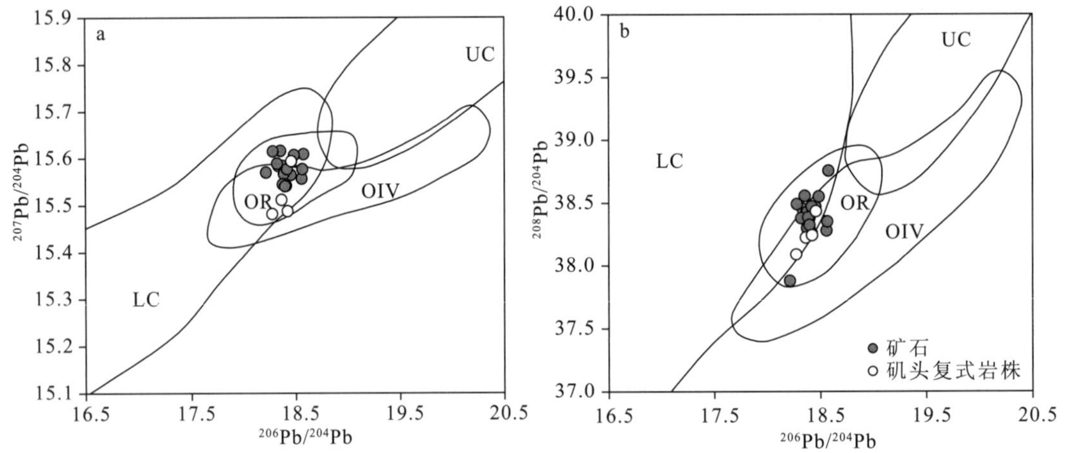

图 16.7　新桥矿床铅同位素构造环境判别图

LC—下地壳；UC—上地壳；OIV—洋岛火山岩；OR—造山带

16.1.2.3　Sr 同位素

本次 Sr 同位素测试选用层状矿体中结晶黄铁矿和磁铁矿、层状矿体下盘五通组石英砂岩中、含矿层位黄龙组—船山组灰岩和矶头岩株的石英闪长岩。测试单位为核工业北京地质研究院分析测试研究中心，测试结果见表 16.3。

表 16.3　新桥矿床 Sr 同位素组成

样号	类型	测试矿物	$^{87}Sr/^{86}Sr$	2σ
XQ008	层状矿体	黄铁矿	0.709 927	0.000 010
XQ047－5	层状矿体	黄铁矿	0.713 331	0.000 011
XQ045－7	层状矿体	磁铁矿	0.713 243	0.000 009
XQ033－11	层状矿体	磁铁矿	0.716 348	0.000 014
XQ045－8	五通组石英砂岩	石英砂岩	0.742 926	0.000 012
XQ045－3	黄龙组—船山组灰岩	全岩	0.724 593	0.000 010
XQ033－10	矶头岩株	全岩	0.708 520	0.000 010

层状矿体$^{87}Sr/^{86}Sr$变化范围为0.709927～0.716348，平均值为0.713212，下盘网脉状石英黄铁矿脉中石英流体包裹体的$^{87}Sr/^{86}Sr$初始值（0.71138±0.00014），稍大于矶头岩株石英闪长岩的$^{87}Sr/^{86}Sr$值（0.708520），远低于五通组石英砂岩$^{87}Sr/^{86}Sr$值（0.742926）和黄龙组—船山组灰岩$^{87}Sr/^{86}Sr$值（0.724593）。同下盘网脉状矿化形成原因一样，层状矿体的Sr同位素组成与矶头岩株石英闪长岩相近，反映出两者的亲缘性，层状矿体$^{87}Sr/^{86}Sr$值高于矶头岩株的$^{87}Sr/^{86}Sr$值是岩浆热液流经五通组（D_3w）石英砂岩与黄龙组（C_2h）灰岩之间的滑脱破碎带时与黄龙组灰岩发生水－岩反应所致。

综上所属，新桥矿床1号矿体主要矿物呈现出与典型的岩浆热液矿床的矿物分带特征；新桥矿床各矿化类型矿石的S、Pb、Sr同位素组成均与矶头复式岩株对应同位素组成相近，但明显有别于赋矿地层（黄龙组—船山组）灰岩的相应同位素组成，呈岩浆硫和壳幔混合型铅的特征。结合宏观地质特征，判断新桥铜－硫－铁矿床成矿物质主要来源于矶头复式岩株对应的燕山期岩浆，即矶头复式岩株对应的岩浆活动是新桥矿床形成的重要因素。

16.2 成矿地质条件分析

结合矿床地质特征以及层状矿体下盘网脉状矿化成因分析、胶状黄铁矿成因分析、成矿物质来源分析等方面的研究成果可以判断，新桥铜－硫－铁矿床的形成与本区燕山期的岩浆活动存在着密切的关系，其成矿系统较为复杂，成矿作用受岩浆活动控制的同时，也受到地层和构造的明显控制（张宇等，2014）。

16.2.1 地层与成矿的关系

地层对成矿作用的控制主要表现在以下3个方面：

16.2.1.1 地层层位对成矿的专属性

新桥铜－硫－铁矿床以中－上石炭统黄龙组（C_2h）、船山组（C_3c）为主要赋矿层位，在局部地段，黄龙组（C_2h）、船山组（C_3c）被1号矿体完全替代，但在区内其他地层中，矿化较弱。需要说明的是，新桥矿床1号层状矿体受到黄龙组（C_2h）、船山组（C_3c）（黄龙组—船山组相当于江西境内的石炭系叶家湾组）层位的明显控制，且在区域上完全可以对比，如安徽铜官山铜矿床、冬瓜山铜矿床，江西城门山铜矿床、武山铜矿床、永平铜矿床等，含矿层位空间分布的稳定性和对比性均反映了地层与成矿的对应性（孙家富，1992；王文斌，1994；翟裕生等，1992；邓吉牛，1995），也揭示了我国东南部成矿域上黄龙组（C_2h）、船山组（C_3c）（或石炭系叶家湾组）的成矿专属性。另外，需要说明的是，这种专属性还表现出矿种的特定性，即铜矿，该层位对应的铜官山铜矿床、冬瓜山铜矿床、城门山铜矿床、武山铜矿床、永平铜矿床、新桥矿床主要矿种均为铜。

16.2.1.2 有利的隔挡层

新桥铜－硫－铁矿床主要赋矿层位黄龙组—船山组的上覆地层为二叠系栖霞组，岩性以硅质岩为主；下伏地层为泥盆系五通组，岩性以石英砂岩为主。即新桥矿床1号矿体顶底板均为硅质成分为主的岩性，其岩石性硬致密，化学性质稳定，难于与成矿热液进行反应，这使得成矿热液在进入黄龙组—船山组与五通组间的层间滑脱破碎带时，受到栖霞组硅质岩的“盖层”保护作用和五通组石英砂岩的“隔挡层”保护作用，成矿热液不易扩散，也有利于其与黄龙组（C_2h）、船山组（C_3c）地层中的灰岩发生充分的反应，利于成矿。

16.2.1.3 含矿层位岩性物理性质差异

中－上石炭统统黄龙组（C_2h）与五通组（D_3w）之间存在假整合面，两地层的岩性分别为灰岩和石英砂岩，物理性质差异较大，特别是其机械性能差异大。本区构造活动具有多期次的特征，在多次构造活动的作用下，黄龙组灰岩与五通组石英砂岩接触面受到应力作用易于使灰岩一侧发生破碎，在构造活动进一步的影响之下，其两地层之间的假整合面便产生层间破碎和滑脱空间，这为矿液的运移和沉淀提供了良好的空间，利于成矿作用的进行。

16.2.2 构造与成矿的关系

根据新桥铜-硫-铁矿床的主要特征以及其构造与矿床和岩浆活动的关系，将区内主要的导矿构造、配矿构造和容矿构造分述如下：

16.2.2.1 导矿构造

区内构造具有多期次活动的特征，矶头-沙滩角基底断裂和北北东向断裂带经过多次活动使得两断层交汇处发生扩张，当扩张到一定程度时，深部岩浆活动驱使岩浆房中的中酸性岩浆沿着断层交汇处上侵，而岩浆冷凝固结后，岩浆期后热液携带丰富的S、Fe、Cu、Cl等元素也沿着断层交汇处向浅部运移。也就是说，矶头-沙滩角基底断裂和北北东向断裂带既是本区的导矿构造，也是本区的深部控岩构造。

16.2.2.2 配矿构造

区内构造活动的多期活动特征不仅表现在深部断层，浅部的舒家店背斜和大成山背斜也具有多期次活动的特征，两背斜呈北东向左行排列，其多次活动所产生的左行扭压作用对区内的黄龙组灰岩与五通组石英砂岩间的层间滑脱破碎带进行进一步的改造和扩大，利于含矿热液的运移、存储，以及成矿作用的进行。在空间上，舒家店背斜和大成山背斜相向倾伏，两背斜倾伏端又发育有盛冲向斜，3个褶皱在空间上组成了一个半漏斗形区域，深部岩浆和含矿热液在沿着矶头-沙滩角基底断裂和北北东向断裂带交汇处上升后，又通过北西向横断层进入3个褶皱组成的半漏斗形区域，并就此形成与成矿关系密切的矶头复式岩株。由此可见，北西向横断层、舒家店背斜、大成山背斜和盛冲向斜既是本区的配矿构造，又是本区的浅部控岩构造。

16.2.2.3 容矿构造

结合新桥铜-硫-铁矿床的矿体的产出状态及规律，将容矿构造分为以下3种类型：

1）层间滑脱破碎带：黄龙组（C_2c）与五通组（D_3w）之间存在假整合面，其两侧岩性机械性能差异大，多次构造活动将其假整合面改造形成层间滑脱破碎带。而且，后期的矶头岩体由“漏斗底”上侵，又对滑脱破碎带两侧的地层产生顶托和拖拽作用，造成层间滑脱的进一步加剧，这就为矿液的运移和沉淀提供了良好的空间。新桥铜-硫-铁矿床最大的1号层状矿体就位于该层间滑脱破碎带之中。

2）岩体侵入接触构造：新桥矿床的5号矿体赋存于栖霞组（P_1q）、黄龙组（C_2h）及船山组（C_3c）灰岩和矶头岩株的接触带中，接触带控制作用十分明显。而且在岩体与灰岩接触面产状发生变化的部位，如对围岩的内凹、外凸（舌状体）、岛状体（捕虏体）等处都形成较富的矿体，这是由于这些部位能为灰岩和岩浆提供相对较大的接触面积，在有利于含矿热液得到聚集的同时，又能使其与围岩之间发生充分的接触交代作用而形成较富矿体。

3）复合接触带控矿构造：新桥矿床的复合接触带控矿构造主要指层间滑脱破碎带与岩体侵入接触构造的复合部位。矶头岩株在上侵就位的过程中，一部分岩浆横向迁移进入层间滑脱破碎带中，在良好的就位空间中与灰岩进行充分的接触交代，而且其相对其他层间滑脱破碎部位有着更充分的成矿物质和热源供应，致使该部位形成的矿体较大较富。

16.2.3 岩浆岩与成矿的关系

16.2.3.1 成岩成矿时间差

矶头岩株石英闪长岩的锆石$^{206}Pb/^{238}U$加权平均年龄为138.4±2.3 Ma（MSWD=1.4，$n=20$），代表岩体形成时期为早白垩世，而层状矿体下盘网脉状矿化中石英流体包裹体Rb-Sr等时线年龄为138.0±2.3 Ma（MSWD=5.4）。成岩与成矿两年相近，这反映成岩与成矿为同一地质事件导致，说明了两者之间的亲缘性。

16.2.3.2 岩体与矿体的空间关系

新桥铜-硫-铁矿床以1号和5号矿体为主，两者在空间上均与矶头岩株密切相关。5号矿体赋存于栖霞组（P_1q）、黄龙组（C_2h）及船山组（C_3c）灰岩和矶头岩株的接触带中，接触带控矿特征十分明显。1号矿体围绕岩体展布，虽赋存于层间滑脱破碎带之中，但在近岩体的部位，矿体明显较富较大，而且1号矿体主要矿物围绕矶头岩株呈现出矶头岩株→磁铁矿±粒状黄铁矿带→黄铜矿+粒状黄铁矿带→粒状黄铁矿带的明显的分带特点，这与典型的岩浆热液矿床的温度分带一致。

16.2.3.3 岩浆的含矿性

岩浆高氧逸度是Cu和Au成矿的重要因素，因为Cu和Au是亲硫元素，岩浆结晶分异过程中如果S^{2-}大量存在就会导致Cu，Au硫化物过饱和而过早沉淀，不利于残余岩浆中Cu和Au元素的富集，而高氧逸度条件下，岩浆中的硫绝大多数以SO_4^{2-}和SO_2形式溶解于在硅酸盐熔体中，能形成硫化物的S^{2-}含量很低，硫化物难以达到饱和，从而有利于Cu和Au在残余岩浆中富集并成矿（Torrence and Compo，1998）。矶头复式岩株石英闪长岩对应的岩浆氧逸度为-19.84～-7.35，ΔFMQ平均值为4.36，具有较高的氧逸度，其非常有利于铜矿体的形成，具有较好的含矿性。

16.2.3.4 成矿物质的提供

在宏观地质特征方面：新桥矿床层状矿体主要矿物围绕矶头岩株呈现出矶头岩株→磁铁矿±粒状黄铁矿带→黄铜矿+粒状黄铁矿带→粒状黄铁矿带的明显的分带特点，这与典型的岩浆热液矿床的温度分带一致。

在同位素地球化学方面：层状矿体矿石的S、Pb和Sr同位素组成均与矶头复式岩株对应的同位素组成相近，而明显不同于赋矿地层（黄龙组—船山组）的同位素组成；下盘网脉状矿化石英流体包裹体中流体的$^{87}Sr/^{86}Sr$初始值为0.71138±0.00014，与层状矿体和矶头岩株的$^{87}Sr/^{86}Sr$初始比值相近，与黄龙组—船山组灰岩的$^{87}Sr/^{86}Sr$初始比值存在明显区别，说明下盘网脉状矿化和层状矿体的成矿流体均为燕山期岩浆热液，这与刘心兵（2002）、王国光等（2009）开展的氢、氧同位素研究结果一致。

在微量元素地球化学方面：矶头复式岩株中元素Cu的含量较高，约为维氏值的17倍，呈明显富集特征，这说明矶头复式岩株具备为成矿作用提供Cu的潜力（张宇，2012）。

综上所述，新桥铜-硫-铁矿床形成所需要的成矿物质来源于矶头复式岩株所对应的深部岩浆。

16.2.3.5 岩浆活动对容矿构造的有利改造

形成矶头复式岩株的岩浆由舒家店背斜南西倾伏端、大成山背斜北东倾伏端和盛冲向斜核部组成的“漏斗底”向上侵位，又对主要容矿构造（层间滑脱破碎带）两侧的五通组和黄龙组产生顶托和拖拽作用，造成层间滑脱的进一步加剧，这就进一步为矿液的运移和沉淀提供了良好的空间，利于成矿作用的进行。

16.3 控矿因素

通过对地层、构造和岩浆岩与成矿关系的分析，总结新桥铜-硫-铁矿床的控矿因素如下：

1）有利的成矿母岩：矶头复式岩株对应的岩浆活动是成矿的第一要素，其与新桥铜-硫-铁矿床的形成具有密切的关系。矶头复式岩株对应的岩浆热液活动为成矿作用的进行带来了必需的成矿物质、成矿流体和热量。

2）有利的控矿构造：矶头-沙滩角基底断裂、北北东向断裂带、北西向和断层、盛冲向斜、舒家店背斜和大成山背斜组成为成矿母岩和含矿热液由深部岩浆房向浅部的运移提供了通道，而五通组和黄龙组间的层间滑脱破碎带、岩体侵入接触构造更是为含矿热液迁移、矿质的沉淀、矿体的就位提供了良好的条件。

3）有利的岩性组合：1号矿体的底板为五通组（D_3w）石英砂岩，顶板为栖霞组硅质岩，两种岩性渗透性较差，化学性质稳定，有利于含矿热液的储存和矿质的沉淀。而且，1号矿体赋存的中-上石炭统黄龙组—船山组均以灰岩岩性为主，其渗透性较好、化学性质活泼，易于与岩浆热液发生渗滤交代形成矿体，其与五通组（D_3w）石英砂岩和栖霞组硅质岩在空间上组成“Si-Ca-Si”的成矿结构面，利用含矿热液与灰岩进行接触交代反应，利于成矿作用的进行。

4）有利的地层层位：中－上石炭统黄龙组（C_2h）、船山组（C_3c）对矿体的控制在区域上具有明显的稳定性，表现出该层位的成矿专属性。

16.4 矿床成因

在收集分析前人对新桥铜－硫－铁矿床研究成果的基础上，结合本次研究对成矿地质背景、矿床地质特征、成岩机制、成矿物质来源、下盘网脉状矿化成因、胶状黄铁矿成因、成矿地质条件等的分析，认为以下几点认识为矿床成因的判断提供了直接的依据：

1）成矿地质背景方面：整个铜陵矿集区岩浆活动频繁，岩体以中酸性岩性为主，而且区内广泛出露的石炭系至三叠系均以灰岩为主，这为矽卡岩型矿床的形成提供了得天独厚的条件，而且铜陵矿集区内广泛发育铜官山铜矿床、老鸦岭铜矿床、凤凰山铜矿床等一系列的矽卡岩型矿床。新桥矿区内矶头复式岩株的主要岩性为石英闪长岩，且区内石炭系黄龙组—船山组、二叠系栖霞组等的主要岩性均为化学性质活泼的碳酸盐岩。可见，无论是区域成矿地质背景还是矿区成矿地质背景，都具备矽卡岩型矿床形成的前提条件。

2）矿体特征方面：新桥矿床1号矿体主要矿物围绕矶头岩株呈现出明显的岩浆热液矿床分带特点，且靠近岩体的地段矿体往往厚大且品位更高。5号矿体赋存于栖霞组（P_1q）、黄龙组（C_2h）及船山组（C_3c）灰岩和矶头岩株的接触带中，接触带控制作用十分明显。主要矿体特征均符合矽卡岩型矿体特征。

3）矿石组成方面：矿石矿物以黄铁矿、磁铁矿、黄铜矿、菱铁矿和磁黄铁矿等为主；脉石矿物主要为石榴子石、透辉石和石英等，其次为方解石、白云石、绿泥石等，其中石榴子石和透辉石等矽卡岩在本区较为发育，分布较为广泛。

4）矿石结构与构造方面：新桥铜－硫－铁矿床矿石构造以交代结构为主，包括有交代溶蚀结构、交代残余结构、交代假象结构、交代环边结构，可见成矿作用以交代作用为主，这与矽卡岩型矿床的接触交代反应特征吻合。矿石构造主要有块状、浸染状、脉状、条带状等常见矽卡岩型矿石构造。

5）围岩蚀变方面：新桥矿区围岩蚀变较强，围岩蚀变类型主要有矽卡岩化、硅化、大理岩化、碳酸盐化、绢云母化、高岭土化、绿泥石化、孔雀石化等，无明显分带特征。层状矿体下盘的石英砂岩具有明显的硅化，而不具电气石化、绿泥－绿帘石化、钠长石化等海底喷流矿床下盘的典型蚀变。

6）成矿物质来源方面：在矿床宏观地质特征研究的基础上，结合同位素（S、Pb和Sr）地球化学研究结果，认为新桥矿床矿体与矶头复式岩株具有较强的亲缘性，而与赋矿地层黄龙组—船山组在地球化学特征方面呈现出一定的差异性，判断新桥铜－硫－铁矿床的主要成矿物质来自于矶头复式岩株。

7）成矿流体方面：下盘网脉状矿化石英流体包裹体中流体的$^{87}Sr/^{86}Sr$初始值为0.71138±0.00014，与层状矿体和矶头岩株的$^{87}Sr/^{86}Sr$初始比值相近，与黄龙组—船山组灰岩的$^{87}Sr/^{86}Sr$初始比值存在明显区别，说明下盘网脉状矿化和层状矿体的成矿流体均为燕山期岩浆热液，这与刘心兵（2002）、王国光等（2009）开展的氢、氧同位素研究结果一致。流体包裹体研究结果显示，新桥矿床成矿流体属于中高温（198.7～399.7℃）、低盐度（1.487%～10.101%）、低密度（0.525～0.919 g/cm^3）流体。

8）下盘网脉状矿化成因方面：层状矿体下盘网脉状矿化中石英流体包裹体Rb－Sr等时线年龄为138.0±2.3 Ma（MSWD＝5.4），这与矶头岩株石英闪长岩的锆石$^{206}Pb/^{238}U$加权平均年龄为138±2 Ma（MSWD＝1.4，n＝20）相近。而且，下盘网脉状矿化与代表燕山期岩浆热液成矿信息的层状矿体在流体包裹体和S、Pb稳定同位素组成方面显示出较强的亲缘性。结合下盘网脉状矿化宏观地质特征，判断层状矿体下盘网脉状矿化属于燕山期岩浆热液成因，而并非为华力西期海底喷流通道的产物。

9）胶状黄铁矿成因方面：胶状黄铁矿电子探针主量元素分析和 LA－ICP－MS 微量元素分析结果表明：胶状黄铁矿 Fe/S、Co/Ni 分别为0.898～0.922、0.702～1.656，结合胶状黄铁矿胶结磁铁矿角砾的地质现象，判断胶状黄铁矿为热液成因，而并非为正常海洋沉积和海底喷流沉积所形成。

10）成矿期次方面：在下盘网脉状矿化成因和胶状黄铁矿成因研究的基础上，结合矿床地质特征，将其成矿期次与成矿阶段划分为2期6阶段：矽卡岩期（矽卡岩阶段、退化蚀变阶段和金属氧化物阶段）和石英－硫化物期（早硫化物阶段、晚硫化物阶段和碳酸盐岩阶段），这与矽卡岩矿床典型的“两期五阶段”成矿作用特征相似。

11）典型矿床对比方面：将新桥铜－硫－铁矿床与典型的海底喷流矿床（Sedex 型矿床）进行比较，发现新桥铜－硫－铁矿床地质特征明显有别于美国红狗超大型 Pb－Zn 矿床（表16.4）。全球已经发现的海底喷流成矿系统达350多处，绝大多数位于海沟、深海槽和洋中脊，距海平面1500～3500 m，浅海环境基本不发育（Scott，2008）。而新桥层状矿体主要位于五通组和黄龙组的不整合接触面，在陆表或极浅海环境中不太能够出现海底喷流成矿系统（毛景文等，2009）。

表16.4 新桥铜－硫－铁矿床与典型海底喷流型矿床比较

特征	典型 Sedex 型矿床	新桥铜－硫－铁矿床
容矿围岩	容矿岩石主要为铁白云石岩、硅岩等热水沉积岩（王玉奇，2009）	黄龙组和船山组灰岩
与岩浆岩的关系	岩浆活动矿床的形成无决定性作用（刘建明，2002）	矶头岩株与矿体的形成密切相关
成矿元素组合	以 Pb、Zn 为主，伴生 Ba 和 Ag，贫 Cu，几乎不含 Au（肖新建等，2000）	元素组合主要为 S－Fe－Cu，存在一定量的 Au，而 Pb 和 Zn 很少
矿化分带	从底部到顶部的 Cu－Zn－Pb－Ba（Fe）分带，从近喷出中心至外的 Cu（Au）－Zn－Pb（Ag）分带（李志国等，2007）	横向上，从矶头岩株向外的 Fe＋S—Cu＋S—S 分带，垂向上呈 Fe＋S—Fe＋Cu＋S 分带（张宇，2012）
矿石构造	多为浸染状、层纹状和条带状构造（韩发等，1991）	块状、浸染状、角砾状、脉状、蜂房状、卷曲状、网脉状构造等
围岩蚀变	矿体底板蚀变较强，多为电气石化、绿泥－绿帘石化、钠长石化等（韩发等，1991）	矽卡岩化、硅化、碳酸盐化、绢云母化、高岭土化和绿泥石化为主
成矿物质来源	Sedex 型矿床的成矿物质有两种来源，即容矿围岩和深部基底岩石，其硫主要来自海水（韩发等，1991；肖新建等，2000）	主要来源于岩浆
成矿流体来源	海水（祝朝辉等，2006）	岩浆（刘心兵，2002；王国光等，2009）

综合以上11点认识，认为新桥铜－硫－铁矿床属于以燕山期中酸性岩浆热液顺层接触交代作用为主的中高温矽卡岩型铜－硫－铁矿床，而并非为同生沉积－岩浆热液改造矿床或华力西期海底喷流沉积矿床。

16.5 成矿模型

180～90 Ma 的燕山期，中国东部发生由活动大陆边缘向陆内过渡的大陆边缘演化，该演化使得地壳在晚侏罗世—早白垩世前处于缩短增厚状态，而晚侏罗世—早白垩世后处于伸展减薄状态（戚建中等，2000）。岩石圈减薄的同时，也出现区域构造体制的转换和古太平洋板块的俯冲（吴福元等，2003；毛景文等，2003），导致长江中下游成矿带主构造格局由近东西向转换为北东—北北东向（周涛发等，2008）的同时，深部也出现复杂的壳幔相互作用，进而引发了强烈的岩浆活动。在此动力学背景下，矶头－沙滩角基底断裂和北北东向断裂带多次活动导致其交汇处发生扩张，深部岩浆以此沿着交汇处上升，并通过北西向横断层进入舒家店背斜南西倾伏端、大成山背斜北东倾伏端和盛冲向斜核部组成的半漏斗形空间内就位（刘文灿等，1996）。

早白垩世（138±2 Ma），岩浆温度逐渐下降，岩浆开始固结成岩，随后由岩浆分异出来的富含S、Fe、Cu、Cl、Na、K和F元素的岩浆期后含矿热液沿着矶头－沙滩角基底断裂和NNE向断裂带交汇处、北西向横断层由深部向浅部运移，运移过程中，矿化元素Fe、Cu主要与成矿热液中的Cl^-和F^-组成配合物进行迁移。当含矿热液运移至五通组（D_3w）石英砂岩与黄龙组（C_2h）灰岩之间时，含矿热液优先选择进入压力较低的层间滑脱破碎带，利用压力差发生横向运移，通过渗滤交代作用与黄龙组—船山组灰岩发生充分的接触交代反应，形成磁铁矿等早期矿石矿物和透辉石、石榴子石等矽卡岩。随着含矿热液的不断涌入，早期矿物被后期热液不断接触交代，致使沿着层间滑脱破碎带形成了交代结构发育的层状矿体。在石英－硫化物期，随着含矿热液的持续进入致使原先的层间滑脱破碎带压力不断增大，性密质硬、脆性较大、化学性质稳定的五通组（D_3w）石英砂岩在压力作用下形成裂隙，压力瞬间得到释放，部分含矿热液进入裂隙中，发生矿质沉淀、结晶，形成层状矿体下盘的网脉状石英黄铁矿脉，而少部分成矿流体由于压力得到瞬间释放，其矿质得到迅速沉淀而来不及结晶，形成胶状黄铁矿。

基于上述成矿过程的分析，建立了以燕山期中酸性岩浆热液顺层接触交代作用为主的新桥矽卡岩型铜－硫－铁矿床模型（图16.8）。

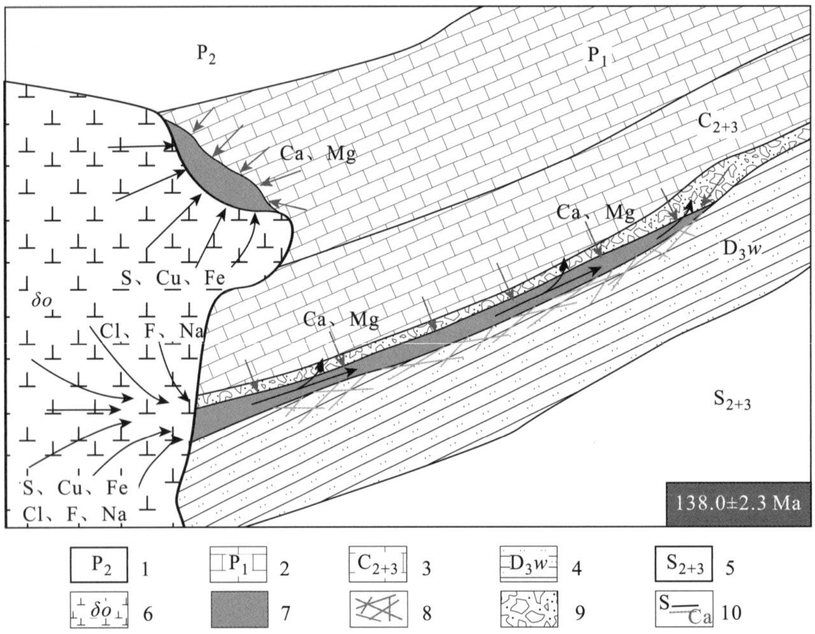

图16.8　新桥铜－硫－铁矿床成矿模型

1—上二叠统；2—下二叠统；3—中－上石炭统；4—上泥盆统五通组；5—中－上志留统；6—矶头复式岩株闪长岩；7—矿体；8—层状矿体下盘地层中的网脉状石英黄铁矿脉；9—层间滑脱破碎带；10—成矿流体及元素迁移方向

第4篇　结　束　语

第17章　取得的主要成果与尚未解决的科学问题

17.1　取得的主要成果

本次研究在收集分析前人对冬瓜山铜（金）矿床和新桥铜－硫－铁矿床研究成果的基础上，通过宏观地质特征与矿床地球化学特征相结合的手段，开展成矿地质背景、矿床地质特征、成岩机制、矿物标型特征、成矿物质来源、成矿物理化学条件、成矿地质条件、矿床成因等方面的研究，取得以下主要成果与认识：

1）对冬瓜山铜（金）矿床和新桥铜－硫－铁矿床的层状矿体进行了详细野外调研和系统解剖，查清了层状主矿体产出状态、成矿地质条件及控矿因素，指出地层对成矿作用的有利性表现为提供了“硅－钙－硅”成矿结构面和由假整合面形成的层间滑脱破碎带两种良好成矿环境；层间滑脱破碎带、岩体侵入接触带及两者的复合叠加部位是矿床形成最主要的3种容矿构造；青山脚岩体和矶头复式岩株分别是冬瓜山和新桥矿床的成矿岩体。

2）冬瓜山铜（金）矿床青山脚岩体以高钾钙碱性中酸性岩浆岩为主。地幔物质的上涌引起地壳的部分熔融，两者混合产生原始碱性玄武岩浆沿基底断裂上升侵位过程中，经过分离结晶作用和同化混染作用形成本区中酸性侵入岩，在有利的空间冷凝形成成矿岩体。岩浆演化过程中的分离结晶作用和同化混染作用是岩体形成的主要机制。

3）新桥铜－硫－铁矿床矶头复式岩株石英闪长岩的锆石$^{206}Pb/^{238}U$加权平均年龄为138.4±2.3 Ma（MSWD＝1.4）、岩浆氧逸度为－19.84～－7.35（平均值为－10.85）、Ti温度计分析结果为683.6～851.0℃，说明矶头复式岩株体形成时期为早白垩世（燕山期），其成岩氧逸度相对较高，成岩温度范围为683.6～851.0℃。石英闪长岩铅同位素属于壳幔混合型铅；全岩$^{87}Sr/^{86}Sr$值（0.708 520）不同于原始地幔源区和壳源$^{87}Sr/^{86}Sr$平均值；锆石的$\varepsilon_{Hf}(t)$值介于－18.3～－11.5之间，两阶段Hf模式年龄（t_{DM2}）为1.96～1.59Ga。矶头复式岩株由幔源岩浆在上侵就位过程中强烈同化混染扬子下地壳地层而形成。

4）结合宏观地质特征，通过S、Pb同位素组成测试、电子探针（EMPA）和激光剥蚀等离子体（LA－ICP－MS）测试，对比研究了冬瓜山铜（金）矿床的层状矿体、矽卡岩型矿体、斑岩型矿体、围岩及岩体地球化学特征，认为成矿物质主要来源于岩浆。

5）采用扫描电镜（SEM）、X衍射、电子探针（EPMA）、离子探针（SHRIMP）、激光剥蚀等离子体法（LA－ICPMS）对新桥矿区胶状黄铁矿开展系统的矿相学及地球化学特征研究（主微量元素、原位S同位素分析），同时结合胶状黄铁矿地质特征判断其应属岩浆热液成因。

6）采用石英流体包裹体 Rb－Sr 测年法，查明新桥层状主矿体下盘网脉状矿化形成年龄（138±2.3 Ma）与矶头复式岩株成岩年龄相近，结合网脉状矿化地质特征、网脉状石英与层状矿体含矿石英的流体包裹体对比分析，认为下盘网脉状矿化属岩浆热液成因，而并非为海底喷流通道产物。

7）采用数值模拟计算方法，建立了冬瓜山二维的成矿动力学模型，通过时间控制的模拟计算，获得了模型的体应变增量和流体矢量，同时结合地质特征、成矿地质条件、成矿物质来源和成矿物理化学条件的研究，确定了矿床成因并建立了斑岩－矽卡岩型矿床模型。

8）综合成矿地质背景、矿床地质特征、成岩机制、下盘网脉状矿化成因、胶状黄铁矿成因、成矿物质来源、成矿物理化学条件、成矿地质条件等方面的研究认识，认为新桥铜－硫－铁矿床属于以燕山期中酸性岩浆热液顺层接触交代作用为主的中高温矽卡岩型铜－硫－铁矿床。

17.2 尚未解决的科学问题

本次研究主要对冬瓜山铜（金）矿床和新桥铜－硫－铁矿床的成矿地质背景、矿床地质特征、成岩机制、成矿物质来源、成矿物理化学条件、成矿地质条件和矿床成因进行了研究。由于种种客观条件的限制，一些科学问题还有待进一步研究：

1）胶状黄铁矿形成机制。胶状黄铁矿一直制约着本矿床成因研究，本次研究仅通过胶状黄铁矿原位微区的主、微量元素和 S 同位素含量，结合宏观特征判断其为热液成因。但缺乏对胶状黄铁矿形成机制的有效研究。

2）新桥铜－硫－铁矿床中黄铁矿广泛分布，相比于临区的冬瓜山铜矿床、凤凰山铜矿床等，其金属矿物较为单一，本次研究缺乏对制约大规模黄铁矿在有限空间快速聚集控制因素的查证。

3）物质成分的演化是反映矿床形成过程中成矿环境变化的有力证据，本次研究对由斑岩→矽卡岩→层状矿体以及由矽卡岩到退化蚀变岩形成过程中的物质成分的演化研究还有待进一步深入。

参考文献

安徽省地质矿产局. 1987. 安徽省区域地质志[M]. 北京：地质出版社. 1～721.

常印佛，刘湘培，吴言昌. 1991. 长江中下游铁铜成矿带[M]. 北京：地质出版社. 1～379.

常印佛，刘学圭. 1983. 关于层控矽卡岩型矿床——以安徽省内下扬子拗陷中一些矿床为例[J]. 矿床地质，2(1)：11～20.

常印佛，周涛发，范裕. 2012. 复合成矿与构造转换——以长江中下游成矿带为例[J]. 岩石学报，28(10)：3067～3075.

陈邦国，姜章平，张卫平等. 2002. 安徽冬瓜山叠生式层状铜矿热液改造型流体研究[J]. 江苏地质，2(2)：65～69.

陈彬. 2003. 新桥硫－多金属矿床含硫磁铁矿体地质特征及成因探讨[J]. 化工矿产地质，25(3)：173～178.

陈多福，陈先沛，陈光谦，高计元，潘晶铭. 1997. 热水沉积作用与成矿效应[J]. 地质地球化学，(4)：7～12.

陈光远，孙岱生，殷辉安. 1987. 成因矿物学与找矿矿物学[M]. 重庆：重庆出版社. 1～874.

陈国达. 1996. 地洼学说——活化构造及成矿理论体系概论[M]. 长沙：中南工业大学出版社. 340～387.

陈好寿，李华芹. 1991. 云开隆起金矿带流体包裹体 Rb－Sr 等时线年龄[J]. 矿床地质，10(04)：333～341.

陈江峰，李学明，周泰禧，K. A. Foland. 1991. 安徽月山岩体的$^{40}Ar/^{39}Ar$年龄及与其有关的成矿时代估计[J]. 现代地质，5(1)：91～99.

陈江峰，喻钢，杨刚等. 2005. 安徽沿江江南中生代岩浆－成矿年代学格架[J]. 安徽地质，15(3)：161～170.

陈江峰，周泰禧，李学明，Forland K A，黄承义，卢伟. 1993. 安徽南部燕山期中酸性侵入岩的源区锶、钕同位素制约[J]. 地球化学，22(3)：261～268.

陈江峰，周泰禧，邢凤鸣等. 1994. 长江中下游岩带含铜岩体的 Pb，Sr，Nd 同位素特征[J]. 地球化学，(1～2)：111～116.

陈江峰. 1991. 简单混合、AFC 混合和花岗岩同位素数据解释[J]. 安徽地质,1(1)：19～27.

陈曦，赵岩，赵旭等. 2009. 黄铁矿标型特征在矿床中的应用[J]. 科技创新导报，4：54.

陈衍景，陈华勇，李学明等. 1999. 碰撞过程内生矿床成矿作用的研究历史和进展[J]. 科学通报，44(16)：1681～1689.

陈衍景，郭光军，李欣. 1998. 华北克拉通花岗绿岩体中生代的成矿动力学背景[J]. 中国科学(D 辑)，28(1)：35～40.

陈衍景，倪培，范宏瑞等. 2007. 不同类型热液金矿系统的流体包裹体特征[J]. 岩石学报，23(9)：2085～2108.

陈衍景，秦善，李欣. 1997. 中国矽卡岩型金矿的成矿时间、空间、地球动力学背景和成矿模式[J]. 北京大学学报(自然科学版)，33(4)：457～466.

池三川. 1994. 非火山环境海底沉积－喷流(“Sedex”)矿床[J]. 地学前缘，1(3～4)：183.

储国正，黄许陈. 1993. 安徽铜陵地区成矿规律研究[J]. 地质与勘探，29(2)：1～6.

储国正，李旭东. 1992. 顺层滑动构造对安徽狮子山矿田“多层楼”矿床的控制[J]. 现代地质,6(4)：504～513.

储国正. 1992. 铜陵狮子山矿田构造及其控岩控矿作用的研究[J]. 安徽地质，2(2)：1～14.

崔彬. 1988. 安徽铜陵地区花岗岩类的演化与铜金成矿系列[J]. 世界地质，7(4)：29～34.

邓吉牛. 1995. 长江中下游地区层控矽卡岩型铜矿床控矿地质因素新探[J]. 有色金属矿产与勘察，4(5)：257～264.

邓晋福，戴圣潜，赵海玲等. 2002. 铜陵 Cu－Au(Ag)成矿区岩浆－流体－成矿系统和亚系统的识别[J]. 矿床地质，21(4)：317～322.

邓晋福，莫宣学，赵海玲等. 1999. 中国东部燕山期岩石圈－软流圈系统大灾变与成矿环境 [J]. 矿床地质，18(4)：309～315.

邓晋福，吴宗絮. 2001. 下扬子克拉通岩圈减薄事件与长江中下游 Cu－Fe 成矿带[J]. 安徽地质，11(2)：86～91.

邓晋福，叶德隆，赵海玲等. 1992. 下扬子地区火山作用深部过程盆地形成[M]. 武汉：中国地质大学出版社. 1～188.

邓晋福，赵国春，赵海玲等. 2000. 中国东部中生代火成岩构造组合和造山深部过程. 地质论评，46：41～48.

邓军，王庆飞，黄定华，孙忠实，张大权. 2004. 铜陵矿集区构造－流体－成矿系统演化格架[J]. 地学前缘，11(1)：121～129.

狄永军，赵海玲，吴淦国，张达，臧文拴，刘清华. 2005. 铜陵地区燕山期侵入岩成因与二端元岩浆混合作用[J]. 地质论评，51(5)：528～737.

狄永军，赵海玲，张贻全等. 2003. 安徽铜陵地区燕山期花岗岩类岩石中的岩浆混合结构[J]. 北京地质，15(1)：12～17.

丁奎首，秦克章，许英霞等. 2007. 东天山主要铜镍矿床中磁黄铁矿的矿物标型特征及其成矿意义[J]. 矿床地质，26(1)：109～119.
董树文，马立成，刘刚等. 2011. 论长江中下游成矿动力学[J]. 地质学报，85(5)：612～625.
董树文，邱瑞龙. 1993. 安庆－月山地区构造作用与岩浆活动[M]. 北京：地质出版社. 1～34.
董树文，张岳桥，龙长兴等. 2007. 中国侏罗纪构造变革与燕山运动新诠释[J]. 地质学报，81(11)：1449～1461.
董树文. 1991. 长江中下游铁铜矿带成因之构造分析[J]. 地球学报，23：43～56.
杜建国，戴圣潜，莫宣学等. 2003. 安徽沿江地区燕山期火成岩成岩成矿地质背景[J]. 地学前缘，10(4)：551～560.
杜杨松，李顺庭，曹毅，秦新龙，楼亚儿. 2007. 安徽铜陵铜官山矿区中生代侵入岩的形成过程——岩浆底侵、同化混染和分离结晶[J]. 现代地质，21(1)：71～77.
杜杨松，李铉具. 2004. 安徽铜陵岩浆岩中辉长质岩石包体的发现及其地质意义[J]. 高校地质学报，10(3)：332～342.
杜杨松，李学军. 1997. 安徽铜陵典型矿区岩石包体研究及其岩浆－成矿作用过程探讨[J]. 高校地质学报，3(2)：171～182.
杜杨松，刘金辉，秦新龙等. 2003. 岩浆底侵作用研究进展[J]. 自然科学进展，13(3)：237～242.
杜杨松，秦新龙，曹毅. 2010. 安徽铜陵中生代侵入岩及其岩石包体中的硫化物－氧化物包裹体研究[J]. 矿床地质，29(1)：71～84.
杜轶伦. 2013. 安徽铜陵地区层控矽卡岩型矿床控矿因素及成矿模型研究[D]. 北京：中国地质大学(北京). 1～158.
范裕，周涛发，袁峰等. 2008. 安徽庐江－枞阳地区A型花岗岩的LA－ICPMS定年及其地质意义[J]. 岩石学报，24(8)：1715～1724.
范子良，徐晓春，刘雪等. 2013. 冬瓜山矿床含矿岩体黑云母矿物化学特征及其对岩石成因的指示[J]. 高校地质学报，19(增)：189.
傅晓明，戴塔根，息朝庄等. 2010. 青海双朋金铜矿床的成矿流体特征及流体来源[J]. 地质找矿论丛，25(1)：24～29.
宫丽，马光. 2011. 黄铁矿的成分标型特征及其在金属矿床中的指示意义[J]. 地质找矿论丛，26(2)：162～166.
顾连新，康伯尔B. 1974. 不同成因类型磁黄铁矿中镍、钴的地球化学[J]. 地质与勘探，03：65～71.
顾连兴，陈培荣，倪培等. 2002. 长江中下游燕山期热液铜－金矿床成矿流体[J]. 南京大学学报(自然科学)，38(3)：392～407.
顾连兴，富士谷. 1999. 下扬子威宁期断裂拗陷、火山活动及块状硫化物成矿作用——答黄志诚(安徽铜陵新桥黄龙组沉积期海底火山喷发－沉积质疑)一文[J]. 高校地质学报，5(2)：228～231.
顾连兴，徐克勤. 1986. 论长江中下游中石炭世海底块状硫化钨矿床[J]. 地质学报，(2)：176～188.
顾连兴. 1990. 长江中下游初期裂岩及其找矿[J]. 江苏地质，(2)：1～14.
郭春丽，王登红，陈毓川，王彦斌，陈郑辉，刘善宝. 2007. 赣南中生代淘锡坑钨矿区花岗岩锆石SHRIMP年龄及石英脉Rb－Sr年龄测定[J]. 矿床地质，26(4)：432～442.
郭维民，陆建军，蒋少涌，章荣清，漆亮. 2011. 安徽铜陵新桥矿床下盘矿化中黄铁矿Re－Os同位素定年：海底喷流沉积成矿的年代学证据[J]. 科学通报，56(36)：3023～3028.
郭维民，陆建军，蒋少涌等. 2013. 安徽铜陵狮子山矿田岩浆岩年代学、Hf同位素、地球化学及岩石成因[J]. 中国科学：地球科学，43(8)：1268～1286.
郭维民，陆建军，章荣清，招湛杰，徐兆文. 2011. 安徽铜陵冬瓜山铜矿床的叠加改造成矿机制：来自矿石结构的证据. 地质学报，85(7)：1223～1232.
郭维民，陆建军，章荣清等. 2010. 安徽铜陵冬瓜山矿床中磁黄铁矿矿石结构特征及其成因意义[J]. 矿床地质，29(3)：405～414.
郭文魁. 1957. 论安徽铜官山铜矿成因[J]. 地质学报，37(3)：317～322.
郭文魁. 1982. 谈类花岗岩与金属成矿作用[J]. 中国区域地质，(2)：15～30.
韩发，孙海田. 1999. Sedex型矿床成矿系统[J]. 地学前缘，6(1)：139～153.
何金祥，徐克勤，顾连兴等. 1995. 南岭与下扬子区块状硫化物矿床特征的对比[J]. 南京大学学报，31(4)：625～634.
何明勤，杨世瑜，刘家军. 2004. 云南祥云金厂箐金(铜)矿床的成矿流体特征及流体来源[J]. 矿物岩石，24(2)：35～40.
侯增谦，杨竹森，吕庆田等. 2011. 安徽铜陵冬瓜山大型铜矿：海底喷流－沉积与矽卡岩化叠加复合成矿过程. 地质学报，85(5)：659～686.

胡大千. 1993. 黄铁矿电子-空穴心在金矿找矿勘探中的应用[J]. 地质与勘探, 29(9): 33~37.
胡芳芳, 范宏瑞, 杨奎峰等. 2007. 胶东牟平邓格庄金矿床流体包裹体研究[J]. 岩石学报, 23(9): 2155~2164.
胡祥昭, 杨中宝. 2003. 浏阳七宝山铜多金属矿床成矿流体演化与成矿的关系[J]. 地质与勘探, 39(5): 22~25.
华仁民, 毛景文. 1999. 论中国东部中生代成矿大爆发[J]. 矿床地质, 18(4): 300~307.
黄斌. 1991. 安徽铜陵地区块状硫-铁-金矿床的铅同位素特征[J]. 地质学报, (4): 347~359.
黄顺生, 徐兆文, 顾连兴等. 2004. 安徽铜陵狮子山矿田岩浆岩地球化学特征及成因机制探讨[J]. 高校地质学报, 10(2): 217~226.
黄顺生, 徐兆文, 倪培. 2003. 安徽铜陵冬瓜山热液叠加改造型铜矿床流体包裹体地球化学特征[J]. 地质找矿论丛, 18(1): 34~38.
黄许陈, 储国正, 周捷等. 1994. 安徽铜陵地区成矿物质和含矿流体来源问题的探讨[J]. 安徽地质, 4(3): 1~9.
黄许陈, 储国正. 1992. 铜陵地区矿床类型、成矿系列与成矿特征[J]. 安徽地质, 2(4): 53~61.
黄许陈, 储国正. 1993. 铜陵狮子山矿田多位一体(多层楼)模式[J]. 矿床地质, 12: 221~230.
黄玉凤. 2011. 兰坪盆地东缘 SEDEX 型铅锌矿床地质特征及成矿预测[D]. 北京: 中国地质科学院.
黄志诚. 1999. 安徽铜陵新桥黄龙组沉积期海底火山喷发-沉积质疑[J]. 高校地质学报, 5(1): 110~112.
季绍新, 王文斌, 邢文臣等. 1990. 赣西北铜矿[M]. 北京: 地质出版社, 1~167.
姜章平, 陈邦国, 陆现彩等. 2001. 与冬瓜山叠生式层状铜矿有关岩体地质地球化学特征[J]. 江苏地质, 25(2): 87~91.
蒋少涌, 丁清峰, 杨水源等. 2011. 长江中下游成矿带铜多金属矿床中灰泥丘的发现及其意义——以武山和冬瓜山铜矿为例[J]. 地质学报, 85(5): 744~756.
蒋少涌, 孙岩, 孙明志等. 2010. 长江中下游成矿带九瑞矿集区叠合断裂系统和叠加成矿作用[J]. 岩石学报, 26(9): 2751~2767.
瞿泓滢, 常国雄, 裴荣富等. 2011. 安徽铜陵狮子山铜矿田岩石的地球化学特征[J]. 岩矿测试, 30(4): 430~439.
瞿泓滢, 裴荣富, 王永磊, 李进文. 2010. 安徽铜陵凤凰山矽卡岩型铜矿床中辉钼矿 Re-Os 同位素年龄及其地质意义[J]. 岩石学报, 26(3): 785~796.
黎彤. 1976. 化学元素的地球丰度[J]. 地球化学, (3): 167~174.
李达明, 傅金宝, 周卫宁. 1987. 广西大厂锡矿田磁黄铁矿的标型特征及其地质意义[J]. 矿产与地质, 1(1): 67~77.
李红兵, 曾凡治. 2005. 金矿中黄铁矿标型特征[J]. 地质找矿论丛, 20(3): 199~203.
李红阳, 李英杰, 侯增谦, 杨竹森, 蒙义峰, 曾普胜, 徐文艺. 2005. 安徽新桥块状硫化物矿床地球化学特征[J]. 地质科学, 40(3): 337~345.
李红阳, 李英杰, 康桂玲, 曹积飞, 杨竹森, 侯增谦, 蒙义峰. 2008. 安徽铜官山铜-铁-金-硫矿床的地球化学特征[J]. 地质科学, 43(2): 370~376.
李红阳, 李英杰, 袁万明等. 2007. 甘肃大水闪长岩型金矿床的矿物地球化学特征[J]. 地质与勘探, 43(4): 41~45.
李红阳, 杨秋荣, 李英杰等. 2006. 安徽冬瓜山铜矿床的地球化学特征[J]. 地球学报, 27(6): 551~556.
李华芹, 刘家齐, 杜国民, 魏林. 1992. 内生金属矿床成矿作用年代学研究: 以西华山钨矿为例[J]. 科学通报, 37(12): 1109~1112.
李进文, 裴荣富, 张德全等. 2007. 铜陵矿集区燕山期中酸性侵入岩地球化学特征及其地质意义[J]. 地球学报, 28(1): 11~22.
李龙, 郑永飞, 周建波. 2001. 中国大陆地壳铅同位素演化的动力学模型[J]. 岩石学报, 17(1): 61~68.
李诺, 陈衍景, 赖勇等. 2007. 内蒙古乌努格吐山斑岩型铜钼矿床流体包裹体研究[J]. 岩石学报, 23(9): 2177~2188.
李全红. 2006. 铜陵冬瓜山层控矽卡岩型铜矿床典型剖面地球化学特征[D]. 北京: 中国地质大学(北京).
李曙光. 1992. 论华北与扬子陆块的碰撞时代——同位素年代学方法的原理及应用[J]. 安徽地质, 2(4): 13~23.
李文博, 赖勇, 孙希文等. 2007. 内蒙古白庙苗铜金矿床流体包裹体研究[J], 23(9): 2165~2176.
李文达, 毛建仁, 朱云鹤等. 1998. 中国东南部中生代火成岩与矿床[M]. 北京: 地震出版社. 1~159.
李文达, 王文斌, 范洪源等. 1997. 长江中下游铜(金)矿床密集区形成条件和超大型矿床存在的可能性[J]. 火山地质与矿产, 20(增刊): 12~31.
李文达. 1989. 论扬子型铜矿床及其成因[J]. 中国地质科学院南京地质矿产研究所所刊, 10(2): 1~14.
李荫清, 马秀娟, 魏家秀. 1998. 流体包裹体在矿床学和岩石学中的应用[M]. 北京: 北京科学技术出版社. 5~56.
李荫清. 1994. 吉林海沟金矿床成矿流体的地球化学特征[J]. 地质学报, 68(1): 49~61.

李兆鼐，权恒，李之彤等. 2002. 中国东部中、新生代火成岩及其深部过程[M]. 北京：地质出版社：1～357.
李志国，肖振. 2007. 块状硫化物矿床的宏观与微观构造[J]. 地质找矿论丛，22(2)：139～143.
李志军，黄勇，唐菊兴等. 2012. 西藏雄村铜金矿矿集区Ⅰ号矿体磁黄铁矿矿物特征及指示意义[J]. 矿物学报，32(2)：205～210.
梁剑锋，徐晓春，肖秋香等. 2011. 安徽铜陵冬瓜山铜金矿床黄铁矿微量元素原位 LA－ICP－MS 分析及其成矿意义[J]. 矿物学报，(增刊)，1011～1012.
梁婷，王登红，蔡明海等. 2008. 广西大厂锡多金属矿床 S、Pb 同位素组成对成矿物质来源的示踪[J]. 地质学报，82(7)：967～977.
林师整. 1982. 磁铁矿矿物化学、成因及演化的探讨[J]. 矿物学报，(3)：166～174.
林文通. 1996. 热液的温度、压力和化学组分对矿床成矿作用的影响[A]. 金银矿产选集[C]，(16)：18～34.
林新多，许国建. 1989. 岩浆成因矽卡岩的某些特征及形成机制探讨[J]. 现代地质，3 (3)：351～358.
凌其聪，刘从强，鲍征宇. 2002. 地质流体的输运－化学反应与成矿作用微观机制研究——以安徽冬瓜山层控矽卡岩型铜矿床为例[J]. 大地构造与成矿学，26(1)：55～61.
凌其聪，刘从强. 2002. 冬瓜山层控矽卡岩型铜矿床成矿流体特征及其成因意义[J]. 吉林大学学报(地球科学版)，32(3)：219～224.
凌其聪，刘从强. 2003. 层控矽卡岩及有关矿床形成过程的稀土元素行为——以安徽冬瓜山矿床为例[J]. 岩石学报，19(1)：192～200.
凌其聪，周贵斌，黄许陈等. 1998. "层控式"矽卡岩矿床特征及成矿机制——以铜陵大团山铜(金)矿床为例[J]. 贵金属地质，7(2)：91～95.
刘斌，沈昆. 1999. 流体包裹体热力学[M]. 北京：地质出版社，1～290.
刘建明，赵善仁，沈洁，姜能，霍卫国. 1998. 地质流体活动的同位素定年方法评述[J]. 地球物理学报，13(3)：46～55.
刘经华，李卉，徐兆文等. 2009. 冬瓜山层状铜矿成矿地质背景及成因[J]. 地质学刊，33(2)：133～137.
刘文灿，高德臻，储国正. 1996. 安徽铜陵地区构造变形分析及成矿预测[M]. 北京：地质出版社. 1～130.
刘心兵. 2002. 新桥硫铁矿矿床地质特征及控矿因素分析[J]. 矿业快报，(22)：13～15.
刘学龙，李文昌，尹光侯. 2012. 云南格咱岛弧斑岩－矽卡岩铜、钼(金)矿床成矿系统[J]. 中国地质，39(4)：1007～1022.
刘英俊，曹励明，李兆麟. 1984. 元素地球化学[M]. 北京：科学出版社. 1～281.
刘裕庆，刘兆廉，杨成兴. 1984. 铜陵地区冬瓜山铜矿的稳定同位素研究[J]. 中国地质科学院矿床地质研究所所刊，第1号：70～101.
刘裕庆，刘兆廉. 1987. 安徽铜陵地区石炭系层状铜铁硫矿床的铅同位素研究[J]. 中国地质科学院矿床地质研究所所刊，(2)，143～151.
刘裕庆，刘兆廉. 1991. 铜陵地区层状铜(铁、硫)矿床同位素地球化学和矿床成因研究[J]. 中国地质科学院地质研究所所刊. 1：47～111.
刘裕庆，刘兆廉. 1986. 安徽某地铜硫铁矿床稳定同位素地球化学及成矿规律研究[J]. 中国地质科学院矿床地质研究所所刊，第2号：96～97.
刘裕庆. 1991. 铜陵地区层状铜(铁硫)矿床同位素地球化学研究[M]. 北京：地质出版社. 47～82.
刘忠法，邵拥军，周鑫等. 2014. 安徽铜陵冬瓜山铜(金)矿床 H－O－S－Pb 同位素组成及其示踪成矿物质来源[J]. 岩石学报，30(1)：199～208.
刘忠法. 2014. 铜陵冬瓜山铜(金)矿床地质地球化学特征及成因研究[D]. 长沙：中南大学.
楼亚儿，杜杨松. 2006. 安徽繁昌－铜陵中生代侵入岩的黑云母特征和成因探讨[J]. 矿物学报，26(2)：175～180.
卢焕章，范宏瑞，倪培等. 2004. 流体包裹体[M]. 北京：科学出版社. 154～171.
卢焕章，李秉伦. 1990. 包裹体地球化学[M]. 北京：地质出版社. 12～46.
卢焕章. 1975. 闪锌矿地质温度计和压力计[J]. 地质地球化学，2:1
陆建军，郭维民，陈卫峰，蒋少涌，李娟，颜晓蓉，徐兆文. 2008. 安徽冬瓜山铜(金) 矿床成矿模式[J]. 岩石学报，24(8)：1857～1864.
陆建军，郭维民，徐兆文. 2007. 安徽铜陵冬瓜山矿床成因研究[J]. 矿物学报，(增刊)：30～31.
陆建军，华仁民，徐兆文，高剑峰，李娟. 2003. 安徽铜陵冬瓜山铜、金矿床两阶段成矿模式[J]. 高校地质学报，9

(4)：678～690.
陆建军，华仁民，徐兆文等. 2003. 安徽铜陵冬瓜山铜、金矿床两阶段成矿模式[J]. 高校地质学报，9 (4)：678～690.
陆三明. 2007. 安徽铜陵狮子山铜金矿田岩浆作用与流体成矿[D]. 安徽：合肥工业大学，1～158.
路远发. 2004. Geokit：一个用VBA构建的地球化学工具软件包[J]. 地球化学，33(5)：459～464.
吕庆田，侯增谦，杨竹森等. 2004. 长江中下游地区的底侵作用及动力学演化模式：来自地球物理资料的约束[J]. 中国科学(D辑)，34(9)：783～794.
吕庆田，侯增谦，赵金花等. 2003. 深地震反射剖面揭示的铜陵矿集区复杂地壳结构形态[J]. 中国科学(D辑)，33(5)：442～449.
栾世伟，陈尚迪，曹殿春等. 1987. 金矿床地质及找矿方法[M]. 成都：四川科学技术出版社. 1～435.
罗俊杰，张建芳. 2010. Sedex型矿床地质特征及成矿物质来源示踪[J]. 资源环境与工程，24(1)：36～40.
罗茂澄，王立强，冷秋锋，陈伟. 2011. 邦铺钼(铜)矿床二长花岗斑岩、黑云二长花岗岩锆石Hf同位素和Ce^{4+}/Ce^{3+}比值[J]. 矿床地质，30(2)：266～278.
罗彦，胡圣虹，刘勇胜等. 2001. 激光剥蚀电感耦合等离子体质谱微区分析新进展[J]. 分析化学评述与进展，29(11)：1345～1352.
毛光周，华仁民，龙光明. 陆慧娟. 2008. 江西金山金矿成矿时代探讨——来自石英流体包裹体Rb－Sr年龄的证据[J]. 地质学报，82(4) 532～539.
毛建仁，苏郁香，陈三元. 1990. 长江中下游中酸性侵入岩与成矿[M]. 北京：地质出版社. 1～191.
毛景文，Holly STEIN，杜安道，周涛发，梅燕雄，李永峰，藏文栓，李进文. 2004. 长江中下游地区铜金(钼)矿Re－Os年龄测定及其对成矿作用的指示[J]. 地质学报，78(1)：121～131.
毛景文，胡瑞忠，陈毓川等. 2006. 大规模成矿作用与大型矿集区(上册)[M]. 北京：地质出版社. 1～533.
毛景文，李晓峰，张作衡等. 2003. 中国东部中生代浅成热液金矿的类型、特征及其地球动力学背景[J]. 高校地质学报，9(4)：620～637.
毛景文，李荫清. 2001. 河北省东坪碲化合物金矿床流体包裹体研究：地幔流体与成矿关系[J]. 矿床地质，20(1)：23～36.
毛景文，邵拥军，谢桂青，张建东，陈毓川. 2009. 长江中下游成矿带铜陵矿集区铜多金属矿床模型[J]. 矿床地质，28(2)：109～119.
毛景文，张作衡，余金杰，王义天，牛宝贵. 2003. 华北及邻区中生代大规模成矿的地球动力学背景：从金属矿床精确年龄得到的启示[J]. 中国科学(D辑)，33(4)：289～299.
梅建明. 2000. 浙江遂昌治岭头金矿床黄铁矿的化学成分标型研究[J]. 现代地质，14(1)：51～55.
梅燕雄，毛景文，李进文，杜安道. 2005. 安徽铜陵大团山铜矿床层状矽卡岩矿体中辉钼矿Re－Os年龄测定及其地质意义[J]. 地球学报，26(4)：327～331.
蒙义峰，杨竹森，曾普胜，徐文艺，王训成. 2004. 铜陵矿集区成矿流体系统时限的初步厘定[J]. 矿床地质，23(3)：271～280.
孟祥金，吕庆田，杨竹森等. 2011. 长江中下游铜陵及邻区中生代中酸性侵入岩地球化学特征及其深部岩浆作用探讨[J]. 地质学报，85(5)：757～777.
莫测辉，王秀璋，程景平，梁华英. 1997. 冀西北东坪金矿床含金石英脉石英流体包裹体Rb－Sr等时线及其地质意义[J]. 地球化学，26(3)：20～27.
潘常甲，陈彬，王义霞. 2010. 新桥铜硫铁(金银)矿床深边部找矿思路探讨[J]. 金属矿山，(8)：112～131.
彭省临，赖健清，毛先成，邵拥军，杨斌，杨牧. 2012. 危机矿山深部隐伏矿大比例尺定位预测技术研究[M]. 北京：地质出版社. 1～352.
戚建中，刘红樱，姜耀辉. 2000. 中国东部燕山期俯冲走滑体制及其对成矿定位的控制[J]. 火山地质与矿产，21(4)：244～265.
秦新龙，杜杨松，李铉具等. 2003. 安徽铜陵地区角闪石堆晶包体中出溶氧化物、硫化物的发现[J]. 科学通报，48(18)：1982～1989.
秦新龙. 2007. 安徽铜陵中生代侵入岩及其岩石包体中硫化物－金属氧化物包裹体研究[D]. 北京：中国地质大学(北京).
邱士东，谢玉玲，徐九华等. 2007. 安徽冬瓜山铜矿床成矿流体特征及演化[J]. 矿床地质，26(2)：204～212.
芮宗瑶，黄崇轲，齐国明等. 1984. 中国斑岩铜(钼)矿床[M]. 北京：地质出版社，1～350.

邵拥军，彭省临，赖健清，刘亮明，张贻舟，张建东. 2007. 凤凰山铜矿床两类成矿岩体的厘定及其成因分析[J]. 岩石学报，23(10)：2471～2482.
邵拥军. 2002. 安徽铜陵凤凰山矿田成岩成矿机制及隐伏矿体预测分析[D]. 长沙：中南大学，1～90.
申俊峰，李胜荣，马广钢等. 2013. 玲珑金矿黄铁矿标型特征及其大纵深变化规律与找矿意义[J]. 地学前缘，20(3)：55～75.
申萍，沈远超，李光明等. 2004. 新疆阔尔真阔腊金矿床成矿流体包裹体研究[J]. 岩石学报，20(4)：969～976.
沈渭洲，黄耀生. 1987. 稳定同位素地质[M]. 北京：原子能出版社. 1～181.
盛继福，李岩，范书义. 1999. 大兴安岭中段铜多金属矿床矿物微量元素研究[J]. 矿床地质，18(2)：153～160.
司荣军，顾雪祥，庞绪成，付绍洪，李发源，章明，李云洪，李雄耀，李键. 2006. 云南省富乐铅锌多金属矿床闪锌矿中分散元素地球化学特征[J]. 矿物岩石，26(1)：165～173.
宋传中，张华，任升莲等. 2011. 长江中下游转换构造结与区域成矿背景分析[J]. 地质学报，85(5)：778～788.
宋学信，张景凯. 1986. 中国各种成因黄铁矿的微量元素特征[J]. 中国地质科学院矿床地质研究所所刊，第 2 号，166～175.
孙家福. 1992. 长江中下游成矿带成矿系列及其地质背景[J]. 中南冶金地质，1：20～13.
孙敬博，张立明，陈文，李华芹，张彦，刘新宇，李洁，张斌. 2013. 东天山红石金矿床石英 Rb－Sr 同位素定年[J]. 地质论评，59(2)：382～388.
孙涛. 2010. 铜陵冬瓜山铜矿床的三维形态及成矿动力学计算模拟[D]. 长沙：中南大学，1～60.
孙卫东，凌明星，杨晓勇等. 2010. 洋脊俯冲与斑岩铜金矿成矿[J]. 中国科学：地球科学，40(2)：127～137.
唐永成，吴言昌，储国正，邢凤鸣，王永敏，曹奋扬，常印佛. 1998. 安徽沿江地区铜多金属矿床地质[M]. 北京：地质出版社. 1～351.
陶奎元，毛建仁，杨祝良等. 1998. 中国东南部中生代岩石构造组合和复合动力学过程的记录[J]. 地学前缘，5(4)：183～190.
田世洪，杜杨松，秦新龙等. 2001. 安徽铜陵地区中酸性侵入岩及其岩石包裹体中的矿物包裹体研究[J]. 地学前缘，8(1)：422～428.
万天丰. 2004. 中国大地构造学纲要[M]. 北京：地质出版社. 1～387.
汪洋，邓晋福，姬广义. 2004. 长江中下游地区早白垩世埃达克质岩的大地构造背景及其成矿意义[J]. 岩石学报，20(2)：297～311.
王道华，傅德鑫，吴履秀等. 1986. 下扬子区中石炭世“沉积－海底喷出沉积”层状铜多金属矿床稳定同位素的特征[J]. 中国地质科学院南京地质矿产研究所所刊，7(2)：1～25.
王德滋，任启江，邱检生等. 1996. 中国东部橄榄安粗岩省的火山岩特征及其成矿作用[J]. 地质学报，70(1)：23～34.
王恩德，王荣湖. 1991. 铜陵新桥铁帽金矿床中金赋存特征及富集规律[J]. 沈阳黄金学院学报，10(3)：1～10.
王国光，倪培. 2009. 新桥多金属矿床的矿体下部网脉状矿化的流体包裹体研究[J]. 矿物学报：256.
王鸿祯，莫宣学. 1996. 中国地质构造述要[J]. 中国地质，(8)：4～9.
王建中. 2007. 安徽铜陵朝山金矿床成因及其成矿动力学背景[D]. 武汉：中国地质大学(武汉).
王濮，潘兆橹，翁玲宝. 1987. 系统矿物学(上)[M]. 北京：地质出版社，1～666.
王强，许继峰，赵振华，熊小林，包志伟. 2003. 安徽铜陵地区燕山期侵入岩的成因及其对深部动力学过程的制约[J]. 中国科学 D 辑，33(4)：323～334.
王世伟，周涛发，袁峰，范裕，吕玉琢. 2011. 铜陵舒家店岩体的年代学和地球化学特征研究[J]. 地质学报，85(5)：849～861.
王文斌，李文达，董平等. 1994. 论长江中下游地区含铜黄铁矿型矿床成因[J]. 火山地质与成矿，15(2)：25～34.
王文斌，李文达，谢华光等. 1995. 长江中下游铜铁多金属矿床铅同位素特征[J]. 火山地质与矿产，16(2)：67～77.
王文斌. 1994. 长江中下游铜矿集中区地层岩相、古地理控制条件[J]. 火山地质与矿产，1599(3)：33～41.
王秀璋，程景平，张宝贵等. 1992. 中国改造型金矿床地球化学[M]. 北京：科学出版社. 1～177.
王秀璋，单强，梁华英，程景平，夏萍. 1999. 金山金矿床成矿时代及矿床成因[J]. 地球化学，28 (1)：10～17.
王训诚，姜章平，蒙义峰等. 2002. 铜陵地区构造流体体系初探[J]. 矿床地质，21(增)：1045～1047.
王训诚，刘良根，郭祥焱等. 2007. 铜陵地区喷流－沉积块状硫化物矿床[J]. 安徽地质，17(2)：95～98.
王彦斌，刘敦一，蒙义峰，曾普胜，杨竹森，田世洪. 2004. 安徽铜陵新桥铜－硫－铁－金矿床中石英闪长岩和辉绿岩锆石 SHRIMP 年代学及其意义[J]. 中国地质，31(2)：169～173.

王彦斌，刘敦一，曾普胜，杨竹森，蒙义峰，田世洪．2004a．铜陵地区小铜官山石英闪长岩锆石 SHRIMP 的 U－Pb 年龄及其成因指示[J]．岩石矿物学杂志，23(4)：298～304.
王彦斌，刘敦一，曾普胜等．2004b．安徽铜陵地区幔源岩浆底侵作用的时代——朝山辉石闪长岩锆石 SHRIMP 定年[J]．地球学报，25(4)：423～427.
王彦斌，刘敦一，曾普胜，杨竹森，田世洪．2004c．安徽铜陵地区幔源岩浆底侵作用的时代——朝山辉石闪长岩锆石 SHRIMP 定年[J]．地球学报，25(4)：423～427.
王彦斌，唐索寒，王进辉，曾普胜，杨竹森，蒙义峰，田世洪．2004d．安徽铜陵新桥铜金矿床黄铁矿 Rb/Sr 同位素年龄数据——燕山晚期成矿作用的证据[J]．地质论评，50(5)：538～541.
王洋洋，肖益林．2013．长江中下游成矿带铜陵新桥矿床 Re－Os 同位素和流体包裹体研究[J]．高校地质学报，19(增刊)：318.
王玉奇．2009．Sedex 型矿床与 VMS 型矿床对比研究[J]．资源环境与工程，23(3)：259～262.
王元龙，王焰，张旗，贾秀琴，韩松．2004．铜陵地区中生代中酸性侵入岩的地球化学特征及其成矿－地球动力学意义[J]．岩石学报，20(2)：325～338.
王跃，朱祥坤，程彦博，李志红．2013．安徽新桥矿床矿相学与 Fe 同位素特征及其对矿床成因的制约[J]．吉林大学学报(地球科学版)，43(6)：1787～1798.
王跃，朱祥坤．2009．安徽新桥硫铁矿矿床的 Fe 同位素初步研究[J]．矿物学报，29(S1)：615～616.
王跃．2011．铜陵矿集区 Fe,Cu 同位素地球化学研究[D]．北京：中国地质科学院.
翁文灏．1920．中国矿产区域论[C]．地质汇报，第 2 号：9～24.
吴才来，陈松永，史仁灯等．2003．铜陵中生代中酸性侵入岩特征及成因[J]．地球学报，24 (1)：41～48.
吴才来，董树文，郭祥焱．2013．中国铜陵中酸性侵入岩[M]．北京：地质出版社：1～220.
吴才来，董树文，国和平，郭祥炎，高前明，刘良根，陈其龙，雷敏，WOODENJ L，MAZADAB F K，MATTINSON C. 2008．铜陵狮子山地区中酸性侵入岩锆石 SHRIMP U－Pb 定年及岩浆作用的深部过程[J]．岩石学报，24(8)：1801～1812.
吴才来，高前明，国和平，郭祥炎，刘良根，郜源红，雷敏，秦海鹏．2010．铜陵地区铜官山矿田侵入岩锆石 SHRIMP 定年[J]．地质学报，84(12)：1746～1758.
吴才来，高前明，国和平等．2010．铜陵中酸性侵入岩成因及锆石 SHRIMP U－Pb 定年[J]．岩石学报，26(8)：2630～2652.
吴才来，郭祥焱，王次松等．2013．铜陵地区高钾钙碱性系列侵入岩锆石 U－Pb 年代学及其地质意义[J]．地球化学，42(1)：11～28.
吴才来，周珣若，黄许陈，张成火，黄文明．1996．铜陵地区中酸性侵入岩年代学研究[J]．岩石矿物学杂志，15(4)：299～306.
吴才来，周珣若，黄许陈等．1994．铜陵地区中酸性侵入岩锆石群特征及其成因意义[J]．岩石矿物学杂志，13(3)：239～247.
吴才来，周殉若，黄许陈等．1997．铜陵地区中酸性侵入岩的包体岩石学研究[J]．地球学报，18(2)：182～191.
吴福元，葛文春，孙德有，郭春丽．2003．中国东部岩石圈减薄研究中的几个问题[J]．地学前缘，10(3)：51～60.
吴淦国，张达，藏文拴．2003．铜陵矿集区构造滑脱与分层成矿特征研究[J]．中国科学(D 辑)，33(4)：300～308.
吴淦国，张达，狄永军，臧文拴，张祥信，宋彪，张忠义．2008．铜陵矿集区侵入岩 SHRIMP 锆石 U－Pb 年龄及其深部动力学背景[J]．中国科学(D 辑)，38(5)：630～645.
吴开兴，胡瑞忠，毕献武等．2002．矿石铅同位素示踪成矿物质来源综述[J]．地质地球化学，30(3)：73～81.
吴星星，闫峻，唐裕禄，初晓强，彭戈．2011．安徽铜陵沙滩脚岩体年代学及地球化学特征[J]．矿物岩石，31(1)：75～82.
吴言昌，曹奋扬，常印佛．1999．初论安徽沿江地区成矿系统的深部构造岩浆控制[J]．地学前缘，6 (2)：285～296.
吴言昌．1992．论岩浆夕卡岩——一种新类型夕卡岩[J]．安徽地质，2(1)：12～26.
武广，刘军，钟伟等．2009．黑龙江省铜山斑岩铜矿床流体包裹体研究[J]．岩石学报，25(11)：2995～3006.
夏邦栋．1995．普通地质学[M]．北京：地质出版社，1～82.
夏元法．1999．试论天马山硫金矿床的成矿物质来源[J]．矿产与地质，13(1)：34～38.
夏元法．1999．铜陵地区层控夕卡岩型矿床地质特征和成矿条件[J]．矿产与地质，13 (6)：338～342.
肖建新，顾连兴，倪培．2002．安徽铜陵狮子山铜－金矿床流体多次沸腾及其与成矿的关系[J]．中国科学(D 辑)，32

(3)：199～206.
肖建新，倪培，顾连兴等. 2003. 铜陵－安庆地区若干热液矿床成矿流体研究[J]. 地质找矿论丛，18(3)：155～162.
肖新建，倪培. 2000. 论喷流沉积(SEDEX)成矿与沉积－改造成矿之对比[J]. 地质找矿论丛，15(3)：238～245.
肖荣阁，刘敬党，费红彩等. 2008. 岩石矿床地球化学[M]. 北京：地震出版社. 1～414.
谢华光，王文斌，李文达. 1995. 安徽新桥硫铁矿床成矿时代及成矿物质来源[J]. 火山地质与矿产，16(2)：101～107.
谢家荣. 1936. 中国之矿产时代与矿产区域[J]. 地质评论，1(3)：363～380.
谢家莹，陶奎元，尹家衡等. 1996. 中国东南大陆中生代火山地质及火山－侵入杂岩[M]. 北京：地质出版社. 1～277.
谢建成，陈思，孙卫东等. 2012. 安徽铜陵早白垩世埃达克质岩地球化学:成岩成矿制约[J]. 岩石学报，28(10)：3181～3196.
谢建成，杨晓勇，杜建国，杜小伟，肖益林，屈文俊，孙卫东. 2009. 安徽铜陵新桥 Cu－Au－Fe－S 矿床黄铁矿 Re－Os 定年及成矿意义[J]. 地质科学，44(1)：183～192.
谢建成，杨晓勇，杜建国，孙卫东. 2008. 铜陵地区中生代侵入岩 LA－ICP－MS 锆石 U－Pb 年代学及 Cu－Au 成矿指示意义[J]. 岩石学报，24(8)：1782～1800.
谢建成，杨晓勇，肖益林等. 2012. 铜陵矿集区中生代侵入岩成因及成矿意义[J]. 地质学报，86(3)：423～459.
谢杰. 2012. 安徽新桥矿床黄铁矿研究及其对矿床成因的指示[D]. 合肥：合肥工业大学.
谢智，孙卫东，柴之芳，陈江峰，杜安道，李春生，毛雪瑛. 2002. 辉钼矿的 Os－Os 法与 Re－Os 法定年及结果比较[J]. 核技术，25(12)：1013～1018.
辛洪波，曲晓明. 2013. 西藏冈底斯斑岩铜矿带含矿岩体的相对氧化状态：来自锆石 Ce(Ⅳ)/Ce(Ⅲ)比值的约束[J]. 矿物学报，28(2)：152～160.
邢凤鸣，徐祥. 1995. 安徽沿江地区中生代岩浆岩的基本特点[J]. 岩石学报，11(4)：409～422.
邢凤鸣，徐祥. 1996. 铜陵地区高钾钙碱系列侵入岩[J]. 地球化学，25(1)：29～38.
邢凤鸣，赵斌，徐祥等. 1997. 安徽省铜陵地区侵入岩成因的实验研究[J]. 中国区域地质，16(3)：267～274.
邢凤鸣，徐祥，李志昌. 1993. 长江中下游早元古代基底的发现及意义[J]. 科学通报，38(20)：1883～1886.
邢凤鸣，徐祥. 1996. AFC 混合与铜陵地区侵入岩的成因[J]. 岩石矿物学杂志，15(1)：10～20.
邢凤鸣，徐祥. 1999. 安徽扬子岩浆岩带与成矿[M]. 合肥：安徽人民出版社. 1～170.
邢凤鸣. 1998. 扬子江岩浆带东段基性岩地球化学[J]. 地球化学，27(3)：258～268.
邢凤鸣. 1999. 安徽沿江地区岩浆岩成矿带[J]. 安徽地质，9(4)：272～279.
徐国风，邵洁涟. 1979. 磁铁矿的标型特征及其实际意义[J]. 地质与勘探，(3)：30～37.
徐国风，邵洁涟. 1980. 黄铁矿的标型特征及其实际意义[J]. 地质论评，26(6)：541～546.
徐九华，谢玉玲，杨竹森等. 2004. 安徽铜陵矿集区海底喷流沉积体系的流体包裹体微量元素对比[J]. 矿床地质，2(3)：344～352.
徐克勤，孙明志，叶俊. 1982. 华南二个成因系列花岗岩类及其成矿特点[J]. 矿床地质，1(2)：1～14.
徐克勤，王鹤年，周建平等. 1996. 论华南喷流－沉积块状硫化物矿床[J]. 高校地质学报，2(3)：241～156.
徐克勤，朱金初. 1978. 我国东南部几个断裂拗陷带中沉积(或火山沉积)－热液叠加类铁铜矿床成因探讨[J]. 福建地质科技情报，(4)：1～68.
徐克勤，朱金初. 1980. 论中国东南部几个断裂拗陷带中某些铁铜矿床的成因问题[C]. 国际交流地质学术论文集(2). 北京：地质出版社. 48～58.
徐克勤，朱金初. 2009. 我国东南部几个断裂拗陷带中沉积(或火山沉积)－热液叠加类铁铜矿床成因探讨. 见：徐克勤文集编辑委员会. 徐克勤文集. 北京：科学出版社. 426～499.
徐启东. 1997. 长江中下游中生代花岗岩类源区的壳－壳混源性质[J]. 岩石矿物学杂志，16(2)：120～130.
徐文艺，杨竹森，蒙义峰，曾普胜，史大年，田世洪，李红阳. 2004. 安徽铜陵矿集区块状硫化物矿床成因模型与成矿流体动力学迁移[J]. 矿床地质，23(3)：353～364.
徐夕生，范钦成，S. Y. O'Reilly，蒋少涌，W. L. Griffin，王汝成，邱检生. 2004. 安徽铜官山石英闪长岩及其包体锆石 U－Pb 定年与成因探讨[J]. 科学通报，19(18)：1883～1891.
徐晓春，白茹玉，谢巧勤，楼金伟，张赞赞，刘启能，陈莉薇. 2012. 安徽铜陵中生代侵入岩地质地球化学特征再认识及成因讨论[J]. 岩石学报，28(10)：3139～3169.
徐晓春，刘启能，张赞赞等. 2011. 安徽铜陵矿集区与成矿有关的闪长质侵入岩的岩石系列与成因[J]. 矿物学报，(增刊)，112～113.

徐晓春，陆三明，谢巧勤，柏林，储国正. 2008. 安徽铜陵狮子山矿田岩浆岩锆石SHRIMP定年及其成因意义[J]. 地质学报，82(4)：500～509.
徐晓春，陆三明，谢巧勤等. 2008. 安徽铜陵冬瓜山铜金矿床流体包裹体微量元素地球化学特征及其地质意义[J]. 岩石学报，24(8)：1865～1874.
徐晓春，尹滔，楼金伟等. 2010. 铜陵冬瓜山层控矽卡岩型铜金矿床的成因机制:硫同位素制约[J]. 岩石学报，26(9)：2739～2750.
徐应龙，郭继伟. 2009. 安徽省铜陵县新桥铁帽金银矿床地球化学特征[J]. 现代矿业，(8)：92～95.
徐兆文，方长泉，陆现彩等. 2004. 铜陵狮子山矿田岩浆岩成因机制探讨[C]//全国岩浆岩研究发展战略研讨会暨第三届花岗岩成因与地壳演化学术讨论会论文及摘要集. 南京：南京大学，117～119.
徐兆文，黄顺生，倪培，陆现彩，陆建军，方长泉，华明，蒋少涌. 2005. 铜陵冬瓜山铜矿成矿流体特征和演化[J]. 地质论评，51(1)：36～41.
徐兆文，陆建军，陆现彩等. 2000. 安徽省铜陵冬瓜山铜金矿床地质特征及成因[J]. 矿物岩石地球化学通报，19(4)：233～234.
徐兆文，陆现彩，高庚等. 2007. 铜陵冬瓜山层状铜矿同位素地球化学及成矿机制研究[J]. 地质论评，53(1)：44～51.
徐志刚. 1985. 从构造应力场特征探讨中国东部中生代火山岩成因[J]. 地质学报，59(2)：109～126.
许逢明，杜杨松，王功文，曹毅，东前，方福康. 2012. 安徽月山复式岩体锆石SHRIMP U－Pb年龄和地球化学特征及其地质意义[J]. 矿物岩石，32(1)：61～66.
许虹，李鸿超，李高山. 1992. 土林－石湖金矿床黄铁矿找矿矿物学研究[J]. 地质找矿论丛，7(4)：67～74.
薛君治. 1991. 成因矿物学［M］. 武汉：中国地质大学出版社. 1～179.
薛良伟，庞继群，王祥国，周长命. 1999. 小秦岭303号石英脉流体包裹体Rb－Sr、$^{40}Ar-^{39}Ar$成矿年龄测定[J]. 地球化学，28(5)：473～478.
严炳铨，吴克隆，王文腾等. 1993. 福建漳州复式岩体磁铁矿的成因矿物学特征[J]. 福建地质，12(1)：1～16.
严育通，李胜荣，张娜等. 2012. 不同成因类型金矿床成矿期黄铁矿成分成因标型特征[J]. 黄金，33(3)：11～16.
严育通，李胜荣. 2011. 胶东流口金矿黄铁矿成因矿物学及其稳定同位素研究[J]. 矿物岩石，31(4)：58～66.
阎学义，袁成详. 1977. 长江中下游成矿带中石炭世海底火山喷发－沉积黄铁矿型铜矿地质特征[J]. 南京大学学报（自然科学版），(1)：43～67.
杨兵，王之田. 1985. 铜官山铜矿床新类型矿体的发现及矿床成因模式——兼论其与区域铜矿复合模式的关系[J]. 矿床地质，4(4)：1～13.
杨道斐，傅德鑫，吴履秀. 1982. 从矿石成分及结构构造特征看新桥及其邻近地区黄铁矿型铜矿床的成因[J]. 中国地质科学院南京地质矿产研究所所刊，3(4)：59～68.
杨爽，杜杨松，曹毅等. 2012. 安徽铜陵冬瓜山层控矽卡岩铜矿床形成过程——来自磁黄铁矿的证据[J]. 现代地质，26(1)：54～60.
杨小男，徐兆文，徐夕生，凌洪飞，刘苏明，张军，李海勇. 2008. 安徽铜陵狮子山矿田岩浆岩锆石U－Pb年龄意义[J]. 地质学报，82(4)：510～516.
杨小男，徐兆文，张军等. 2007. 安徽狮子山矿田南洪冲岩体形成时代及成因机制研究[J]. 岩石学报，23(6)：1544～1551.
杨学明，林文通. 1988. 铜官山火成杂岩体成岩机制研究[J]. 地质评论，34(1)：25～35.
杨学明，杨晓勇，王奎仁等. 1997. 安徽铜陵老鸦岭层状铜矿床的成矿地球化学研究[J]. 大地构造与成矿学，21(4)：347～361.
杨竹森，侯增谦，蒙义峰等. 2002. 安徽铜陵矿集区流体系统与成矿[J]. 矿床地质，21(增刊)：1080～1082.
姚海涛，郑海飞. 2001. 流体包裹体Rb－Sr等时线定年的可靠性[J]. 地球化学，30 (6)：507～511.
姚鹏，顾雪祥，李金高等. 2006. 甲马铜多金属矿床层控矽卡岩流体包裹体特征及其成因意义[J]. 成都理工大学学报（自然科学版），33(3)：285～293.
阴翠珍. 2003. 内蒙古撰山子金矿黄铁矿的热电性特征及其与金成矿作用的关系[J]. 矿物学报，23(2)：153～157.
尹观，倪师军. 1998. 同位素地球化学[M]. 北京：地质出版社. 1～409.
应立娟，王登红，梁婷等. 2006. 新疆阿尔泰乔夏哈拉铁铜金矿床磁铁矿的化学成分标型特征和地质意义[J]. 矿物学报，26(1)：59～68.
於崇文，岑况，鲍征宇. 1998. 成矿作用动力学[M]. 北京：地质出版社. 1～224.

袁见齐，朱上庆，翟裕生．1985．矿床学[M]．北京：地质出版社．1～342．
袁小明．2003．冬瓜山铜矿床地质特征及找矿方向[J]．有色矿山，32(3)：1～3．
袁子清．2007．矿山地震活动响应规律及其危害性预测研究[D]．长沙：中南大学，1～83．
岳文浙，魏乃甄，焦世鼎．1993．长江中下游威宁期沉积地质与块状硫化物矿床[M]．北京：地质出版社：50～78．
臧文拴，吴淦国，张达等．2004．铜陵新桥铁矿田地质地球化学特征及成因浅析[J]．大地构造与成矿学，28(2)：187～193．
臧文拴，吴淦国，张达等．2007．浅析安徽省新桥 S－Fe 矿田的成因[J]．矿床地质，26(4)：464～474．
臧文栓，刘爱华，陈永拴．2001．新桥硫化物矿床构造特征及其控矿规律[J]．有色矿山，30(2)：1～4．
曾普胜，裴荣富，侯增谦，蒙义峰，杨竹森，田世洪，徐文艺，王训诚．2005．安徽铜陵矿集区冬瓜山矿床：一个叠加改造型铜矿[J]．地质学报，79 (1)：106～113．
曾普胜，裴荣富，侯增谦等．2002．安徽铜陵地块沉积－喷流块状硫化物矿床[J]．矿床地质，21(增)，532～535．
曾普胜，杨竹森，蒙义峰，裴荣富，王彦斌，王训诚，徐文艺，田世洪，姚孝德．2004．安徽铜陵矿集区燕山期岩浆流体系统时空结构及成矿[J]．矿床地质，23(3)：298～309．
翟德高，王建平，刘家军，张红雨，要梅娟，杨宗锋，常兆山．2010．成矿作用过程中赤铁矿－磁铁矿之间非氧化还原转变[J]．地质论评，56(6)：801～809．
翟伟，李兆麟，黄栋林，文拥军．2004．粤西河台金矿床富硫化物石英脉 Rb－Sr 等时线年龄讨论[J]．地球学报，25 (2)：2443～247．
翟裕生，姚书振，林新多等．1992．长江中下游地区铜(金)成矿规律[M]．北京：地质出版社．1～235．
翟裕生，姚书振，林新多等．1992．长江中下游铜、铁等成矿规律研究[J]．矿床地质，11(1)：1～12．
翟裕生，姚书振，周宗桂等．1999．长江中下游铜金矿床矿田构造[M]．武汉：中国地质大学出版社．1～195．
翟裕生，张湖，宋鸿林．1997．大型构造与超大型矿床[M]．北京：地质出版社，51～56．
张达，吴淦国，狄永军，臧文拴，邵拥军，余心起，张祥信，汪群峰．2006．铜陵凤凰山岩体 SHRIMP 锆石 U－Pb 年龄与构造变形及其对岩体侵位动力学背景的制约[J]．地球科学——中国地质大学学报，31(6)：823～829．
张德贵．1982．安徽最大铜硫矿床地质概要——论新桥铜硫铁矿床的成因[J]．地质科技情报，(S1)：73～75．
张德会．1997．流体的沸腾和混合在热液成矿中的意义[J]．地球科学进展，12(6)：546～552．
张理刚，刘敬秀，王可法．1995．东亚岩石圈块体地质上地幔、基底和花岗岩同位素地球化学及其动力学[M]．北京：科学出版社:1～302．
张理刚．1988．长石铅和矿石铅同位素组成及其地质意义[J]．矿床地质，7(2)：55～64．
张旗，钱青，王二七等．2001．燕山中晚期的中国东部高原:埃达克岩的启示[J]．地质科学，36(2)：248～255．
张旗，王焰，钱青等．2001．中国东部燕山期埃达克岩的特征及其构造－成矿意义[J]．岩石学报，17(2)：236～244．
张旗，王焰，王元龙．2001．燕山期中国东部高原下地壳组成初探：埃达克质岩 Sr、Nd 同位素制约[J]．岩石学报，17 (4)：505～513．
张旗，赵太平，钱青，王元龙，杨进辉，于焰．2001．中国东部燕山期岩浆活动的几个问题[J]．岩石矿物学杂志，20：273～280．
张荣华，胡书敏，王军等．2002．长江中下游典型火山岩区水－岩相互作用[M]．北京：中国大地出版社．1～175．
张艳，魏平堂．2012．Sedex 型 Pb－Zn 矿床氢氧同位素地球化学综述[J]．矿产勘查，3(3)：374～378．
张宇，邵拥军，刘忠法，彭南海，郑明泓．2014．安徽铜陵新桥铜硫铁矿床成矿地质条件及矿床成因分析[J]．中南大学学报(自然科学版)，45(10)：3489～3498．
张宇，邵拥军，刘忠法，周鑫，郑明泓．2013．安徽铜陵新桥铜硫铁矿床地球化学特征及成因分析[J]．中国有色金属学报，23(6)：1515～1529．
张宇，邵拥军，周鑫，刘忠法，郑明泓．2013．安徽铜陵新桥铜硫铁矿床胶状黄铁矿主、微量元素特征[J]．中国有色金属学报，23(12)：3492～3502．
张宇．2012．安徽铜陵新桥铜硫铁矿床地质地球化学特征及矿床成因分析[D]．长沙：中南大学．
赵爱醒．1990．湖北大冶铁山铁(铜)矿床磁铁矿矿物化学[J]．地球科学——中国地质大学学报，15(4)：385～396．
赵斌，赵劲松，张重泽等．1993．岩浆成因矽卡岩的实验证据[J]．科学通报，38 (21)：1986～1989．
赵利青．1998．蚀变带元素地球化学成矿预测法——以金龙山微细浸染型金矿为例[J]．物探与化探，22(1)：55～60．
赵义来．2012．安庆月山矿田成矿系统的结构与动力学过程计算模拟[D]．长沙：中南大学，1～108．
赵振华．2010．副矿物微量元素地球化学特征在成岩成矿作用研究中的应用[J]．地学前缘，17(1)：267～285．

郑培玺，周燕，王铁夫，张延洁. 2007. 山东招远灵雀山金矿床富金石英脉铷－锶等时线年龄讨论[J]. 岩矿测试，26(5)：356～358.
郑震，杜杨松，曹毅等. 2012. 安徽冬瓜山矽卡岩铜矿石榴石成分特征及其成因探讨[J]. 岩石矿物学杂志，31(2)：235～242.
钟国雄，周涛发，袁峰，蒋其胜，范裕，张达玉，黄建满. 2014. 安徽铜陵姚家岭锌金多金属矿床成岩成矿年代学研究[J]. 岩石学报，30(4)：1075～1086.
周强强，胡文洁. 2012. Sr同位素的研究现状和最新进展[J]. 科技信息，1：396.
周泰禧，李学明，赵家深，张富陶. 1987. 安徽铜陵铜官山矿田火成岩的同位素地质年龄[J]. 中国科学技术大学学报，17(3)：403～407.
周涛发，范裕，袁峰，张乐骏，马良，钱兵，谢杰. 2011. 长江中下游成矿带火山岩盆地的成岩成矿作用[J]. 地质学报，85(5)：712～730.
周涛发，范裕，袁峰. 2008. 长江中下游成矿带成岩成矿作用研究进展[J]. 岩石学报，24(8)：1665～1678.
周涛发，岳书仓，刘晓东. 1999. 长江中下游铜、金矿床密集区形成条件及矿床成因研究综述[J]. 地质科技情报，18(3)：51～54.
周涛发，岳书仓，袁峰等. 2000. 长江中下游成矿带燕山期铜、金矿床成矿流体系统形成与演化的动力学[J]. 九五全国地质科技重要成果论文集(中国会议)，255～259.
周涛发，岳书仓，袁峰等. 2000. 长江中下游两个系列铜、金矿床及其成矿流体系统的氢、氧、铅同位素研究[J]. 中国科学(D辑)，20(增)：122～128.
周涛发，岳书仓，袁峰等. 2005. 安徽月山矿田成岩成矿作用[M]. 北京：地质出版社. 1～146.
周涛发，岳书仓，袁峰等. 2001. 安徽月山岩体地球化学特征及成因机理分析[J]. 高校地质学报，(1)：70～80.
周涛发，岳书仓. 2000. 长江中下游铜金矿床成矿流体系统的形成条件和演化机理[J]. 北京大学学报(自然科学版)，36(5)：697～707.
周涛发，张乐骏，袁峰，范裕，David R. Cooke. 2010. 安徽铜陵新桥Cu－Au－S矿床黄铁矿微量元素LA－ICP－MS原位测定及其对矿床成因的制约[J]. 地学前缘，17(2)：306～319.
周珣若，任进. 1994. 长江中下游中生代花岗岩[M]. 北京：地质出版社. 1～119.
周珣若，吴才来，黄许陈等. 1993. 陵中酸性侵入岩中同源包体及岩浆动力学[J]. 岩石矿物学杂志，12(1)：20～31.
朱炳泉，李献华，戴橦谟. 1998. 地球科学中同位素体系理论与应用——兼论中国大陆壳幔演化[J]. 北京：科学出版社. 224～226.
朱炳泉. 1993. 矿石Pb同位素三维空间拓扑图解用于地球化学省与矿种区划[J]. 地球化学，(3)：209～215.
朱光，刘国生，牛曼兰等. 2003. 郯庐断裂带的平移运动与成因[J]. 地质通报，22(3)：200～207.
朱家珍. 1987. 冬瓜山铜矿床的卤素分布特征[J]. 物探与化探，11(3)：197～204.
Allen D E, Seyfried W E. 2005. REE controls in ultramafic hosted MOR hydrothermal systems: an experimental study at elevated temperature and pressure[J]. Geochimica et Cosmochimica Acta, 69:675～683.
Arnold R G. 1969. Pyrrhotite phase relations below 304 ± 6℃ at < 1 atm total pressure[J]. Economic. Geology, 64: 405～419.
Ballard J R, Michael P, Camplell H I. 2002. Relative oxidation states of magmas inferred from Ce(Ⅳ)/Ce(Ⅲ) in zircon: application to porphyry copper deposits of northern Chile[J]. Contrib Mineral Petrol, 144: 347～364.
Barley M E, Groves D I. 1992. Supercontinental cycles and the distribution of metal deposits through time[J]. Geology, 20: 291～294.
Batchelor R A, Bowden P. 1985. Petrogenetic interpretation of granitoids series using multicationic parameter [J]. Chemical Geology, 48(1～4): 43～55.
Bau M. 1991. Rare-earth element mobility during hydrothermal and metamorphic fluidrock interaction and the significance of the oxidation state of europium [J]. Chemical Geology, 93: 219～230.
Bea F, Montero P, Garuti G, Zacharini F. 1997. Pressure-dependence of rare earth element distribution in amphibolite and granulite-grade garnets. A LA－ICP－MS study[J]. Geostandard Newslett, 21: 253～270.
Bea F, Pereira M D, Stroh A. 1994. Mineral/leucosome trace－element partitioning in a peraluminous migmatite (a laser ablation－ICP－MS study) [J]. Chem. Geol, 117: 291～312.
Beloisova B A, Griffin W L, O'Reilly S Y. 2006. Zircon crystal morphology, trace element signatures and Hf isotope composi-

tion as a tool for petrogenetic modeling: Examples from Eastern Australian granitoids[J]. Journal of Petrology, 47(2): 329 ~ 353.

Betts P G, Giles D. 2002. Developing a geodynamically indicated targeting strategy for shale hosted massive sulfide Pb – Zn – Ag mineralization in the western fold belt of the Mount Isa terrane [J]. Australian Journal of Earth Science, 49:985 ~ 1010.

Betts P G, Giles D, Lister G S. 2003. Tectonic environment of shale-hosted massive sulfide Pb – Zn – Ag deposits of Proterozoic northeastern Australia[J]. Economic Geology, 98:557 ~ 576.

Blichert-Toft J, Albarede F. 1997. The Lu – Hf isotope geochemistry of chondrites and the evolution of the mantle – crust system [J]. Earth and Planetary Science Letters, 148: 243 ~ 258.

Boyd F R, Pearson D G, Hoal K O, Hoal B G, Nixon P H, Kingston M J, Mertzman S A. 2004. Garnet lherzolites from Louwrensia, Namibia: bulk composition and P/T relations [J]. Lithos, 77: 573 ~ 592.

Bralia A, Sabatini G, Troja F. 1979. A revaluation of the Co/Ni ratio in pyrite as geochemical tool in ore genesis problems [J]. Mineralium Deposita, 14(3): 353 ~ 374.

Brown G C, Thorpe R S, Webb P C. 1984. The geochemical characteristics of granitoids in contrasting arcs and comments on magma sources[J]. Journal of the Geological Society, 141(3):413 ~ 426.

Brown P E. 1989. Flincor: A microcomputer program for the reduction and investigation of fluid – inclusion data [J]. American Mineralogist, 74: 1390 ~ 1393.

Cao Y, Du Y S, Gao F P, Hu L F, Xin F P, Pang Z S. 2012. Origin and evolution of hydrothermal fluids in the Taochong iron deposit, Middle-Lower Yangtze Valley, Eastern China: Evidence from microthermometric and stable isotope analyses of fluid inclusions. Ore Geology Reviews, 48(10): 225 ~ 238.

Carpenter R H, Desborough G A. 1964. Range insolution and structure of natural occurring troilite and pyrrhotite [J]. American Mineralogist, 49: 1350 ~ 1365.

Changkakoti A, Gray J. 1988. Determination of radiogenic isotope(Rb/Sr, Sm/Nd and Pb/Pb) in fluid inclusion water: an example from the Bluebell Pb – Zn deposit, British Columbia, Canada [J]. Geochmica et Cosmochmica Acta, 1988, 52: 1961 ~ 1967.

Chappell B W, White A J R, Willams I S. 2004. Low – and high – temperature granites [J]. Trans Roy Soc Edinburgh Earth Sci, 95: 125 ~ 140.

Chen J F, Forland K A, Zhou T X. 1985. Mesozoic granitiods of the Yangtze fold belt, China: Isotopic constrains on the magma source. In: Wu L R, et al. The crust – The Significance of Granites Gneisses in Lithosphere. Theophrastus, Athens, 217 ~ 237.

Chen J F, Yan J, Xie Z, et al. 2001. Nd and Sr isotopic compositions of igneous rocks from the Lower Yangtze region in eastern China: constrains on sources. Phy. Chem. Earth(A), 26 (9 ~ 10): 719 ~ 731.

Chen J F, Jahn B M. 1998. Crustal evolution of Southeastern China: Nd and Sr isotopic evidence. Tectonophysics, 284(1 ~ 2): 101 ~ 133.

Chen L, Liu Y, Hu Z, Gao S, Zong K Q, Chen H. 2011. Accurate determinations of fifty – four major and trace elements in carbonate by LA – ICP – MS using normalization strategy of bulk components as 100% [J]. Chemical Geology, 284(3 ~ 4): 283 ~ 295.

Cheng Y, Mao J, Yang Z. 2012. Geology and vein tin mineralization in the Dadoushan deposit, Gejiu district, SW China. Mineralium Deposita, 47(6): 701 ~ 712.

Clayton R N, O'Neil J R, Mayeda T K. 1972. Oxygen isotope exchange between quartz and water [J]. J. Geophys. Res., 77: 3057 ~ 3067.

Collins W J, Beams S D, White A J R, et al. 1982. Nature and origin of a type granites with particular reference to Southeastern Australia[J]. Contrib. Miner. Petro, 80: 189 ~ 200.

Cox S F, Knackstedt M A, Braun J. 2001. Principles of structural control on permeability and fluid hydrothermal system [J]. SEG Review, 14: 1 ~ 24.

Daniel D G, Ross R L, Jacqueline A H, Jeffery A S, Arthur H H, Trevor R I, Peter H. 2015. The chemical conditions of the late Archean Hamersley basin inferred from whole rock and pyrite geochemistry with $\Delta^{33}S$ and $\delta^{34}S$ isotope analyses[J]. Geochimica et Cosmochimica Acta, 149: 223 ~ 250.

Dare S A S, Barnes S J, Beaudoin G. 2012. Variation in trace element content of magnetite crystallized from a fractionating sul-

fide liquid, Sudbury, Canada: implications for provenance discrimination[J]. Geochim Cosmochim Acta, 88: 27 ~ 50.
Davidson C J. 1992. Hydrothermal geochemistry and genesis of seafloor volcanogenic copper - bearing oxide ores[J]. Economic Geology, 87(3): 889 ~ 912.
Depaolo D J, Farmer G L. 1984. Istopic data bearing on the origin of Mesozoic and Tertiary granitic rocks in the western United States [J]. Phil. Trans. R. Soc. London: A. (310): 823 ~ 825.
Di Y J, Wu G G, Zhang D, et al. 2005. SHRIMP U - Pb zircon geochronology of the Xiaotongguanshan and Shatanjiao intrusions and its petrological implications in the Tongling Area, Anhui. Acta Geologica Sinica, 79(6): 795 ~ 802.
Doyle F M, Mirza A H. 1996. Electrochemical oxidation of pyrite samples with known composition and electrical properties[J]. 1996. Electrochemical Proceedings, 96(6): 203 ~ 214.
Dupuis C, Georges B. 2011. Discriminant diagrams for iron oxide trace element fingerprinting of mineral deposit types [J]. 46 (4): 319 ~ 335.
Dziggel A, Wulff K, Kolb J, Meyer F M, Lahaye Y. 2009. Significance of oscillatory and bell - shaped growth zoning in hydrothermal garnet: evidence from the Navachab gold deposit, Namibia [J]. Chemical Geology, 262: 262 ~ 276.
Ferry J M, Watson E B. 2007. New thermodynamic models and revised calibrations for the Ti - in - zircon and Zr - in - rutile thermometers [J]. Contrib. Mineral Petrol, 154: 429 ~ 437.
Gaspar M, Knaack C, Meinert L D, Moretti R. 2008. REE in skarn systems: a LA - ICP - MS study of garnets from the Crown Jewel gold deposit [J]. Geochimica et Cosmochimica Acta, 72: 185 ~ 205.
Giret A. 1990. Typology, evolution and origin of the Kerguelen Plutonic Series [J]. Indian Ocean: A review. Geol. J. (25): 526 ~ 538.
Graham S, Pearson N. 2004. Tracing Cu and Fe from source to porphyry: In situ determination of Cu and Fe isotope ratios in sulfides from the Grasberg Cu - Au deposit. Chemical Geology, (4): 147 ~ 169.
Graunch R I. 1989. Rare earth elements in metamorphic rocks. In: Lipin B R, Mckay G A. Geochemistry and Mineralogical Rare Earth Elements: Rev. Mineral[J]. Mineralogical Society of America, 21: 146 ~ 167.
Griffin W L, Pearson N J, Belousova E. 2000. The Hf isotope composition of cratonic mantle: LA - MC - ICP - MS analysis of zircon megacrysts in kimberlites [J]. Geochimica et Cosmochimica Acta, 64(1): 133 ~ 147.
Groves D I, Goldfarb R J, Gebre-Mariam M, et al. 1989. Orogenic gold deposits: A proposed classification in the context of their crustal distribution and relationship to other gold deposit types[J]. Ore geology reviews, 13: 7 ~ 27.
Gu L X, Hu W X, He J X. 2000. Regional variations in ore composition and fluid features of massive sulfide deposits in South China: Implications for genetic modeling [J]. Episodes, 23(2): 110 ~ 118.
Gu L X, Khin Zaw, Hu W X, et al. 2007. Distinctive features of Late Palaeozoic massive sulphide deposits in South China[J]. Ore Geology Reviews, 31: 107 ~ 138.
Günther D, Hattendorf B. 2005. Solid sample analysis using laser ablation inductively coupled plasma mass spectrometry [J]. Analytical Chemistry, 24 (3): 255 ~ 265.
Günther D, Jackson S E, Longerich H P. 1999. Laser ablation and arc/spark solid sample introduction into inductively coupled plasma mass spectrometers[J]. Spectrochim Acta Part B, (54): 381 ~ 409.
Hagemann S G, Luders V. 2003. P - T - X conditions of hydrothermal fluid and precipitation mechanism of stibnite-gold mineralization at the Wiluna lode-gold deposits, Western Australia: Conventional and infrared microthermometric constraints[J]. Mineralium Deposita, 38: 936 ~ 952.
Hall D L, Firedman I, Bodnar R J. 1988. Freezing point depression of NaCl - KCl - H_2O solutions[J]. Econ Geol, 83: 197 ~ 202.
Harris N B W, Gravestock P, Inger S. 1992. Ion - microprobe determinations of trace-element concentrations in garnets from anatectic assemblages[J]. Chem. Geol, 100: 41 ~ 49.
Hedenquist J W, Lowentern J B. 1994. The role of magma in the formation of hydrothermal lore deposits. Nature, 370: 519 ~ 527.
Hermann A G. 1971. Yttrium and lanthanides[M] In: Wedepohl K H. Handbook of Geochemistry. Berlin: Springer, 57 ~ 71.
Hickmott D D, Spear F S. 1992. Major-and trace - element zoning in garnets from calcareous pelites in the NW Shelburne Falls Quadrangle, Massachusetts: garnet growth histories in retrograded rocks [J]. J. Petrol, 33: 965 ~ 1005.
Hoal K E O, Hoal B G, Erlank A J, Shimizu N. 1994. Metasomatism of the mantle lithosphere recorded by rare earth elements

in garnets [J]. Earth Planet. Sci. Lett, 126: 303 ~ 313.

Hu H, Li J W, Lentz D, et al. 2013. Dissolution-reprecipitation process of magnetite from the Chengchao iron deposit: Insights into ore genesis and implication for in-situ chemical analysis of magnetite [J]. Ore Geology Reviews, 57: 393 ~ 405.

Hu Z C, Liu Y S, Gao S, Xiao S, Zhao L, Günther D, Li M, Zhang W, Zong K Q. 2012. A "wire" signal smoothing device for laser ablation inductively coupled plasma mass spectrometry analysis[J]. Spectrochimica Acta Part B: Atomic Spectroscopy, 78(0): 50 ~ 57.

Ireland T R, Schram N, Holden P, Lanc P, Avila J, Armstrong R, Amelin Y, Latimore A, Corrigan D, Clement S, Foster J, Compston W. 2014. Charge-mode electrometer measurements of S-isotopic compositions on SHRIMP – SI [J]. Int. J. Mass Spectrom. 359: 26 ~ 37.

Jamtveit B, Hervig R L. 1994. Constraints on transport and kinetics in hydrothermal systems from zoned garnet crystals [J]. Science, 263: 505 ~ 508.

Jansson N F. 2011. The Origin of Iron Ores in Bergslagen, Sweden, and their Relationships with Polymetallic Sulphide Ores [D]. Doctoral Thesis of Luleä University of Technology, 1 ~ 292.

Kay R W, Kay S M. 1993. Delamination and delamination magmatism. Tectonophysics, 219(1 ~ 3): 177 ~ 189.

Kerrich R, Wyman D A. 1990. Geodynamic setting of mesothermal gold deposits: An association with accretionary tectonic regimes [J]. Geology, 18: 882 ~ 885.

Klemm L M, Pettke T, Heinrich C A. 2008. Fluid and source magma evolution of the Questa porphyry Mo deposit, New Mexico, USA [J]. Miner Deposita, 43: 533 ~ 552.

Large R R, Danyushevshy L, Hollit C, et al. 2009. Gold and trace element zonation in pyrite using a laser imaging technique: Implications for the timing of gold in orogenic and Carlin – style sediment – hosted deposits [J]. Economic Geology, 104(5): 635 ~ 668.

Large R R, Maslennikon V V, Robert F, et al. 2007. Multistage sedimentary and metamorphic orgin of pyrite and gold in the giant Sukhoi Log deposit, Lena gold province, Russia [J]. Economic Geology, 102(7): 1233 ~ 1267.

Li X H. 2000. Cretaceous magmatism and lithospheric extension in Southeast China [J]. Journal of Asian Earth Sciences, 18: 293 ~ 305.

Liang H Y, Camplell H I, Allen C, Sun W D, Liu C Q, Yu H X, Xie Y W, Zhang Y Q. 2006. Zircon Ce^{4+}/Ce^{3+} ratios and ages for Yulong ore-bearing porphyries in eastern Tibet[J]. Mineralium Deposita, 41: 152 ~ 159.

Ling M X, Wang F Y, Ding X, et al. 2011. Different origins of adakites from the Dabie Mountains and the Lower Yangtze River belt, eastern China: Geochemical constraints[J]. International Geology Review, 53(5 ~ 6): 727 ~ 740.

Ling M X, Wang F Y, Ding X, et al. 2009. Cretaceous ridge subduction along the Lower Yangtze River Belt, eastern China [J]. Economic Geology, 104(2): 303 ~ 321.

Liu C M, Hu S Q, Ma S M, et al. 2014. Primary geochemical patterns of Donggua Mountain laminarskarn copper deposit in Anhui, China [J]. Journal of Geochemical Exploration, 139: 152 ~ 159.

Liu L M, Wan C L, Zhao C B, et al. 2011. Geodynamic constraints on orebody localization in the Anqing orefield, China: Computational modeling and facilitating predictive exploration of deep deposits [J]. Ore Geology Reviews, 43(1): 249 ~ 263.

Liu L M, Zhao Y L. 2010. Coupled geodynamics in the formation of Cu skarn deposits in the Tongling – Anqing district, China: Computational modeling and implications for exploration [J]. Journal of Geochemical Exploration, 106: 146 ~ 155.

Liu L M, Zhao Y L, Sun T. 2012. 3D computational shape-and cooling process-modeling of magmatic intrusion and its implication for genesis and exploration of intrusion-related ore deposits: an example from the Yueshan intrusion in Anqing, China[J]. Tectonophysics, 526 ~ 529: 110 ~ 123.

Liu S A, Li S G, He Y S, et al. 2010. Geochemical contrasts between early Cretaceous ore – bearing and ore-barren high-Mg adakites in central-eastern China: Implications for petrogenesis and Cu – Au mineralization [J]. Geochimica et Cosmochimica Acta, 74(24): 7160 ~ 7178.

Liu Y S, Hu Z C, Zong K Q, Gao C G, Gao S, Xu J, Chen H H. 2010. Reappraisement and refinement of zircon U – Pb isotope and trace element analyses by LA – ICP – MS[J]. Chinese Science Bulletin, 55(15): 1535 ~ 1546.

Loftus H G. 1967. Cobalt nicked and selenium in sulfide as indications of Genesis [J]. Mineralium Deposit, 2: 228 ~ 242.

Ludwing K R. 2001. A Geochronological Toolkit for Microsoft Excel [J]. Berkeley Geochronology Center: 1 ~ 20.

Lydon J M. 1983. Chemical parameters controlling the origin and deposition of sediment-hosted stratiform lead – zinc deposits.

In: Sangster D F. Short Course in Sediment-Hosted Stratiform Lead-Zinc Deposits[J]. Mineralogical Association of Canada, Victoria, 175 ~ 250.

Ma X, Ge H. 1989. Precambrian crustal evolution of eastern Asia [J]. J Asia Earth Sci., 3: 9 ~ 15.

Maher Kierran C, Larson Peter B. 2007. Variation in copper isotope ratios and controls on fractionation in hypogene skarn mineralization at Coroccohuayco and Tintaya, Peru [J]. Economic Geology, 102(2): 225 ~ 237.

Maniar P D, Piccoli P M. 1989. Tectonic discrimination of granitoids[J]. Geological Society of America Bulletin, 101: 635 ~ 643.

Mao J W, Wang Y T, Lehmann B, Jinjie Yu, Andao Du, Yanxiong Mei, Yongfeng Li, Wenshuan Zang, Holly J Stein, Taofa Zhou. 2006. Molybdenite Re – Os and albite $^{40}Ar/^{39}Ar$ dating of Cu – Au – Mo and magnetite porphyry systems in the Yangtze River valley and metallogenic implications. Ore Geology Reviews, 29(3 ~ 4): 307 ~ 324.

Mao J W, Xie G Q, Duan C, Franco Pirajno, Dazio Ishiyama, Chen Y C. 2011. A Tectono-Genetic Model for Porphyry-Skarn-Stratabound Cu – Au – Fe and Magnetite-Apatite Deposit Along the Middle-Lower Yangtze River Valley, Eastern China[J]. Ore Geology Reviews, 43(1): 294 ~ 314.

Mao J W, Zhang Z H, Yu J J, et al. 2003. Geodynamic setting of Mesozoic large – scale mineralization in the North China and adjacent area: implication from high precious and accurate ages of metal deposit[J]. Science in China (Series D), 33(4): 289 ~ 299.

Mayanovic R A, Anderson A J, Bassett W A, Chou I M. 2007. On the formation and structure of rare – earth element complexes in aqueous solutions under hydrothermal conditions with new data on gadolinium aquo and chloro complexes[J]. Chemical Geology, 239: 266 ~ 283.

Mayanovic R A, Jayanetti S, Anderson A J, Bassett W A, Chou I M. 2002. The structure of Yb^{3+} aquo ion and chloro complexes in aqueous solutions at up to 500 ℃ and 270 MPa [J]. Journal of Physical Chemistry A, 106: 6591 ~ 6599.

McIntire W L. 1963. Trace element partition coefficients—a review of theory and applications to geology [J]. Geochimica et Cosmochimica Acta, 27: 1209 ~ 1264.

Mckay G A. 1989. Partition of rare earth elements between major silicate minerals and basaltic melts. In Geochemistry and Mineralogy of Rare Earth Elements[J]. Mineralogical Society of America, 21: 45 ~ 78.

Menzer G. 1926. Die kristallstructure von granat [J]. Zeitschift fur Kristallographie, 63: 157 ~ 158.

Mucke A, Cabral A R. 2005. Redox and nonredox reactions of magnetite and hematite in rocks [J]. Chemie der Erde-Geochemistry, 65: 271 ~ 278.

Nadoll P, Koening A E. 2011. LA – ICP – MS of magnetite: Methods and reference materials[J]. Journal of Analytical Atomic Spectrometry, 26(9): 1872 ~ 1877.

Nadoll P, Mauk J L, Hayes T S, et al. 2012. Geochemistry of magnetitefrom hydrothermal ore deposits and host rocks of the Mesoproterozoic Belt Super – group, United States [J]. Econ Geol., 107: 1275 ~ 1292.

Nicolescu S, Cornell D H, Sodervall U, Odelius H. 1998. Secondary ion mass spectrometry analysis of rare earth elements in grandite garnet and other skarn related silicates [J]. Eur. J. Mineral. 10: 251 ~ 259.

Norman M D, Pearson N J, Sharma A, Griffin W L. 1996. Quantitative analysis of trace elements in geological materials by laser ablation ICPMS: Instrumental operating conditions and calibration values of NIST glasses [J]. Geostandards Newsletter, 20(2): 247 ~ 261.

Oberthur T, Cabri L J, Weiser T W, et al. 1997. Pt, Pd and other trace elements in sulfides of the mainsulfide zone, Great Dyke, Zimbabwe: a reconnaissance study[J]. Canadian Mineralogist, 35: 597 ~ 609.

Ohmoto H, Goldhaber M B. 1997. Sulfur and carbon isotopes[M]. In: Barnes H. L. (ed.). Geochemistry of Hydrothermal ore Deposits, 3rd edition. New York: Wiley. 435 ~ 486.

Ohmoto H. 1972. Systematics of sulfur and carbon isotopes in hydrothermal ore deposits [J]. Econ. Geol., 67: 551 ~ 578.

Ohmoto H. 1986. Stable isotope geochemistry of ore deposits [J]. Rev. Miner., 16: 491 ~ 559.

O'Neil J R, Clayton R N, Mayada T K. 1969. Oxygen isotope fractionation in divalent metal carbonates[J]. J. Chem. Phys., 51(12): 5547 ~ 5558.

Pan Y M, Dong P. 1999. The Lower Changjiang (Yangzi/Yangtze River) metallogenic belt, east central China: Intrusion and wall rock – hosted Cu – Fe – Au, Mo, Zn, Pb, Ag deposits[J]. Ore Geology Reviews, 15 (4): 177 ~ 242.

Pearce J A. 1982. Trace element characteristics of lavas from destructive plate boundaries. In: Thorpe R. D. ed. Orogenic andesites and related rocks, Chichester, England: John Wiley and Sons, 528 ~ 548.

Pei R F, Hong D W. 1995. The granites of South China and their metallogeny[J]. Episodes, 18: 77 ~ 86.

Pertermann M, Hirschmann M M, Hametner K, Günther D, Schmidt M W. 2004. Experimental determination of trace element partitioning between garnet and silica-rich liquid during anhydrous partialmelting of MORB – like eclogite[J]. Geochemistry, Geophysics, Geosystems, 5

Pettke T, Diamond L W. 1995. Rb – Sr isotopic analysis of fluid inclusions in quartz: Evaluation of bulk extraction procedure and geochronometer systematics using synthetic fluid inclusions [J]. Geochimica et Cosmochimica Acta, 59: 4009 ~ 4027.

Pichavant M, Ramboz C, Weibrod A. 1982. Fluid immiscibility in natural processes; use and misuse of fluid inclusion data; Ⅰ, phase equilibria analysis; a theoretical and geometrical approach (in current research on fluid inclusions) [J]. Chemical Geology, 37(1 ~ 2): 1 ~ 27.

Ramboz C, Pichavant M, Weibrod A. 1982. Fluid immiscibility in natural processes; use and misuse of fluid inclusion data; Ⅱ, interpretation of fluid inclusion data in terms of immiscibility (in current research on fluid inclusions)[J]. Chemical Geology, 37(1 ~ 2): 29 ~ 48.

Rittmann A. 1970. Note to contribution by V Gottini on the "serial character of the volcanic rock of Pantelleria"[J]. Bull Volcanol, 33: 979 ~ 981.

Roedder E. 1984. Fluid inclusions [J]. Review Mineralogy, 12: 1 ~ 644.

Rollinson H R. 1993. Using geochemical data: evaluation, presentation, interpretation[M]. Longman Group UK Ltd., New York. 352.

Rossman G R, Weis D, Wasserburg G J. 1987. Rb, Sr, Nd and Sm concentrations in quartz[J]. Geochmica et Cosmochmica Acta, 51: 2325 ~ 2329.

Rubatto D, Gebauer D. 2000. Use of cathodoluminescence for U – Pb zircon dating by IOM microprobe: Some examples from the western Alps. In: Cathodoluminescence in Geoscience [M]. Heidelberg, Germany: Springer-Verlag. 373 ~ 400.

Sangester D F. 1990. Mississippi Valley-type and Sedex lead-zinc deposits-a comparative examination[J]. Institution of Mining and Metallurgy Trans-actions, Section B, Applied Earth Sciences, 99: 21 ~ 42.

Scherer E E, Cameron K L, Blichert – Toft J. 2000. Lu – Hf garnet geochronology: closure temperature relative to the Sm – Nd system and the effects of tracemineral inclusions [J]. Geochimica et Cosmochimica Acta, 64: 3413 ~ 3432.

Schmid J C, Ratschbacher L, Hacker B R, et al. 1999. How did the foreland react? Yangtze foreland fold – and – thrust belt deformation related to exhumation of the Dabie Shan ultrahigh – pressure continental crust (eastern China) [J]. Terra Nova, 11 (6), 266 ~ 272.

Schmidt A, Mezger K, O'Brien P J. 2011. The time of eclogite formation in the ultrahigh pressure rocks of the Sulu terrane: constraints from Lu – Hf garnet geochronology[J]. Lithos., 125: 743 ~ 756.

Schwandt C S, Papike J J, Shearer C K, Brearley A J. 1993. A SIMS investigation of REE chemistry of garnet in garnetite associated with the Broken Hill Pb – Zn – Ag orebodies, Australia [J]. Can. Mineral, 31: 371 ~ 379.

Scott R J, Meffre S, Woodhead J, et al. 2009. Development of framboidal pyrite during diagenesis, low – grade regional metamorphism, and hydrothermal alteration[J]. Economic Geology, 104(8): 1143 ~ 1168.

Scott S D. 2008. Massive sulfide deposits on the deep ocean floor – The dawning of a new mining history[A]. In: The Pacific rim: Mineral endowment, discovery & exploration frontiers [C]. The Australasian Institute of Mining and Metallurgy, 19 ~ 22.

Scott S D, Banes H L. 1972. Sphalerite-Wurtzite Equilibria and stoichiometry Geochim [J]. Cosmochim Acta, 36: 1275 ~ 1295.

Shannon R D. 1976. Revised effective ionic radii and systematic studies of interatomic distances in halides and chalcogenides [J]. Acta Crystallographica. Section A, Crystal Physics, Diffraction, Theoretical and General Crystallography, 32: 751 ~ 767.

Shepherd T J, Darbyshire D P E. 1981. Fluid inclusion Rb – Sr isochrones for dating mineral deposits[J]. Narture, 290: 578 ~ 579.

Sheppard S M F. 1986. Characterization and isotope variation in natural waters. In: Valley J. W., Taylor H. P., O'Neil J. R. (eds.) Stable Isotopes in High Temperature Geological Process. Reviews in Mineralogy. Mineralogical Society of America, 16: 165 ~ 184.

Skublov S G, Drugova G M. 2000. REE distribution in metamorphic garnets [J]. Herald DGGGMS RAS, 2: 60 ~ 61.

Smith M P, Henderson P, Jeffries T E R, Long J, Williams C T. 2004. The rare earth elements and uranium in garnets from the Beinn and Dubhaich Aureole, Skye, Scotland, UK: constraints on processes in a dynamic hydrothermal system [J]. J. Petrol, 45: 457 ~ 484.

Soderlund U, Patchett P J, Vervoort J D. 2004. The Lu decay constant determined by Lu – Hf and U – Pb isotope systematics of Precambrian mafic intrusions [J]. Earth and Planetary Science Letters, 219(3 ~ 4): 311 ~ 324.

Stacey J S, Hedlund D C. 1983. Lead-isotope compositions of diverse igneous rocks and ore deposits from southwestern New Mexico and their implications for early Proterozoic crustal evolution in the western United States[J]. Geological Society of America Bulletin, 94: 43 ~ 57.

Sun S, McDonough W F. 1989. Chemical and isotopic systematics of oceanic basalts: implications for mantle composition and processes. In: Saunders A D, Norry M J. Magmatism in the Ocean Basins[J]. Geological Society of London Special Publication, 42: 313 ~ 345.

Sun W D, Ding X, Hu Y H, et al. 2007. The golden transformation of the Cretaceous plate suhduction in the west Pacific [J]. Earth Planet. Sci. Lett., 262(3 ~ 4): 533 ~ 542.

Sun W D, Huang R F, Li H, Hu Y B, Zhang C C, Sun S J, Zhang L P, Ding X, Li C Y, Zartman R E, Ling M X. 2015. Porphyry deposits and oxidized magmas. Ore Geology Riviews, 65: 97 ~ 131.

Sun W D, Xie Z, Chen J F, et al. 2003. Os – Os dating of copper and molybdenum deposits along the Middle and Lower Reaches of Yangtze River, China. Economic Geology, 98(1): 175 ~ 180.

Sverjensky D M. 1984. Europium redox equilibria in aqueous solution [J]. Earth and Planetary Science Letters, 67:70 ~ 78.

Tomkins H S, Powell R, Ellis D J. 2007. The pressure dependence of the zirconium-in-rutile thermometer[J]. Journal of Metamorphic Geology, 25(6): 703 ~ 713.

Torrence C, Compo G P. 1998. A practical guide to wavelet analysis. Bulletin of the American Meteorological Society, 79(1): 61 ~ 78.

Trotzsch U, Ellis D J. 2004. High P – T study of solid solutionsin the system ZrO_2 – TiO_2: The stability of strilankite [J]. European Journal of Mineralogy, 16: 577 ~ 584.

Trotzsch U, Ellis D J. 2005. The ZrO_2 – TiO_2 phase diagram[J]. Journal of Materials Science, 40: 4571 ~ 4577.

Wan Y, Liu D, Nutman A, Zhou H Y, Dong C Y, Yin X Y, Ma M Z. 2012. Multiple 3.8 – 3.1 Ga tectono-magmatic events in a newly discovered area of ancient rocks (the Shengousi Complex), Anshan, North China Craton[J]. Journal of Asian Earth Sciences, 8(54 ~ 55): 18 ~ 30.

Wang C M. 2010. Geology and geochemistry of Huanggangliang stratabound skarn deposit in Inner Mongolia, China [J]. Global Geology, 13(2): 61 ~ 69.

Wang Y, Zhu X K, Mao J W, Li Z H, Cheng Y B. 2011. Iron Isotope Fractionation During Skarn – Type Metallogeny: A Case Study of Xiao Cu – S – Fe – Au Deposit in the Middle-Lower Yangtze Valley [J]. Ore Geology Reviews, 43: 194 ~ 202.

Watson E B, Harrison T M. 2005. Zircon thermometer reveals minimum melting conditions on earliest earth[J]. Science, 308: 841 ~ 844.

Watson E B, Wark D A, Thomas J B. 2006. Crystallization thermometers for zircon and rutile [J]. Contributions to Mineralogy and Petrology, 151: 413 ~ 433.

Whitney P R, Olmsted J F. 1998. Rare earth element metasomatism in hydrothermal systems: the Willsboro-Lewis wollastonite ores, New York, USA [J]. Geochim. Cosmochim. Acta, 62: 2965 ~ 2977.

Wu C L, Wang F S, Hao M Y, et al. 2000. Geochronology of intermediate-acid intrusive rocks from Tongling, Anhui[J]. Continental Dynamics, 5(1): 15 ~ 23.

Wu C L, Wang Z H, Qiao D W, et al. 2000. Types of enclaves and their features and origins in intermediate-acid intrusive rocks from Tongling Distract, Anhui Province, China[J]. Acta Geologica Sinica, 74 (1): 54 ~ 67.

Wu G, Deng J, Wen C, et al. 2002. Fluid inclusion study of ore forming fluids and its bearing on the hydrothermal mineralization of the Datuanshan copper deposit of skarn type in the Tongling area, Anhui Province[J]. Geochimica et Cosmochimica Acta, 66 (15A): A848 ~ A848.

Wu Y B, Zheng Y F, Zhang S B. 2007. Zircon U – Pb ages and Hf isotope compositions of migmatie from the North Dabie terrane in China: Constrains on partial melting [J]. Journal of Metamorphic Geology, 25(9): 991 ~ 1009.

Xiao X J, Gu L X, Ni P. 2002. Multi-episode fluid boiling in the Shizishan copper – gold deposit at Tongling, Anhui Province: Its bearing on ore formation [J]. Science in China, 45 (1): 34 ~ 45.

Xie G Q, Mao J W, Li R L. 2008. Geochemistry and Nd – Sr isotopic studies of Late Mesozoic granitoids in the southeastern Hubei Province, Middle-Lower Yangtze River belt, Eastern China: Petrogenesis and tectonic setting [J]. Lithos, 104: 216 ~ 230.

Xu G, Zhou J. 2001. The Xinqiao Cu – S – Fe – Au deposit in the Tongling mineral district, China: synorogenic remobilization of a stratiform sulfide deposit [J]. Ore Geology Reviews, 18: 77 ~ 94.

Xu X S, Fan Q C, Oreilly S Y, et al. 2004. U – Pb dating of zircons from quartz diorite and its enclaves at Tongguanshan in Anhui and its petrogenetic implication. Chinese Science Bulletin, 49 (19): 2073 ~ 2082.

Xu Z W, Lu X C, Ling H F, et al. 2005. Metallogenetic mechanism and timing of late superimposing fluid mineralization in the Dongguashan diplogenetic stratified copper deposit, Anhui Province [J]. Acta Geologica Sinica, 79(3): 405 ~ 413.

Yu C W, Jiang Y S, Xiao Z Y. 1996. Dynamics of Ore-Forming Processes of the Stratabound Skarn Copper Deposits of Tongling, Anhui Province [J]. Acta Geologica Sinica, 9(1): 59 ~ 73.

Zack T, Moraes R, Kronz A. 2004. Temperature dependence of Zr – in – rutile: Empirical calibration of a rutile thermometer [J]. Contrib. Mineral Petrol, 148: 471 ~ 488.

Zartman R E, Doe B R. 1981. Plum botectonics the model [J]. Tectonophysics, 75(1 ~ 2): 135 ~ 162.

Zhai Y S, Xiong Y Y, Yao S Z, et al. 1996. Metallogeny of copper and iron deposits in the Eastern Yangtze Craton, east-central China. Ore Geology Review. 11: 229 ~ 248.

Zhang H, Menzies M A, Lu F, Zhou X. 2000. Major and trace element studies on garnets from Paleozoic kimberliteborne mantle xenoliths and megacrysts from the North China craton[J]. Sci. China D, 43: 423 ~ 430.

Zhao Y M, Zhang Y N, Bi C S. 1999. Geology of gold-bearing skarn deposits in the middle and lower Yangtze River Valley and adjacent regions[J]. Ore Geology Reviews, 14 (324): 227 ~ 249.

Zhou T F, Yue S. C. 2000. Basement characteristics and crustal evolution of the copper-gold metallogenic belt in the Middle and Lower Reaches of the Yangtze River area: Some isotope constrains [J]. Acta Geologica Sinica, 74(2): 207 ~ 312.

Zhou T F, Wu M G, Fan Y, Duan C, Yuan F, Zhang L J, Liu J, Qian B, Franco P, David R C. 2011. Geological, geochemical characteristics and isotope systematics of the Longqiao iron deposit in the Lu – Zong volcano – sedimentary basin, Middle-Lower Yangtze(Changjiang) River Valley, Eastern China [J]. Ore Geology Reviews, 43(1): 154 ~ 169.

Zhou T F, Yuan F, Lu S M, et al. 2008. Geochronology of the volcanic rocks in the Luzong (Lujiang-Zongyang) basin and its significance[J]. Science in China (Series D), 51(10): 1470 ~ 1482.

Zhou T F, Yuan F, Yue S C, et al. 2007. Geochemistry and evolution of ore-forming fluids of the Yueshan Cu – Au skarnand vein-typedeposits, Anhui Province, South China[J]. Ore Geology Reviews, 31: 279 ~ 303.

Zhou T F, Yue S C, Yuan F, et al. 2000. Two series of copper – gold deposits in the middle and lower reaches of the Yangtze River area (ML YRA) and the hydrogen, oxygen, sulfur and lead isotopes of their ore – forming hydrothermal systems[J]. Science in China (Series D), 43(Supp): 208 ~ 218.

Zhou T F, Yue S C, Yuan F, Zhao Y. 2000. Two series of copper – gold deposits in the middle and lower reaches of the Yangtze River area (MLYRA) and the hydrogen, oxygen, sulfur and lead isotopes of their ore-forming hydrothermal systems[J]. Science in China (Series D), 43(Supp): 208 ~ 218.

Zhu X K, O'Neil R K, Guo Y, et al. 2000. Determination of natural Cu isotope variation by plasma-source mass spectrometry: Implications for use as geochemical tracers[J]. Chemical Geology, 163(1 ~ 4): 139 ~ 149.

图版Ⅰ　冬瓜山铜（金）矿床图集

图版Ⅰ.1　冬瓜山矿区典型地层井下露头照片

a—五通组砂岩；b—黄龙组—船山组大理岩化灰岩与含矿蛇纹石互层条带；c—栖霞组大理岩化灰岩；d—孤峰组硅质岩与大理岩互层；e—龙潭组石英砂岩；f—与透辉石石榴子石互层的下三叠统殷坑组硅质岩、灰岩

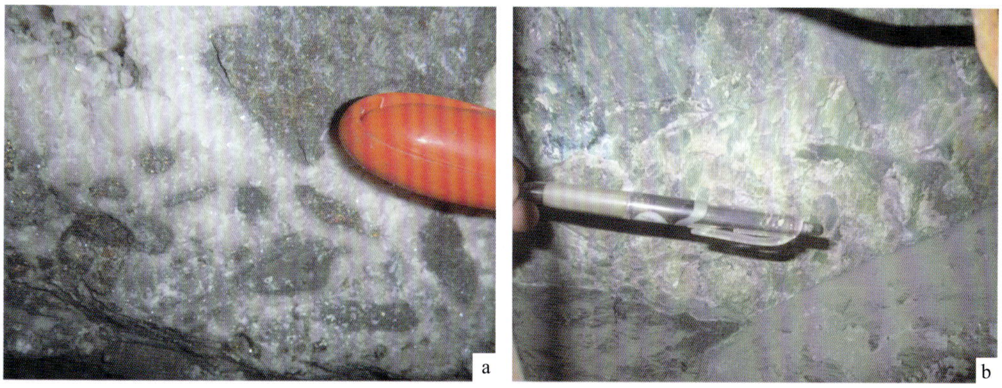

图版Ⅰ.2　矿区滑脱构造特征

a—方解石胶结的灰岩和闪长岩角砾；b—断层面的蛇纹石

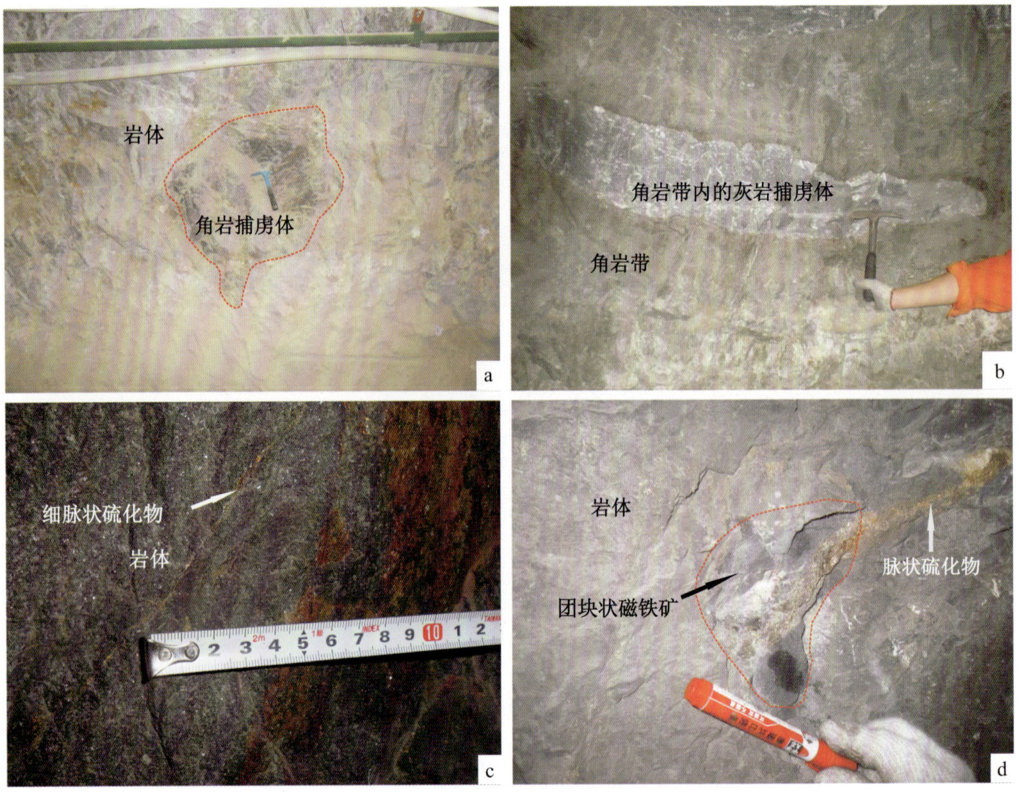

图版 I.3　斑岩型矿体典型照片

a—岩体内的不规则状角岩捕虏体；b—岩体附近角岩带内的灰岩捕虏体，灰岩发生大理岩化；c—金属硫化物呈细脉状和浸染状分布于岩体内；d—岩体内可见团块状磁铁矿，磁铁矿被金属硫化物脉穿插

图版 I.4　镁矽卡岩岩石结构

a—镁橄榄（Fo）石呈自形晶结构；b—镁橄榄石蚀变为蛇纹石（Srp），呈镁橄榄石假象；c—半自形粒状粒硅镁石（Chn），可见聚片双晶；d—长柱状透闪石（Tr），边缘蚀变为滑石（Tlc）

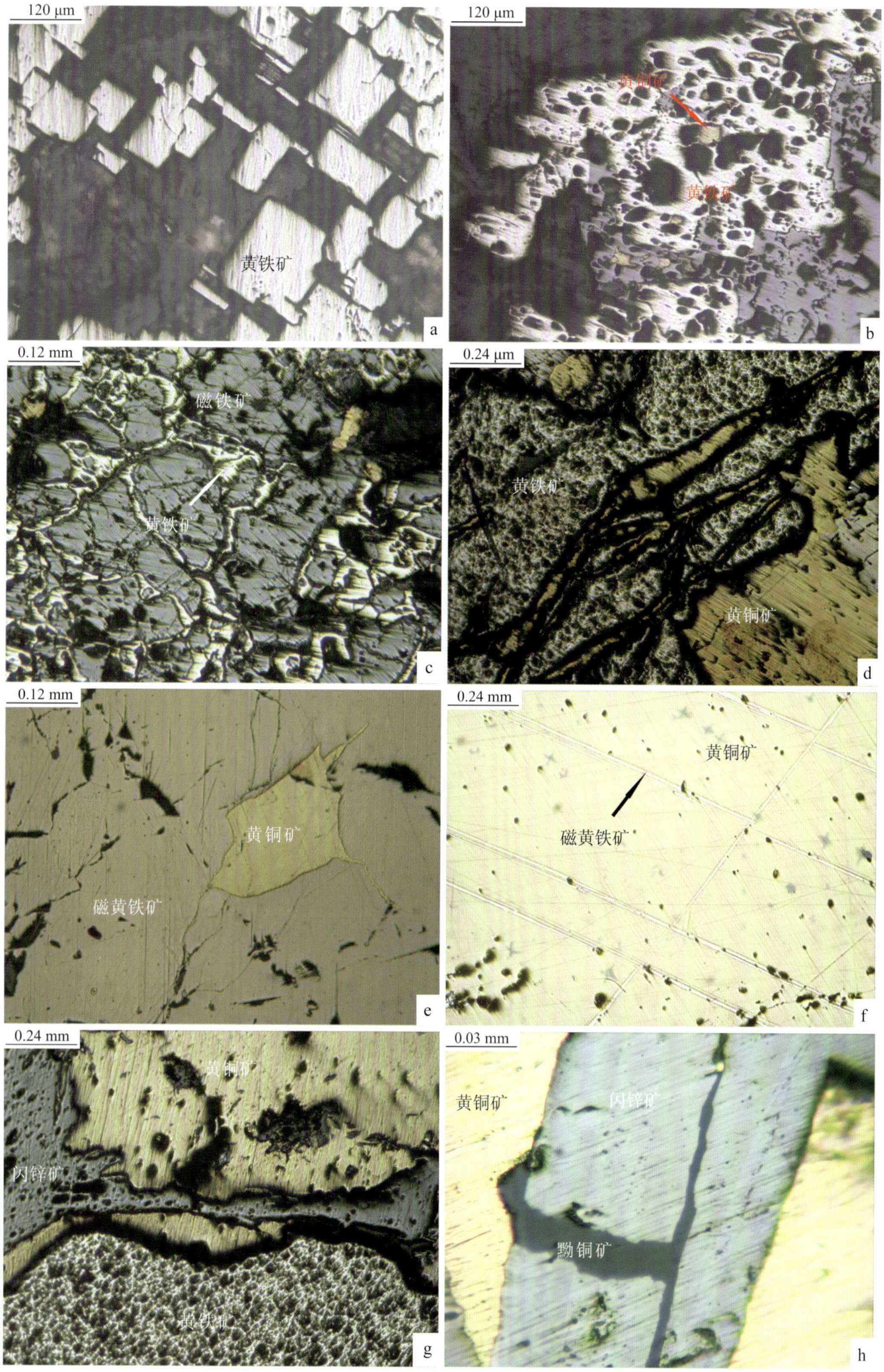

图版 I. 5　冬瓜山矿床典型矿石结构

a—黄铁矿呈自形晶，自形粒状结构；b—黄铜矿交代黄铁矿呈交代筛状结构；c—黄铁矿沿磁铁矿裂隙充填交代，呈交代结构、镶边结构；d—黄铜矿呈脉状穿插交代黄铁矿；e—黄铜矿呈尖角状交代磁黄铁矿；f—黄铜矿出溶磁黄铁矿，呈固溶体分离结构；g—闪锌矿呈脉状交代黄铜矿；h—黝铜矿呈脉状沿闪锌矿裂隙充填交代

图版 I.6　冬瓜山铜（金）矿床典型矿石构造

a—层状主矿体内见黄铜矿、黄铁矿脉呈脉状穿插磁铁矿，呈脉状构造；b—层状主矿体内见黄铜矿、黄铁矿脉呈脉状穿插磁铁矿，呈脉状构造；c—矽卡岩型矿石，黄铜矿、斑铜矿呈稠密浸染状分布于石榴子石内，与石榴子石伴生，块状构造；d—层状主矿体内见黄铜矿呈浸染状分布于磁铁矿中，呈细脉浸染状构造；e—磁铁矿与黄铜矿互呈条带，呈条带状构造；f—主矿体底部曲卷状矿层内的硫化物与蛇纹石呈曲卷状构造

图版 I.7　冬瓜山铜（金）矿床斑岩体蚀变分带

a—钾长石化与浸染状黄铜矿化；b—强硅化与铜铁矿化；c—黑云母化与脉状铜铁矿化；d—石英绢云母化与细脉状、浸染状矿化；e—高岭土化；f—青磐岩化与稀疏浸染状矿化

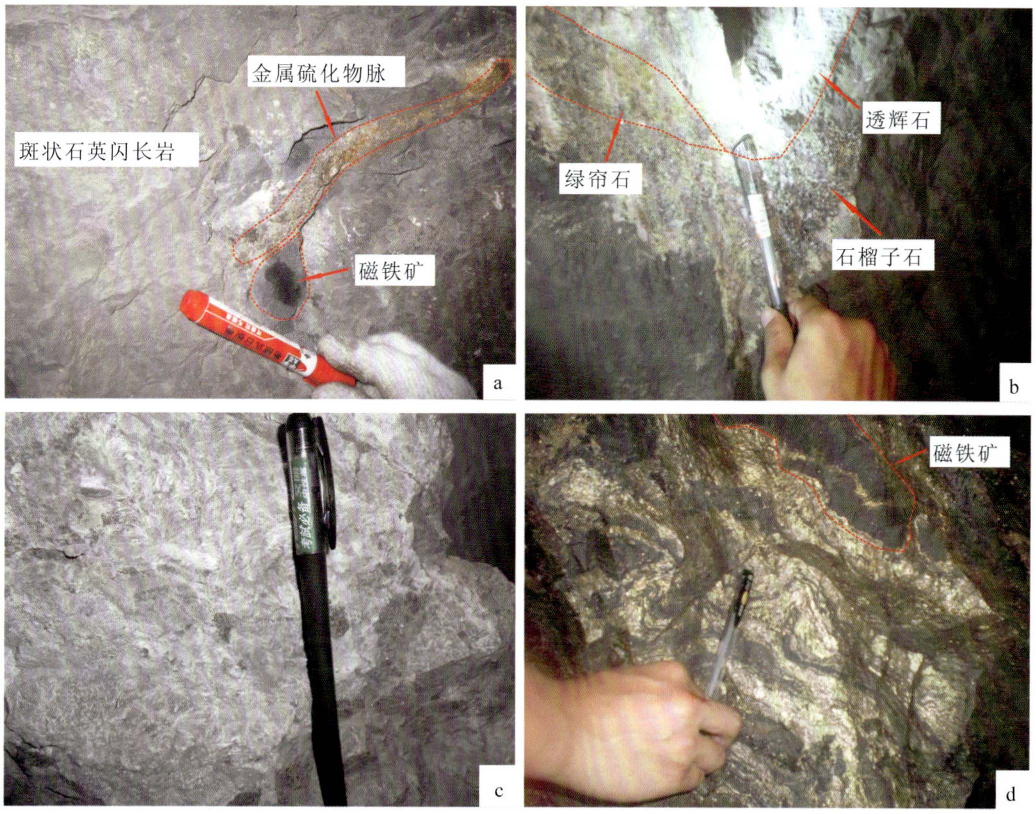

图版 I.8　冬瓜山铜（金）矿床成矿阶段现象

a—青山脚岩体内的脉状硫化物脉、团块状磁铁矿；b—石榴子石、透辉石与退化蚀变阶段生成的绿帘石共生；c—硅灰石矽卡岩；d—退化蚀变阶段形成的层状矿体及其底部的曲卷状矿层

图版 I.9　冬瓜山铜（金）矿床岩体显微照片

a—半自形—他形粒状结构（+）；b—两组斜交解理明显的角闪石，被后期绿帘石等矿物交代（-）；c—双晶纹明显的斜长石，表面发生绢云母化等蚀变（+）；d—环带明显的斜长石，被黑云母等交代（+）；e—具格子双晶的微斜长石，交代钾长石，呈钾长石假象（+）；f—发生绿泥石化的角闪石和黑云母（-）

图版 I.10　冬瓜山矿床岩体的岩浆混合结构

a—斜长石环带结构及嵌晶结构；b—钾长石嵌晶结构

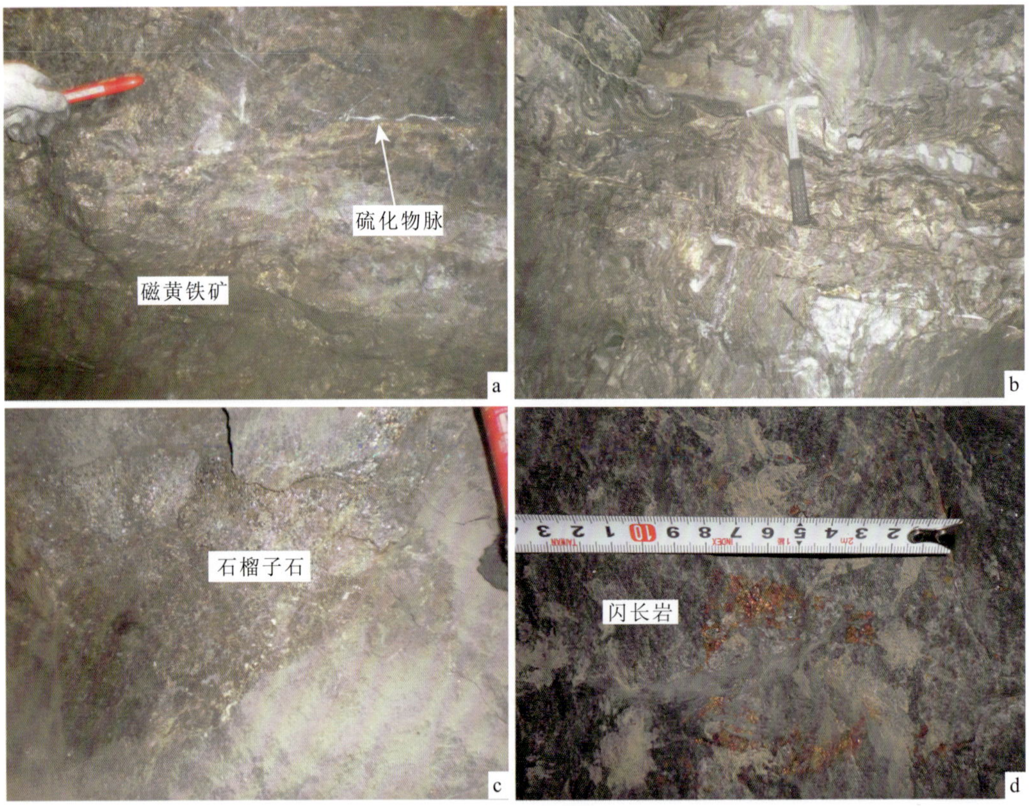

图版 I.11　冬瓜山铜（金）矿床金属矿物产出环境

a—层状矿体；b—层状矿体底部的曲卷状矿层；c—矽卡岩；d—青山脚闪长岩体

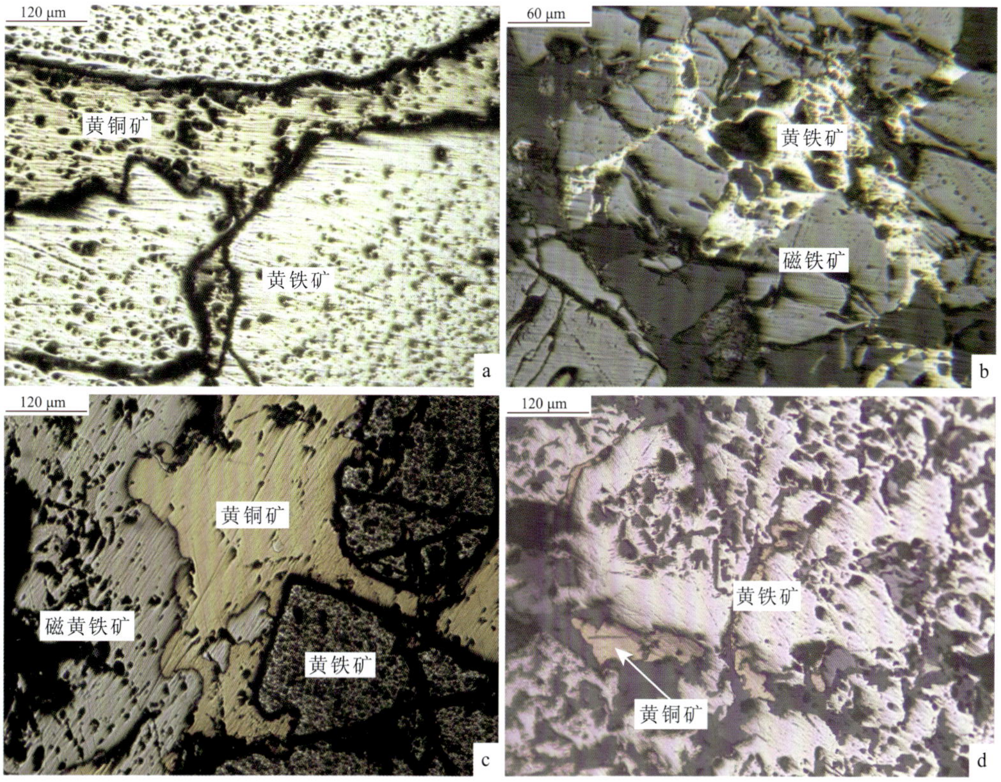

图版 I. 12　冬瓜山铜（金）矿床不同类型黄铁矿的特征

a—由黄铁矿、黄铜矿组成，黄铜矿呈脉状穿插交代黄铁矿；b—由黄铁矿、磁铁矿组成，黄铁矿交代磁铁矿，呈交代残余、镶边结构；c—由黄铁矿、磁黄铁矿、黄铜矿组成，黄铁矿呈半自形晶，包含在黄铜矿内；d—由黄铁矿和黄铜矿组成，黄铜矿沿黄铁矿裂隙充填交代

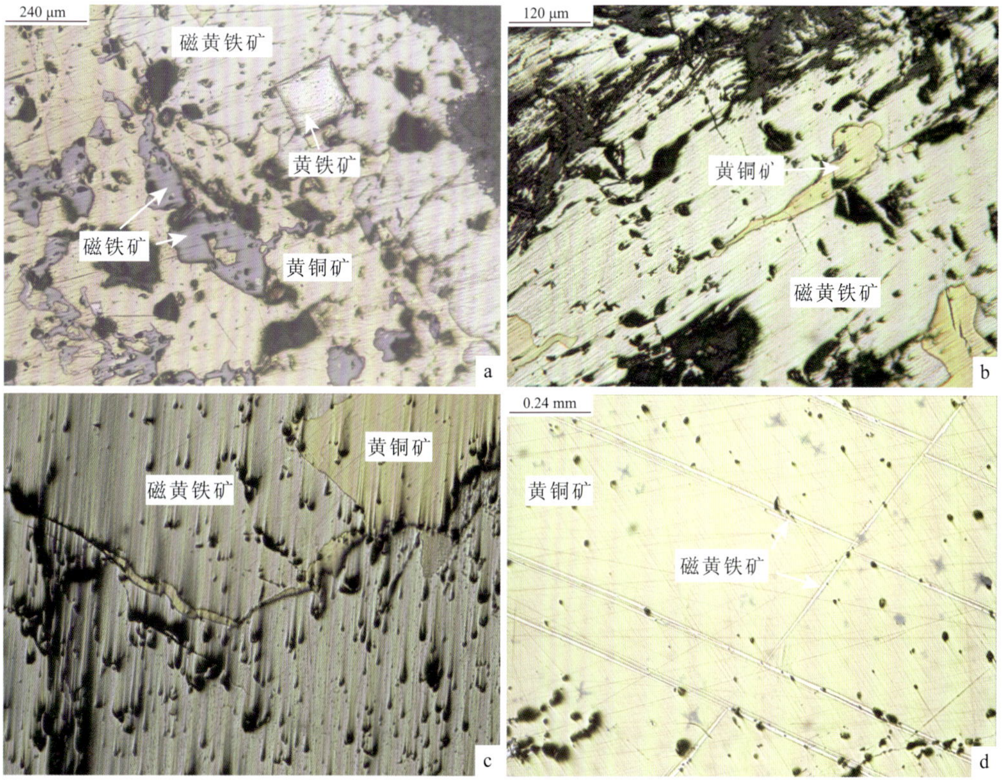

图版 I. 13　冬瓜山铜（金）矿床磁黄铁矿显微特征

a—磁黄铁矿包含自形晶黄铁矿，呈包含结构；b—黄铜矿呈尖角状交代磁黄铁矿；c—黄铜矿呈脉状沿磁黄铁矿裂隙充填交代；d—黄铜矿内出溶的格子状磁黄铁矿，呈固溶体分离结构

图版 I. 14　冬瓜山铜（金）矿床磁铁矿典型结构

a—磁铁矿被黄铁矿交代，形成似镶边结构；b—晚生成的磁铁矿交代黄铁矿，呈交代残余结构；c—晚生成的磁铁矿沿磁黄铁矿边缘交代，呈镶边结构；d—晚生成的磁铁矿呈自形—半自形晶形分布于磁黄铁矿中

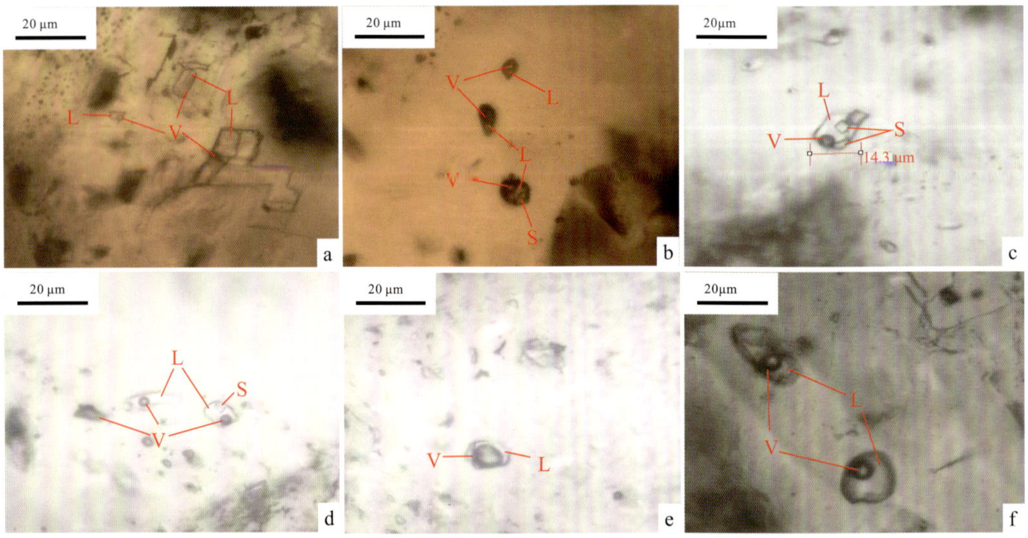

图版 I. 15　冬瓜山铜（金）矿各成矿阶段矿物流体包裹体特征

a—石榴子石中的富气相与富液相水溶液包裹体；b—石榴子石中富气相包裹体、富液相包裹体与含子矿物的三相包裹体共生；c—石英中含多个子矿物的三相包裹体；d—石英中富气相包裹体、富液相包裹体与含子矿物包裹体共生；e—石英中富气相包裹体；f—方解石中富液相包裹体

L—水溶液相；V—气相；S—子矿物

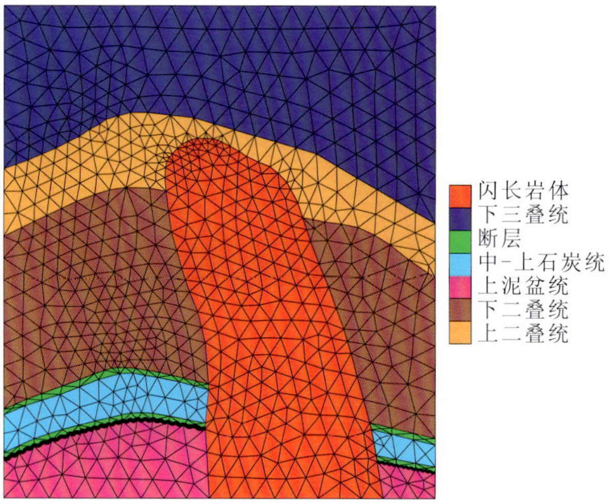

图版 I. 16　冬瓜山矿床二维成矿动力学模型

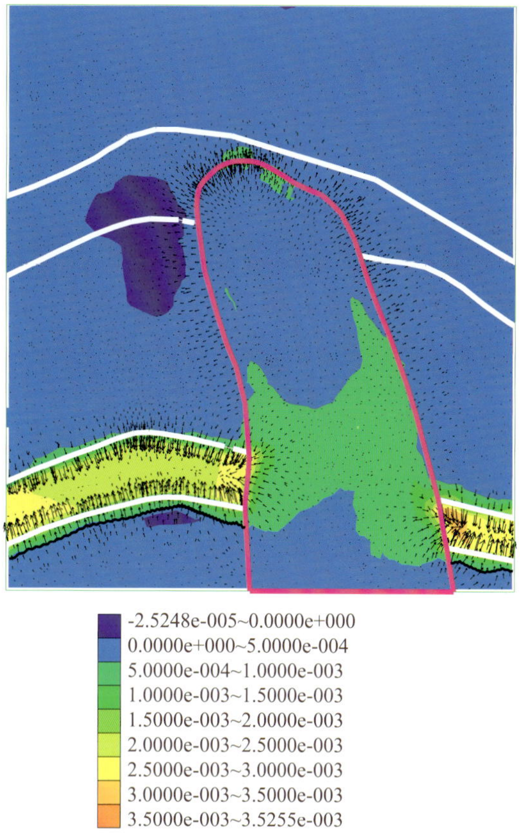

图版 I. 17　动力学模拟结果：体应变增量和流体矢量

图版 II　新桥铜－硫－铁矿床图集

图版Ⅱ.1　1号矿体底板五通组石英砂岩
（-300 m中段4号穿脉）

图版Ⅱ.2　船山组—黄龙组灰岩在地表的出露
（露天采场西南角）

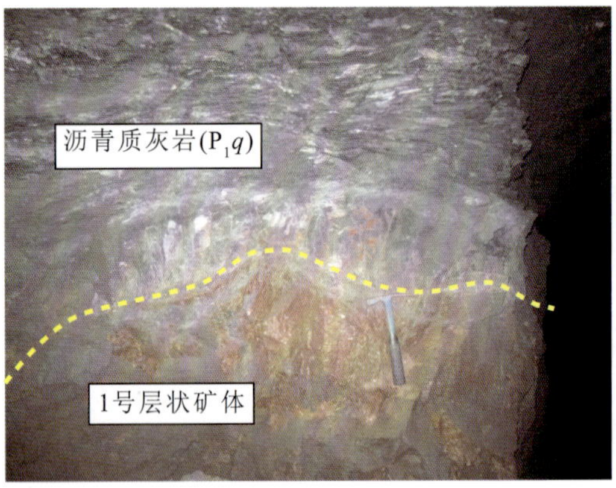

图版Ⅱ.3　1号矿体与栖霞组沥青质灰岩的接触界限
（-270 m中段回风巷）

图版Ⅱ.4　1号矿体顶板栖霞组含方解石脉灰岩
（-300 m中段5号穿脉）

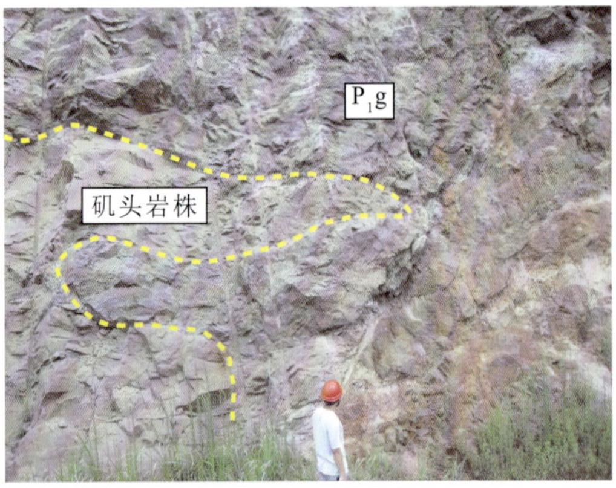

图版Ⅱ.5　下二叠统孤峰组硅质岩与矶头复式岩株的不规则接触界面（露天采场北西侧）

图版Ⅱ.6　下二叠统栖霞组灰岩中穿插的闪长岩岩枝（露天采场南侧）

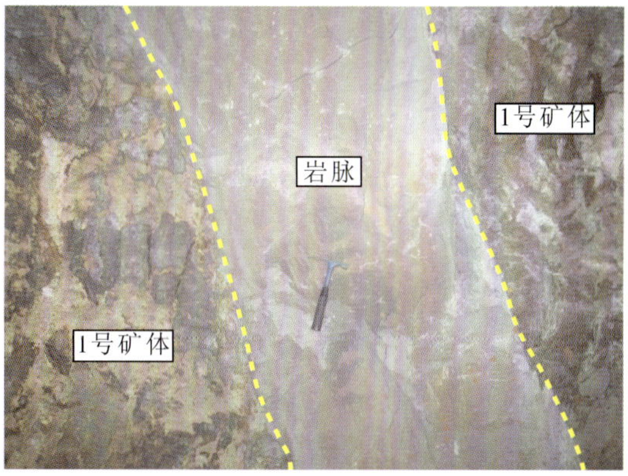

图版Ⅱ.7　后期岩脉穿插1号层状矿体（-300 m中段4号穿脉）

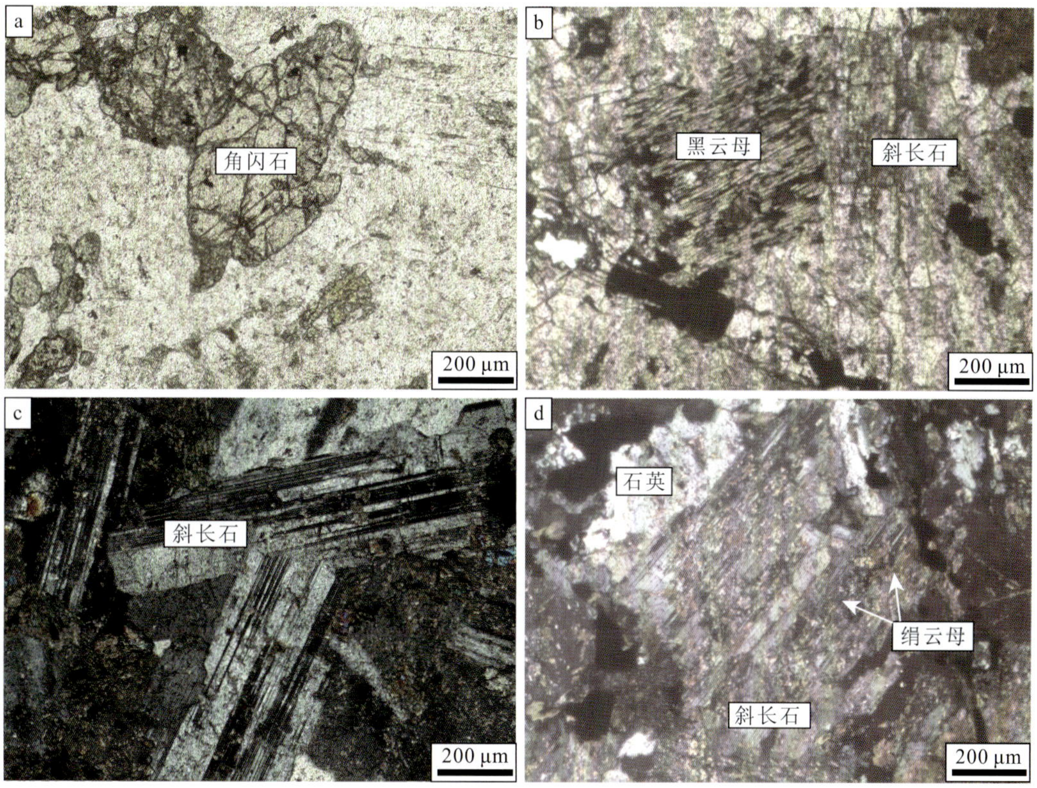

图版Ⅱ.8　新桥铜-硫-铁矿床石英闪长岩显微特征

a—不规则状角闪石（单偏光）；b—半自形片状黑云母（单偏光）；c—斜长石的聚片双晶（正交偏光）；
d—斜长石表面的绢云母化和他形粒状的石英（正交偏光）

图版Ⅱ.9　矶头复式岩株石英闪长岩手标本照片

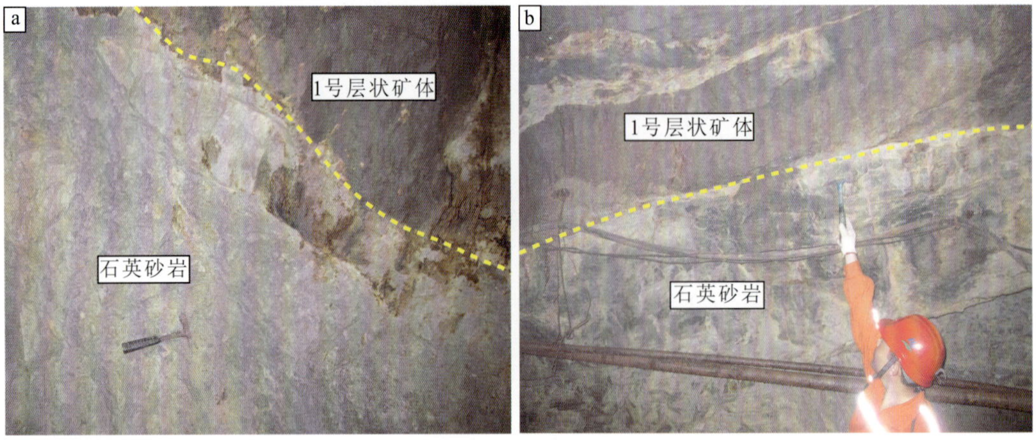

图版Ⅱ.10　层状矿体与五通组石英砂岩的“一刀切”式假整合接触

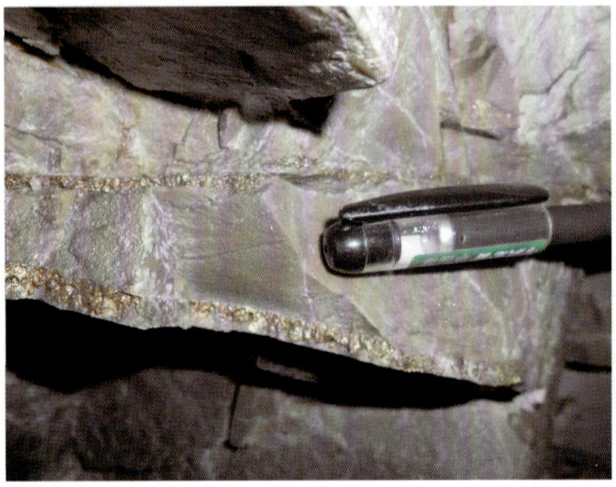

图版Ⅱ.11　层状矿体下盘围岩（五通组石英砂岩）中的脉状石英黄铁矿

图版Ⅱ.12　层状矿体上盘围岩（栖霞组硅质岩）中的脉状黄铁矿

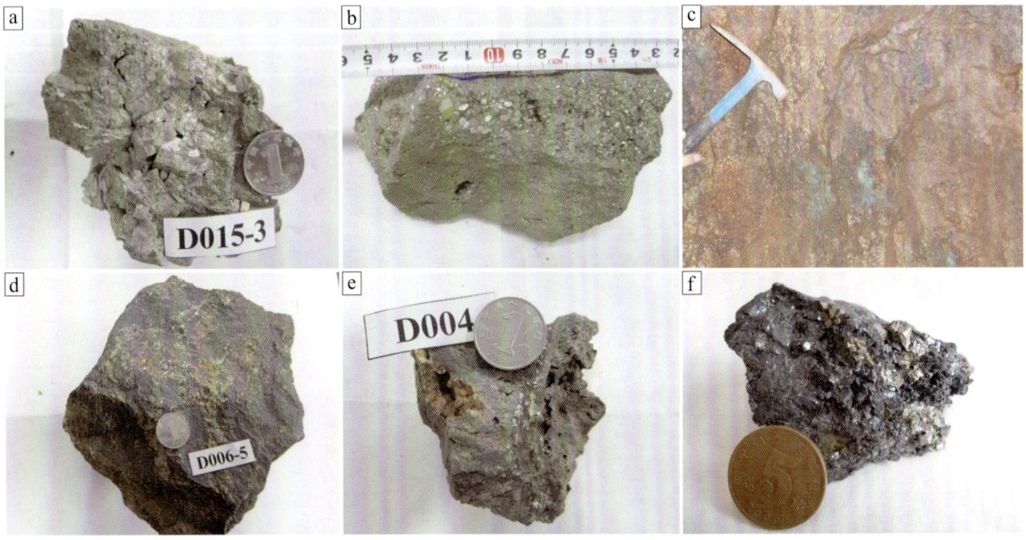

图版Ⅱ.13　新桥铜-硫-铁矿床主要矿石类型

a—块状黄铁矿矿石；b—块状黄铁矿矿石；c—含黄铜矿的黄铁矿矿石；d—含黄铁矿的磁铁矿矿石；e—菱铁矿矿石；f—含黄铁矿的方铅矿闪锌矿矿石

图版Ⅱ.14　新桥铜-硫-铁矿床典型粒状矿石结构

a—他形粒状黄铁矿；b—半自形—自形立方体晶形黄铁矿；c—立方体自形晶粒状黄铁矿；d—五角十二面体半自形晶粒状黄铁矿切割磁铁矿交代赤铁矿的针状残余体；e—五角十二面体自形晶粒状黄铁矿；f—自形粒状磁铁矿

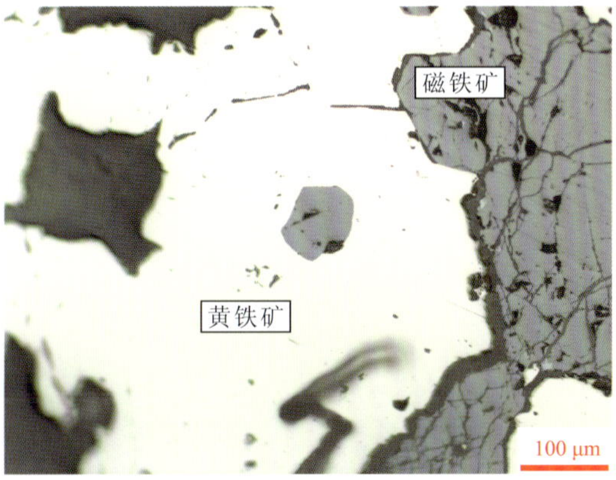

图版Ⅱ.15　黄铁矿包含他形粒状磁铁矿

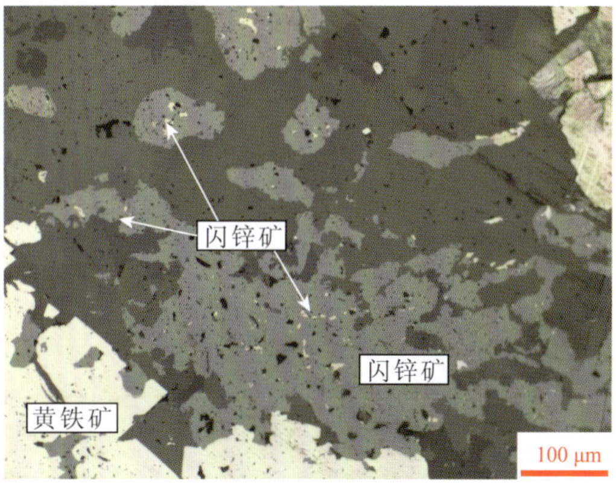

图版Ⅱ.16　闪锌矿中出溶形成乳滴状黄铜矿

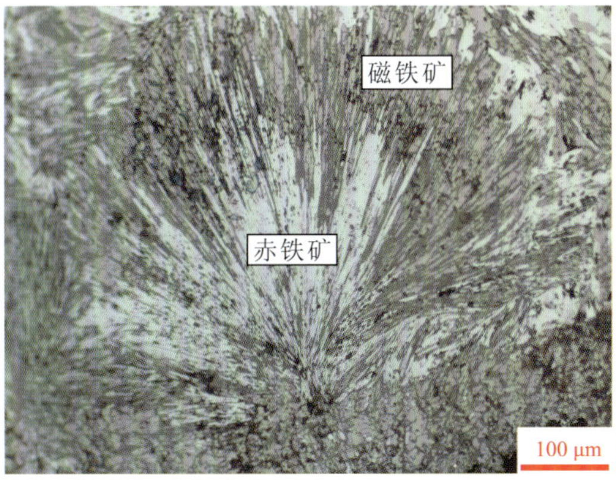

图版Ⅱ.17　放射状赤铁矿外部被磁铁矿所交代

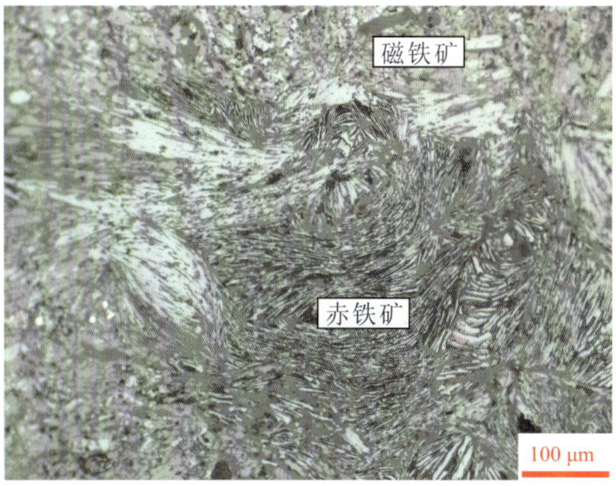

图版Ⅱ.18　呈揉皱结构的赤铁矿

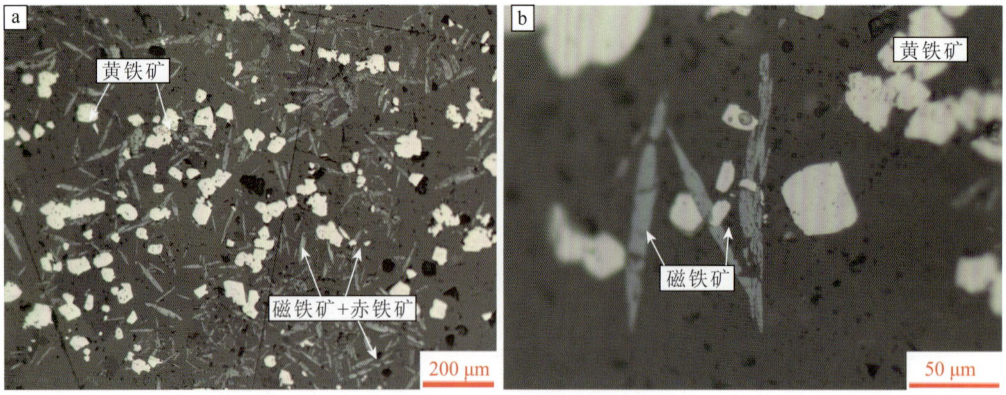

图版Ⅱ.19　针状结构赤铁矿(磁铁矿)和半自形粒状黄铁矿

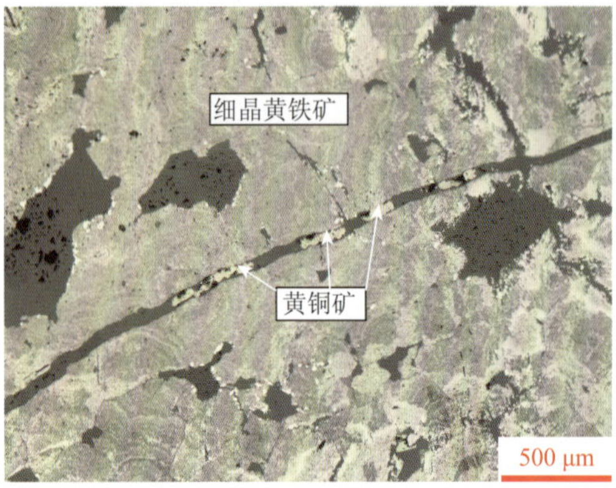

图版Ⅱ.20　石英黄铜矿脉穿插细晶黄铁矿

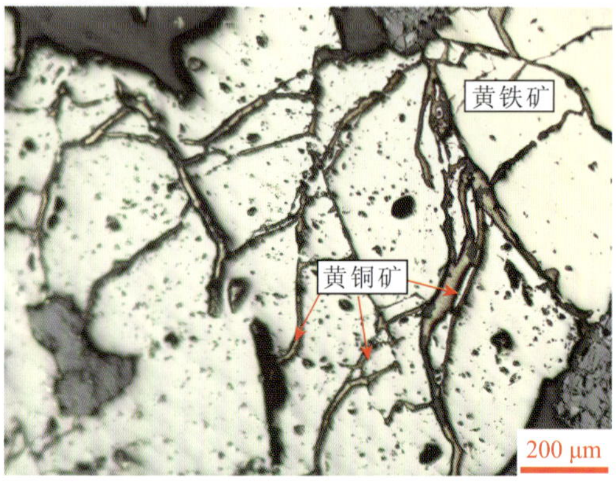

图版Ⅱ.21　网脉状黄铜矿穿插交代黄铁矿

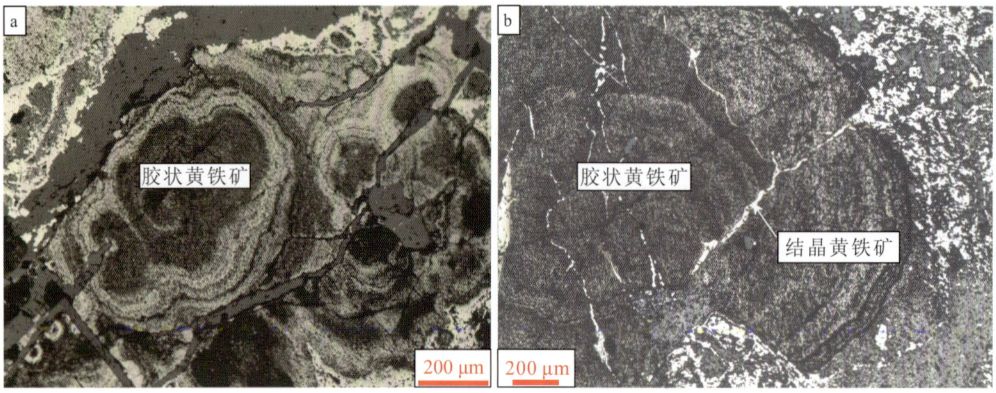

图版Ⅱ.22　新桥铜-硫-铁矿床胶状黄铁矿

a—胶状黄铁矿；b—穿插有结晶黄铁矿细脉的胶状黄铁矿

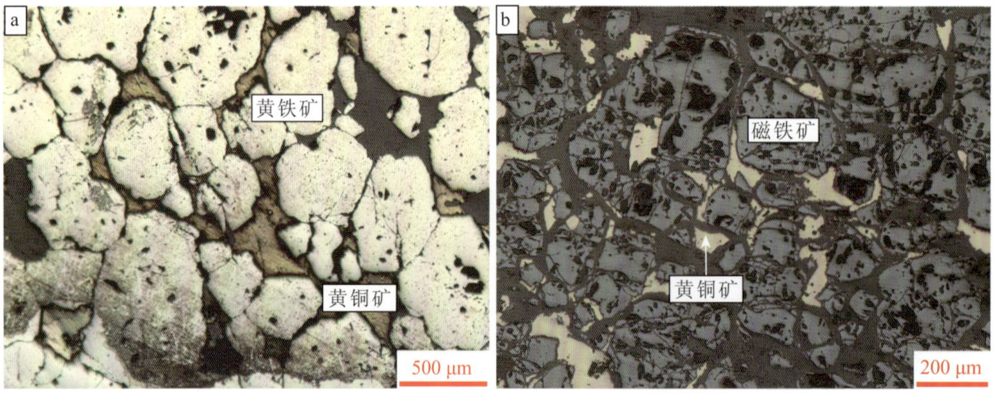

图版Ⅱ.23　新桥铜-硫-铁矿床典型填隙结构

a—黄铜矿填充于黄铁矿颗粒之间；b—黄铜矿填充于磁铁矿颗粒之间

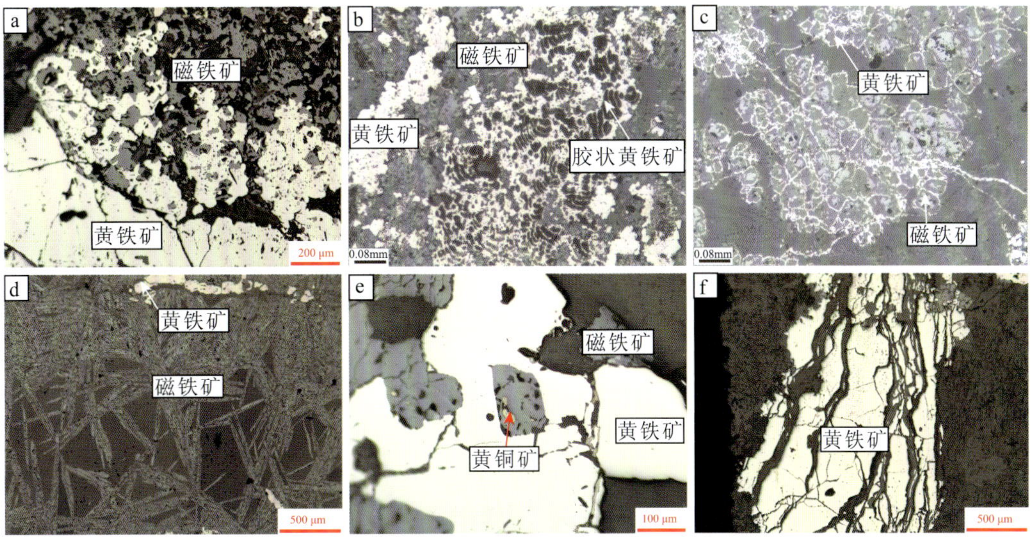

图版Ⅱ.24　新桥铜-硫-铁矿床典型交代结构

a—黄铁矿交代磁铁矿，磁铁矿呈残余状分布于黄铁矿之中；b—结晶黄铁矿交代胶状黄铁矿和磁铁矿，胶状黄铁矿和磁铁矿呈残余状形式存在；c—黄铁矿沿着磁铁矿颗粒边缘进行环边交代；d—磁铁矿交代赤铁矿并呈赤铁矿的针状假象结构，形成穆磁铁矿；e—黄铁矿和黄铜矿对磁铁矿颗粒进行交代溶蚀；f—石英对结晶黄铁矿进行定向交代溶蚀

图版Ⅱ.25　新桥铜-硫-铁矿床典型矿石构造

a—致密块状的黄铁矿磁铁矿矿石，其中黄铁矿表面经氧化呈铜黄色；b—块状黄铁矿矿石，其黄铁矿局部呈立方体聚晶；c—立方体自形晶黄铁矿在方解石中呈稠密浸染状出现；d—局部重结晶为结晶黄铁矿的胶状黄铁矿胶结磁铁矿角砾；e—层状矿体下盘五通组石英砂岩中的脉状石英黄铁矿矿石；f—层状矿体上盘栖霞组硅质岩中的脉状黄铁矿矿石，其黄铁矿表面经氧化呈深红色；g—蜂房转菱铁矿矿石，多孔，局部含有少量的黄铁矿；h—黄铁矿与磁铁矿互呈卷曲状；i—黄铁矿在磁铁矿矿石中呈条带状构造

图版Ⅱ.26　石英砂岩、硅灰石和含透辉石的石榴子石互呈条带状（露天采场西南侧）

图版Ⅱ.27　大理岩化灰岩

图版Ⅱ.28　层状矿体底板五通组中的硅化石英砂岩（-300m中岩段4号穿脉）

图版Ⅱ.29　硅化闪长岩（-270 m措施井大巷道）

图版Ⅱ.30　石英闪长岩中表面绢云母化的斜长石（正交偏光）

图版Ⅱ.31　高岭土化绿泥石化闪长岩岩枝（露天采场南侧）

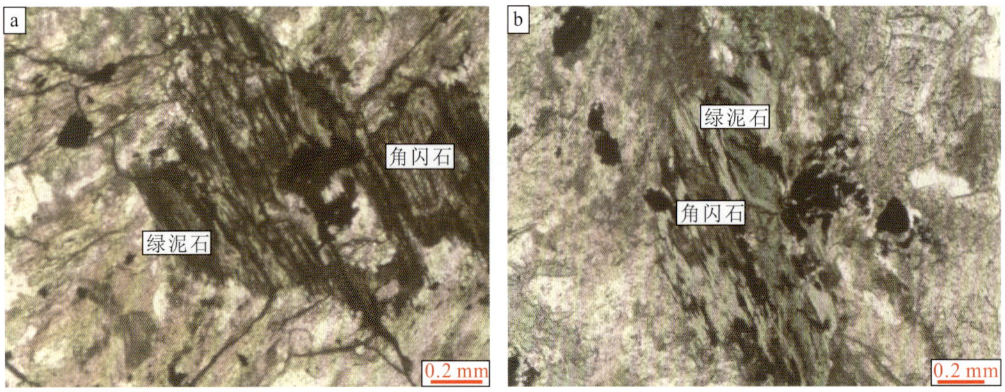

图版Ⅱ.32　矶头复式岩株石英闪长岩角闪石绿泥石化

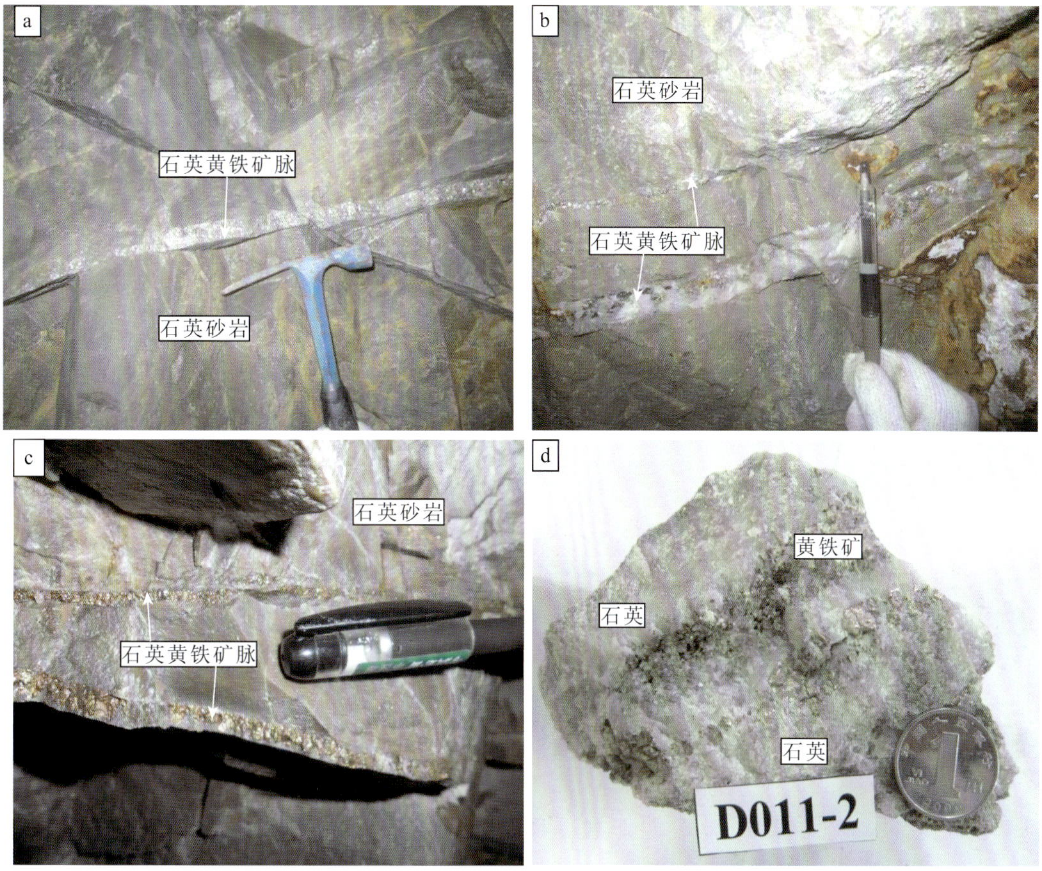

图版Ⅱ.33　新桥铜-硫-铁矿床下盘石英黄铁矿脉典型照片
a, b, c—五通组石英砂岩中的石英黄铁矿脉；d—产于五通组石英砂岩中的含石英的黄铁矿矿石

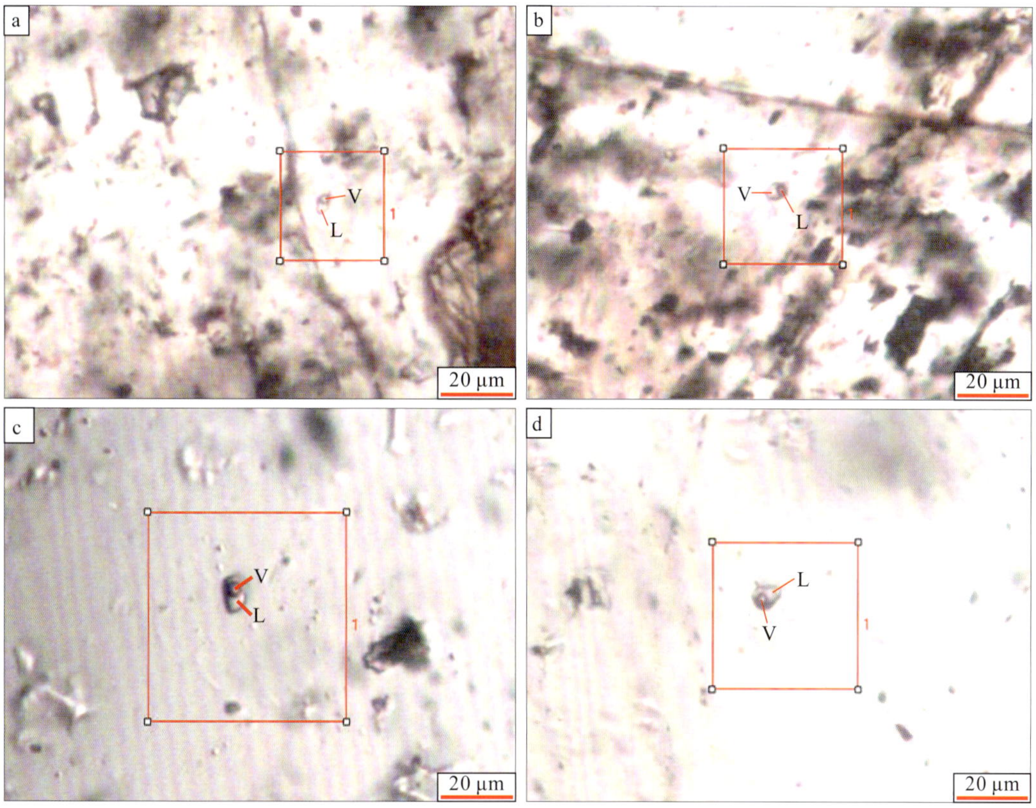

图版Ⅱ.34　新桥铜-硫-铁矿床下盘网脉状矿化和层状矿体中石英流体包裹体特征
a，b—下盘网脉状矿化石英流体包裹体特征；c，d—层状矿体中石英流体包裹体特征

图版Ⅱ.35　新桥矿床胶状黄铁矿的宏观特征和微观特征

图版Ⅱ.36　氧化后的胶状黄铁矿在表面形成浅绿色透明针状矿物

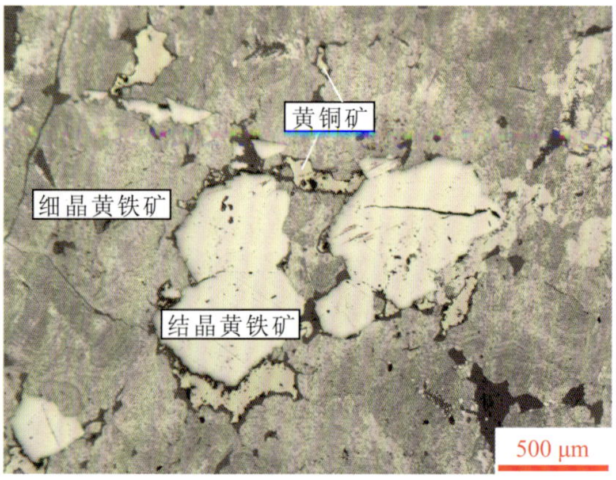

图版Ⅱ.37　呈变余胶状结构的细晶黄铁矿

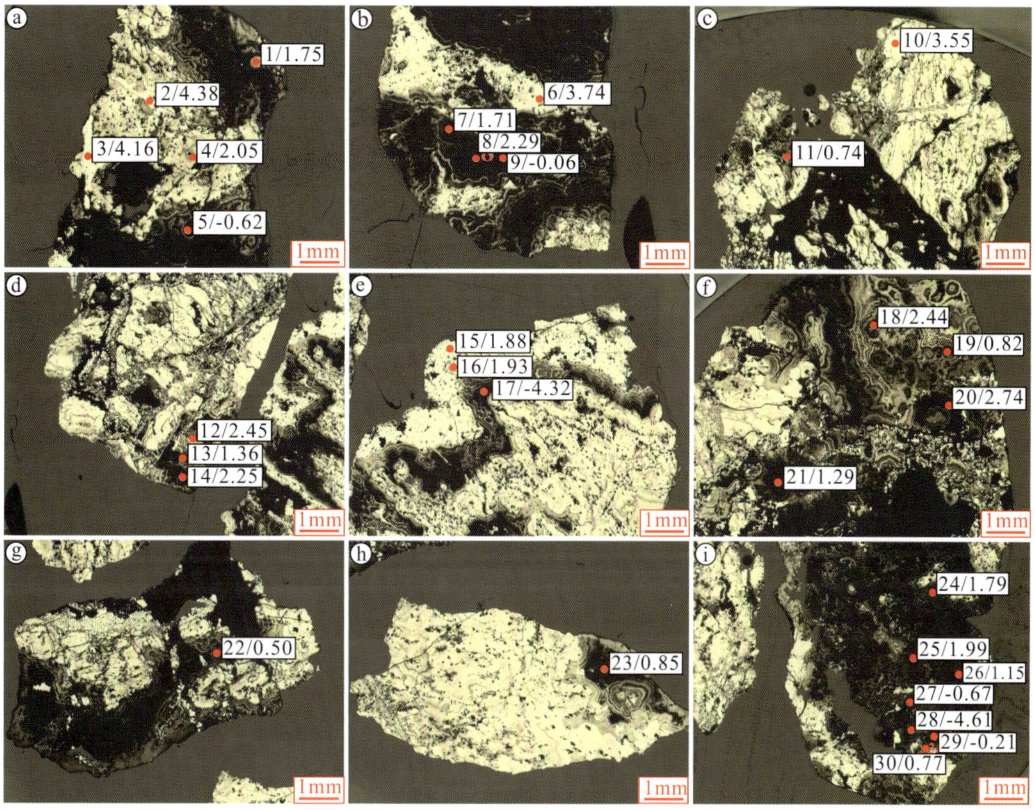

图版Ⅱ.38　新桥黄铁矿离子探针原位S同位素测试点位及结果(点号/$\delta^{34}S_{CDT}$，‰)

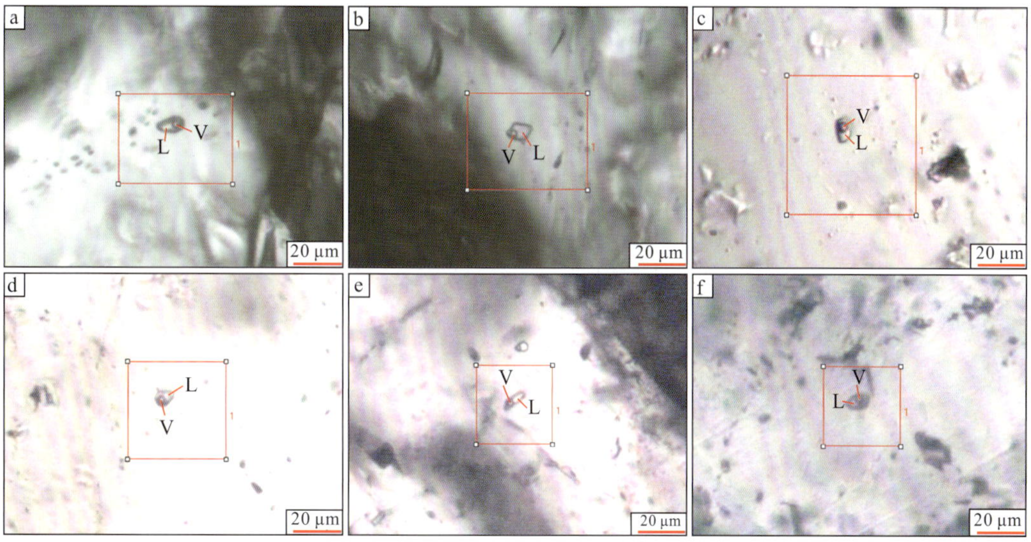

图版Ⅱ.39　新桥矿床流体包裹体特征

a,b—矽卡岩阶段石榴子石中的I型包裹体；c,d—晚硫化物阶段石英中的I型包裹体；
e,f—碳酸盐岩阶段中的I型包裹体（L为液相成分，V为气相成分）

图版Ⅱ.40　透辉石石榴子石矽卡岩手标本

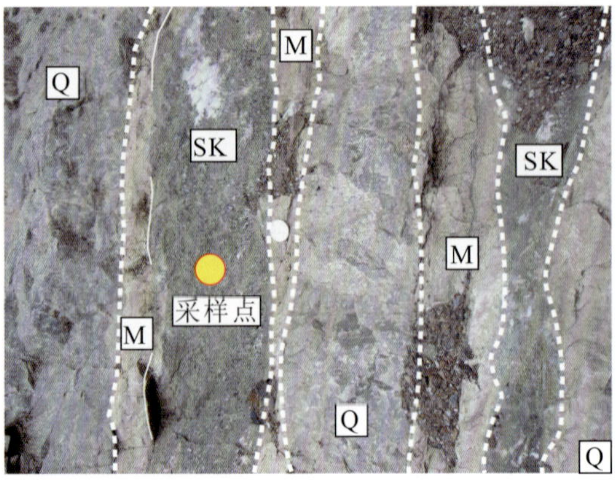

图版Ⅱ.41　互层状石英砂岩、大理岩和透辉石石榴子石矽卡岩及其XQ006采样位置

Q—石英砂岩；M—大理岩；SK—绿帘石石榴子石矽卡岩

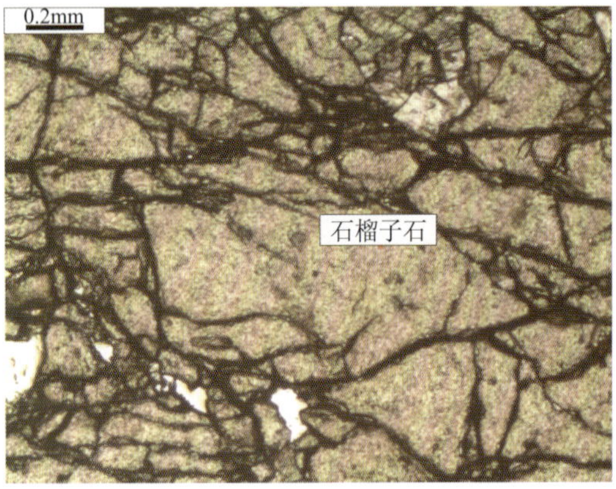

图版Ⅱ.42　石榴子石显微照片（单偏光）

图版Ⅱ.43　石榴子石靶

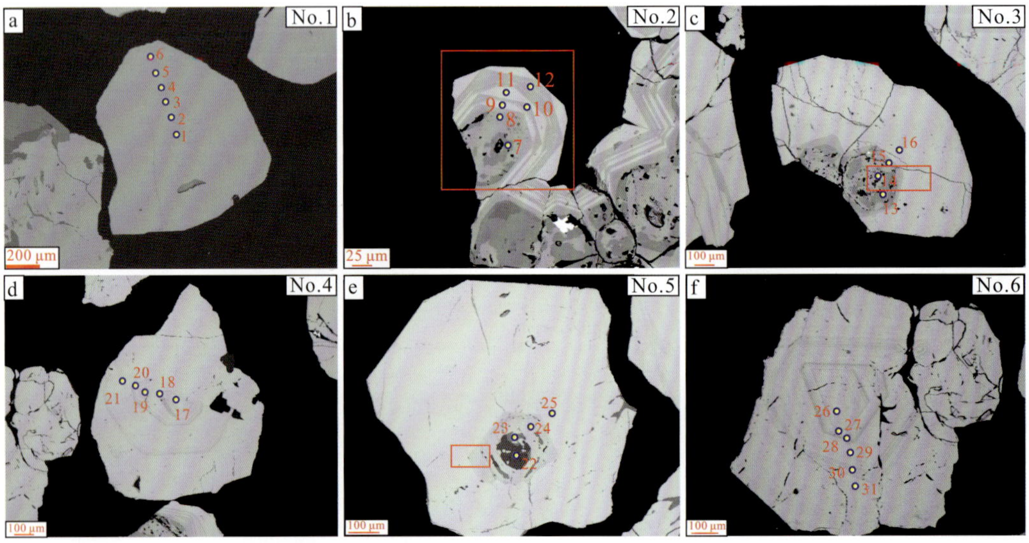

图版Ⅱ.44　石榴子石测试颗粒背散射照片及其测试点位（黄点）和扫面位置（红框）

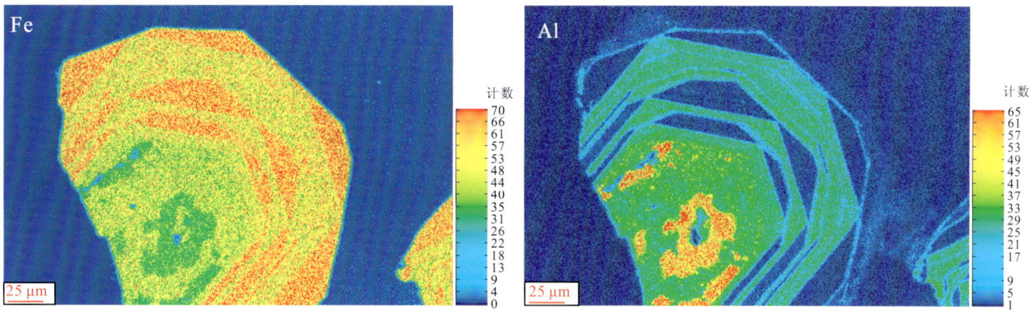

图版Ⅱ.45　石榴子石颗粒2的元素Fe、Al面分析图像

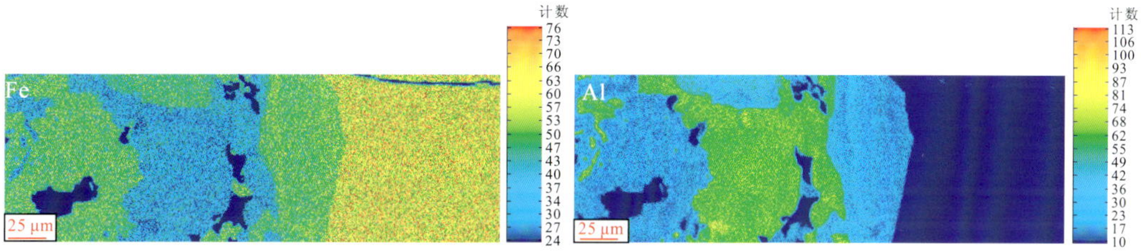

图版Ⅱ.46　石榴子石颗粒3的元素Fe、Al面分析图像

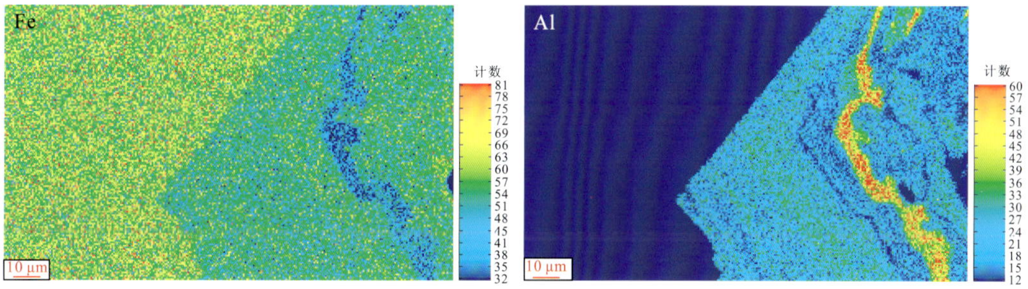

图版Ⅱ.47　石榴子石颗粒5的元素Fe、Al面分析图像

图版Ⅱ.48　新桥矿床闪锌矿镜下特征

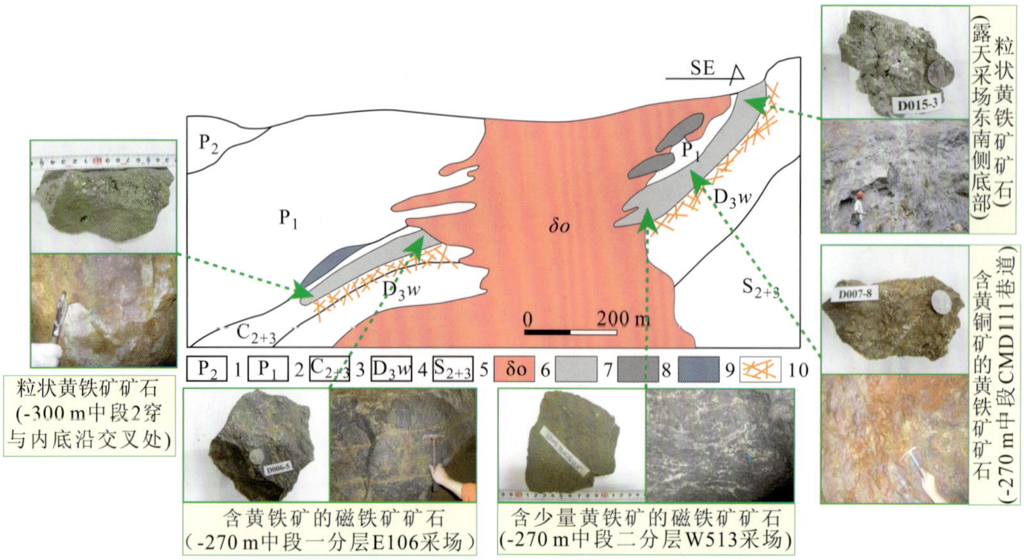

图版Ⅱ.49　新桥矿床1号矿体矿物分带示意图

(剖面底图据臧文拴等修改，2004)

1—上二叠统；2—下二叠统；3—中-上石炭统；4—上泥盆统；5—中-上志留统；6—矶头复式岩株闪长岩；7—1号矿体；8—5号矿体；9—层状菱铁矿矿体；10—层状矿体下盘地层中的网脉状石英黄铁矿脉